Go语言学习笔记

雨痕 / 著

電子工業出版社
Publishing House of Electronics Industry
北京•BEIJING

内 容 简 介

作为时下流行的一种系统编程语言，Go 简单易学，性能很好，且支持各类主流平台。如今已有大量项目采用 Go 编写，这其中就包括 Docker 等明星作品，其开发和执行效率早已被证明。

本书经四年多逐步完善，内容覆盖了语言、运行时、性能优化、工具链等各层面知识，且内容经大量读者反馈和校对，没有明显的缺陷和错误。上卷细致解析了语言规范相关细节，便于读者深入理解语言相关功能的使用方法和注意事项。下卷则对运行时源码做出深度剖析，引导读者透彻了解语言功能背后的支持环境和运行体系，诸如内存分配、垃圾回收和并发调度等。

本书不适合编程初学者入门，可供有实际编程经验或正在使用 Go 工作的人群参考。

图书在版编目（CIP）数据

Go 语言学习笔记 / 雨痕著. —北京：电子工业出版社，2016.7
ISBN 978-7-121-29160-9

Ⅰ. ①G… Ⅱ. ①雨… Ⅲ. ①程序语言－程序设计 Ⅳ. ①TP312

中国版本图书馆 CIP 数据核字(2016)第 141787 号

策划编辑：许　艳
责任编辑：许　艳
印　　刷：北京盛通商印快线网络科技有限公司
装　　订：北京盛通商印快线网络科技有限公司
出版发行：电子工业出版社
　　　　　北京市海淀区万寿路 173 信箱　　邮编：100036
开　　本：787×980　1/16　印张：29.25　字数：552 千字
版　　次：2016 年 7 月第 1 版
印　　次：2023 年 5 月第 20 次印刷
定　　价：89.00 元

凡所购买电子工业出版社图书有缺损问题，请向购买书店调换。若书店售缺，请与本社发行部联系，联系及邮购电话：（010）88254888，88258888。

质量投诉请发邮件至 zlts@phei.com.cn，盗版侵权举报请发邮件至 dbqq@phei.com.cn。

本书咨询联系方式：010-51260888-819，faq@phei.com.cn。

前言

前两天忙里偷闲将第五版《Go 学习笔记》上下册合并，预备交给出版社编辑。不经意扫了一眼更新记录，才发觉四年光阴恍然而过。不知从何时起，岁月流逝的速度越来越快，抓不得，留不住。

我很擅长坚持，不知是因为笨，还是性情迟钝的缘故。在给编辑写作者简介时，我努力回忆自己最近二十年的经历，好像除了些纷扰的人和事外，就是一段段在不同技术圈子里日夜探索的记忆，历久弥新。

现在带了些学生，每每交流时，总偷偷庆幸自己是个先行者，没有互联网的“黑暗时代”反而造就了踏实的基础，远不是现今乱花迷眼的境况。看着他们对于具体实现“懵懂无知”的表现，我对于写书这事就愈发虔诚，生怕误了别人的光阴和热情。似乎《学习笔记》这个名字才是最好的诠释，立不得案头，权作闲书，稍能观感一二即可。

因喜爱 C，故对 Go 关注得很早。观望良久，终究受不住诱惑，一头栽了进去。边学边记，于是有了最早的《学习笔记》。只因错漏过多，发到某论坛着实没砸出什么水花来。此后，对于宣传也淡了心思，再不愿出去，只自己默默更新，或发到微博，给一些熟识尚惦记这事的人打个招呼。

某日，一编辑发来消息，询问我是否出版，才恍然知道这书原也是可印的，好像自己从没想过。犹豫再三，且将几本笔记从 GitHub 下架。只可惜，因某些理念不同，最终未能如愿，这一拖就是许多时日。

去年受老谢的邀请，前往上海参加 Gopher China 大会。期间多次被问及何时能有实体书出版，熄了许久的心思方又活过来。年中，重新写了书稿，年底几乎又重来一遍，心底对于出书总有些忐忑。直到圣诞节，才放了下册出来。幸好，并没有人出来指责我粗制滥造，方得心安。

我儿小乖还太小，于是猴年我一人回老家过年。也许是在外面太久，对搬进城里的老家全然陌生，每日里除了陪父母吃饭外，其他时间都用来写上册书稿。偶尔透过窗看见远处的山影，才找回些幼时记忆。书写得意外顺利，即便网络不算通畅也未能影响到我。回京路上，我彻底定了主意，准备交付出版。

节后忙于培训一事，书稿校对稍稍拖后了些。边按章节调整，边请群里的伙伴们帮忙审校，所幸赶在截止日期前完成。样稿交到编辑手里，虽尚有些收尾工作，但总算能放轻松些。这于我是个解脱，困于此的心思总算少了一大半。

依惯例，需在此感谢很多人。其中自然少不了对我多加鼓励的家中太上领导和惦记良久的网络众位大仙们。当然，最需感谢的是群里帮忙校对的小伙伴们，有溺水的鱼、大内总管、starchou、老虎、日下、小 E、春婶、奋斗娃等等。

读者定位

本书并不适合用作编程初学者入门，因内容和文体都太过简练了些。我厚脸推荐给有实际经验或正用 Go 工作的人群，可于路途中当闲书翻看几页。

联系方式

鉴于能力有限，书中难免错漏。如您看到任何问题，请与我联系，以便更正。谢谢！

- 微博：weibo.com/qyuhen
- 邮件：qyuhen@hotmail.com
- 社区：qyuhen.bearychat.com

雨 痕

二〇一六年春

本书的版本历程

2012-01-11　　开始学习 Go。

2012-01-15　　第一版，基于 R60。

2012-03-29　　升级到 1.0。

2012-06-15　　升级到 1.0.2。

2013-03-26　　升级到 1.1。

2013-12-12　　第二版，基于 1.2。

2014-05-22　　第三版，基于 1.3。

2014-12-20　　第四版，基于 1.4。

2015-06-15　　第五版，基于 1.5。

2015-11-01　　全新《学习笔记 . 第五版》。

2015-12-09　　下卷《源码剖析》截稿，基于 1.5.1。

2016-04-01　　上卷《语言详解》截稿，基于 1.6。

目录

上卷 语言详解

下卷 源码剖析

上卷　语言详解

基于 Go 1.6

第 1 章 概述

对我而言，Go 是一门很有意思的编程语言。虽算不得优雅，但也不浅薄。自 C 一脉相承，又吸收了些时髦的东西。最重要的是，它依旧简单。我喜欢简单，平日里也是竭尽所能将复杂的东西简单化。

有关 Go 的宣传语已经太多，优点或缺点都能罗列出长长的清单。我甚至不知道该如何做才能堆砌出本章内容，所以一直拖到全书的最后才去完成。

1.1 特征

我并不想，似乎也没资格为 Go 增添什么新的荣誉。在此仅从这几年的使用经验说说个人看法，一如书名《学习笔记》那样。

语法简单

抛开语法样式不谈，单就类型和规则而言，Go 与 C99、C11 相似之处颇多，这也是我能接受它被冠以“NextC”名号的重要原因。

即便我是个坚定的 C 拥趸，也不得不承认，它处于简单和复杂的两极。C 简单到你每写下一行代码，都能在脑中想象出编译后的模样，指令如何执行，内存如何分配，等等。而 C 的复杂在于，它有太多隐晦而不着边际的规则，着实让人头疼。相比较而言，Go 从零开始，没有历史包袱，在汲取众多经验教训后，可从头规划一个规则严谨、条理简单的世界。

人们习惯拿关键字和控制语句的数量来作为 Go 简单的例证，我倒觉着这并不合适。诚然，更少的语言规则有助于入门学习，这无可厚非。但更重要的在于，语言规则严谨，没有歧义，更没什么黑魔法变异用法。任何人写出的代码都基本一致，这才是简单的本质。放弃部分“灵活”和“自由”，换来更好的维护性，我觉得是值得的。

将“++”、“--”从运算符降级为语句，保留指针，但默认阻止指针运算。初时的不习惯，并不能掩盖它们带来的长期的好处。还有，将切片和字典作为内置类型，从运行时的层面进行优化，这也算是一种“简单”。

并发模型

时至今日，并发编程已成为程序员的基本技能，在各个技术社区都能看到诸多与之相关的讨论主题。究竟哪种方式是最佳并发编程体验，或许会一直争论下去。但 Go 却一反常态做了件极大胆的事，从根子上将一切都并发化，运行时用 Goroutine 运行所有的一切，包括 main.main 入口函数。

可以说，Goroutine 是 Go 最显著的特征。它用类协程的方式来处理并发单元，却又在运行时层面做了更深度的优化处理。这使得语法上的并发编程变得极为容易，无须处理回调，无须关注执行绪切换，仅一个关键字，简单而自然。

搭配 channel，实现 CSP 模型。将并发单元间的数据耦合拆解开来，各司其职，这对所有纠结于内存共享、锁粒度的开发人员都是一个可期盼的解脱。若说有所不足，那就是应该有个更大的计划，将通信从进程内拓展到进程外，实现真正意义上的分布式。

内存分配

将一切并发化固然是好，但带来的问题同样很多。如何实现高并发下的内存分配和管理就是个难题。好在 Go 选择了 tcmalloc，它本就是为并发而设计的高性能内存分配组件。

可以说，内存分配器是运行时三大组件里变化最少的部分。刨去因配合垃圾回收器而修改的内容，内存分配器完整保留了 tcmalloc 的原始架构。使用 cache 为当前执行线程提供无锁分配，多个 central 在不同线程间平衡内存单元复用。在更高层次里，heap 则管理着大块内存，用以切分成不同等级的复用内存块。快速分配和二级内存平衡机制，让内存分配器能优秀地完成高压力下的内存管理任务。

在最近几个版本中，编译器优化卓有成效。它会竭力将对象分配在栈上，以降低垃圾回收压力，减少管理消耗，提升执行性能。可以说，除偶尔因性能问题而被迫采用对象池和自主内存管理外，我们基本无须参与内存管理操作。

垃圾回收

垃圾回收一直是个难题。早年间，Java 就因垃圾回收低效被嘲笑了许久，后来 Sun 连续收纳了好多人和技术才发展到今天。可即便如此，在 Hadoop 等大内存应用场景下，垃圾回收依旧捉襟见肘、步履维艰。

相比 Java，Go 面临的困难要更多。因指针的存在，所以回收内存不能做收缩处理。幸好，指针运算被阻止，否则要做到精确回收都难。

每次升级，垃圾回收器必然是核心组件里修改最多的部分。从并发清理，到降低 STW 时间，直到 Go 的 1.5 版本实现并发标记，逐步引入三色标记和写屏障等等，都是为了能让垃圾回收在不影响用户逻辑的情况下更好地工作。尽管有了努力，当前版本的垃圾回收算法也只能说堪用，离好用尚有不少距离。可对一个从 R60 一路跟踪源码走过来的程序员而言，我目睹了 Go Team 为此所付出的全部努力。我在此表达敬意，以及对未来某个飞跃的预期。

静态链接

Go 刚发布时，静态链接被当作优点宣传。只须编译后的一个可执行文件，无须附加任何东西就能部署。这似乎很不错，只是后来风气变了。连着几个版本，编译器都在完善动态库 buildmode 功能，场面一时变得有些尴尬。

暂不说未完工的 buildmode 模式，静态编译的好处显而易见。将运行时、依赖库直接打包到可执行文件内部，简化了部署和发布操作，无须事先安装运行环境和下载诸多第三方库。这种简单方式对于编写系统软件有着极大好处，因为库依赖一直都是个麻烦。事实上，我们也能看到越来越多的工具采用 Go 开发，其中恐怕就有此等原因。

标准库

学习编程语言，早已不是学一点语法规则那么简单。现在更习惯称作选择 Ecosystem（生态圈），而这其中标准库的作用和分量尤为明显。

功能完善、质量可靠的标准库为编程语言提供了充足动力。在不借助第三方扩展的情况下，就可完成大部分基础功能开发，这大大降低了学习和使用成本。最关键的是，标准库有升级和修复保障，还能从运行时获得深层次优化的便利，这是第三方库所不具备的。

Go 标准库虽称不得完全覆盖，但也算极为丰富。其中值得称道的是 net/http，仅须简单几条语句就能实现一个高性能 Web Server，这从来都是宣传的亮点。更何况大批基于此的优秀第三方 Framework 更是将 Go 推到 Web/Microservice 开发标准之一的位置。

当然，优秀第三方资源也是语言生态圈的重要组成部分。近年来崛起的几门语言中，Go 算是独树一帜，大批优秀作品频繁涌现，这也给我们学习 Go 提供了很好的参照。

工具链

完整工具链对于日常开发极为重要。Go 在此做得相当不错，无论是编译、格式化、错误检查、帮助文档，还是第三方包下载、更新都有对应工具。其功能未必完善，但起码算得上简单易用。

内置完整测试框架，其中包括单元测试、性能测试、代码覆盖率、数据竞争，以及用来调优的 pprof，这些都是保障代码能正确而稳定运行的必备利器。

除此之外，还可通过环境变量输出运行时监控信息，尤其是垃圾回收和并发调度跟踪，可进一步帮助我们改进算法，获得更佳的运行期表现。

遗憾的是，发展 6 年的 Go 依然缺少一个真正意义上的调试器，对此我个人颇有怨念。另外，依赖包管理也是社区争论的焦点之一。

1.2 简介

本节简单预览一下语言功能，有个相对完整的印象更利于学习后续知识。

> 可依照第 12 章安装配置编译环境。

本书相关内容和示例运行环境：

- Mac OS X EI Capitan 10.11.4
- Ubuntu Server 14.04 x86_64
- GNU gcc 5.3 / gdb 7.7
- Go 1.6 amd64

源文件

源码文件使用 UTF-8 编码，对 Unicode 支持良好。每个源文件都属于包的一部分，在文件头部用 package 声明所属包名称。

test.go

```
package main

func main() {
    println("hello, world!")
}
```

以“.go”作为文件扩展名，语句结束分号会被默认省略，支持 C 样式注释。入口函数 main 没有参数，且必须放在 main 包中。

用 import 导入标准库或第三方包。

```
package main

import (
    "fmt"
)

func main() {
    fmt.Println("hello, world!")
}
```

请删除未使用的导入，否则编译器会将其当作错误。

可直接运行，或编译为可执行文件。

```
$ go run main.go

hello, world!
```

变量

使用 var 定义变量，支持类型推断。基础数据类型划分清晰明确，有助于编写跨平台应用。编译器确保变量总是被初始化为零值，避免出现意外状况。

```
package main

func main() {
    var x int32
    var s = "hello, world!"

    println(x, s)
}
```

在函数内部，还可省略 var 关键字，使用更简单的定义模式。

```
package main

func main() {
    x := 100                        // 注意，赋值符号不同
    println(x)
}
```

编译器将未使用的局部变量定义当作错误。

表达式

Go 仅有三种流控制语句，与大多数语言相比，都可称得上简单。

if

```
func main() {
    x := 100

    if x > 0 {
        println("x")
    } else if x < 0 {
        println("-x")
    } else {
        println("0")
    }
}
```

switch

```
func main() {
    x := 100

    switch {
        case x > 0:
            println("x")
        case x < 0:
            println("-x")
        default:
            println("0")
    }
}
```

for

```
func main() {
    for i := 0; i < 5; i++ {
        println(i)
    }

    for i := 4; i >= 0; i-- {
        println(i)
    }
}
```

```
func main() {
    x := 0

    for x < 5 {                    // 相当于 while (x < 5) { ... }
        println(x)
        x++
    }
}
```

```
func main() {
    x := 4

    for {                          // 相当于 while (true) { ... }
```

```
        println(x)
        x--

        if x < 0 {
            break
        }
    }
}
```

在迭代遍历时，for...range 除元素外，还可返回索引。

```
func main() {
    x := []int{100, 101, 102}

    for i, n := range x {
        println(i, ":", n)
    }
}
```

输出：

```
0 : 100
1 : 101
2 : 102
```

函数

函数可定义多个返回值，甚至对其命名。

```
package main

import (
    "errors"
    "fmt"
)

func div(a, b int) (int, error) {
    if b == 0 {
        return 0, errors.New("division by zero")
    }

    return a / b, nil
}
```

```
func main() {
    a, b := 10, 2                      // 定义多个变量
    c, err := div(a, b)                // 接收多返回值

    fmt.Println(c, err)
}
```

函数是第一类型，可作为参数或返回值。

```
func test(x int) func() {              // 返回函数类型
    return func() {                    // 匿名函数
        println(x)                     // 闭包
    }
}

func main() {
    x := 100

    f := test(x)
    f()
}
```

用 defer 定义延迟调用，无论函数是否出错，它都确保结束前被调用。

```
package main

func test(a, b int) {
    defer println("dispose...")        // 常用来释放资源、解除锁定，或执行一些清理操作
                                       // 可定义多个 defer，按 FILO 顺序执行

    println(a / b)
}

func main() {
    test(10, 0)
}
```

输出：

```
$ go run test.go

dispose...
panic: runtime error: integer divide by zero
```

数据

切片（slice）可实现类似动态数组的功能。

```
package main

import (
    "fmt"
)

func main() {
    x := make([]int, 0, 5)              // 创建容量为 5 的切片

    for i := 0; i < 8; i++ {
        x = append(x, i)                // 追加数据。当超出容量限制时，自动分配更大的存储空间
    }

    fmt.Println(x)
}
```

输出：

```
[0 1 2 3 4 5 6 7]
```

将字典（map）类型内置，可直接从运行时层面获得性能优化。

```
package main

import (
    "fmt"
)

func main() {
    m := make(map[string]int)           // 创建字典类型对象

    m["a"] = 1                          // 添加或设置

    x, ok := m["b"]                     // 使用 ok-idiom 获取值，可知道 key/value 是否存在
    fmt.Println(x, ok)

    delete(m, "a")                      // 删除
}
```

所谓 ok-idiom 模式，是指在多返回值中用一个名为 ok 的布尔值来标示操作是否成功。因为很多操作默认返回零值，所以须额外说明。

结构体（struct）可匿名嵌入其他类型。

```
package main

import (
    "fmt"
)

type user struct {                          // 结构体类型
    name string
    age byte
}

type manager struct {
    user                                    // 匿名嵌入其他类型
    title string
}

func main() {
    var m manager

    m.name = "Tom"                          // 直接访问匿名字段的成员
    m.age = 29
    m.title = "CTO"

    fmt.Println(m)
}
```

输出：

```
{{Tom 29} CTO}
```

方法

可以为当前包内的任意类型定义方法。

```
package main

type X int
```

```
func (x *X) inc() {                        // 名称前的参数称作 receiver，作用类似 python self
    *x++
}

func main() {
    var x X
    x.inc()
    println(x)
}
```

还可直接调用匿名字段的方法，这种方式可实现与继承类似的功能。

```
package main

import (
    "fmt"
)

type user struct {
    name string
    age byte
}

func (u user) ToString() string {
    return fmt.Sprintf("%+v", u)
}

type manager struct {
    user
    title string
}

func main() {
    var m manager
    m.name = "Tom"
    m.age = 29

    println(m.ToString())                  // 调用 user.ToString()
}
```

接口

接口采用了 duck type 方式，也就是说无须在实现类型上添加显式声明。

```
package main

import (
    "fmt"
)

type user struct {
    name string
    age byte
}

func (u user) Print() {
    fmt.Printf("%+v\n", u)
}

type Printer interface {                    // 接口类型
    Print()
}

func main() {
    var u user
    u.name = "Tom"
    u.age = 29

    var p Printer = u                       // 只要包含接口所需的全部方法，即表示实现了该接口
    p.Print()
}
```

另有空接口类型 interface{}，用途类似 OOP 里的 system.Object，可接收任意类型对象。

并发

整个运行时完全并发化设计。凡你能看到的，几乎都在以 goroutine 方式运行。这是一种比普通协程或线程更加高效的并发设计，能轻松创建和运行成千上万的并发任务。

```
package main

import (
    "fmt"
    "time"
)
```

```
func task(id int) {
    for i := 0; i < 5; i++ {
        fmt.Printf("%d: %d\n", id, i)
        time.Sleep(time.Second)
    }
}

func main() {
    go task(1)                                    // 创建 goroutine
    go task(2)

    time.Sleep(time.Second * 6)
}
```

输出：

```
1: 0
2: 0
1: 1
2: 1
1: 2
2: 2
2: 3
1: 3
2: 4
1: 4
```

通道（channel）与 goroutine 搭配，实现用通信代替内存共享的 CSP 模型。

```
package main

// 消费者
func consumer(data chan int, done chan bool) {
    for x := range data {                         // 接收数据，直到通道被关闭
        println("recv:", x)
    }

    done <- true                                  // 通知 main，消费结束
}

// 生产者
func producer(data chan int) {
```

```
    for i := 0; i < 4; i++ {
        data <- i                                   // 发送数据
    }

    close(data)                                     // 生产结束，关闭通道
}

func main() {
    done := make(chan bool)                         // 用于接收消费结束信号
    data := make(chan int)                          // 数据管道

    go consumer(data, done)                         // 启动消费者
    go producer(data)                               // 启动生产者

    <-done                                          // 阻塞，直到消费者发回结束信号
}
```

输出：

```
recv: 0
recv: 1
recv: 2
recv: 3
```

第 2 章 类型

2.1 变量

在数学概念中，变量（variable）表示没有固定值且可改变的数。但从计算机系统实现角度来看，变量是一段或多段用来存储数据的内存。

作为静态类型语言，Go 变量总是有固定的数据类型，类型决定了变量内存的长度和存储格式。我们只能修改变量值，无法改变类型。

通过类型转换或指针操作，我们可用不同方式修改变量值，但这并不意味着改变了变量类型。

因为内存分配发生在运行期，所以在编码阶段我们用一个易于阅读的名字来表示这段内存。实际上，编译后的机器码从不使用变量名，而是直接通过内存地址来访问目标数据。保存在符号表中的变量名等信息可被删除，或用于输出更详细的错误信息。

定义

关键字 var 用于定义变量，和 C 不同，类型被放在变量名后。另外，运行时内存分配操作会确保变量自动初始化为二进制零值（zero value），避免出现不可预测行为。如显式提供初始化值，可省略变量类型，由编译器推断。

```
var x int                       // 自动初始化为 0
var y = false                   // 自动推断为 bool 类型
```

可一次定义多个变量，包括用不同初始值定义不同类型。

```
var x, y int                    // 相同类型的多个变量
```

```
var a, s = 100, "abc"            // 不同类型初始化值
```

依照惯例，建议以组方式整理多行变量定义。

```
var (
    x, y int
    a, s = 100, "abc"
)
```

简短模式

除 var 关键字外，还可使用更加简短的变量定义和初始化语法。

```
func main() {
    x := 100
    a, s := 1, "abc"
}
```

只是要注意，简短模式（short variable declaration）有些限制：

- 定义变量，同时显式初始化。
- 不能提供数据类型。
- 只能用在函数内部。

对于粗心的新手，这可能会造成意外错误。比如原本打算修改全局变量，结果变成重新定义同名局部变量。

```
var x = 100

func main() {
    println(&x, x)               // 全局变量

    x := "abc"                   // 重新定义和初始化同名局部变量
    println(&x, x)
}
```

输出：

```
0xae020          100      // 对比内存地址，可以看出是两个不同的变量
0xc820041f38     abc
```

简短定义在函数多返回值，以及 if/for/switch 等语句中定义局部变量非常方便。

简短模式并不总是重新定义变量，也可能是部分退化的赋值操作。

```
func main() {
    x := 100
    println(&x)

    x, y := 200, "abc"          // 注意: x 退化为赋值操作，仅有 y 是变量定义

    println(&x, x)
    println(y)
}
```

输出：

```
0xc820041f28
0xc820041f28 200                // 对比变量内存地址，可以确认 x 属于同一变量
abc
```

退化赋值的前提条件是：最少有一个新变量被定义，且必须是同一作用域。

```
func main() {
    x := 100
    println(&x)

    x := 200                    // 错误: no new variables on left side of :=
    println(&x, x)
}
```

```
func main() {
    x := 100
    println(&x, x)

    {
        x, y := 200, 300        // 不同作用域，全部是新变量定义
        println(&x, x, y)
    }
}
```

输出：

```
0xc820041f30        100
0xc820041f38        200  300
```

在处理函数错误返回值时，退化赋值允许我们重复使用 err 变量，这是相当有益的。

```
package main

import (
    "log"
    "os"
)

func main() {
    f, err := os.Open("/dev/random")
    ...

    buf := make([]byte, 1024)
    n, err := f.Read(buf)          // err 退化赋值，n 新定义
    ...
}
```

多变量赋值

在进行多变量赋值操作时，首先计算出所有右值，然后再依次完成赋值操作。

```
func main() {
    x, y := 1, 2
    x, y = y+3, x+2              // 先计算出右值 y+3、x+2，然后再对 x、y 变量赋值

    println(x, y)
}
```

输出：

```
$ go build && ./test

5 3

$ go tool objdump -s "main\.main" test

TEXT main.main(SB) test.go
    MOVQ $0x1, AX              // 先使用 AX、CX 寄存器完成表达式 x+2、y+3 操作
    MOVQ $0x2, CX
    ADDQ $0x3, CX
    ADDQ $0x2, AX
```

```
    MOVQ CX, 0x10(SP)           // 然后将计算结果分别写入 x、y 变量
    MOVQ AX, 0x8(SP)

    CALL runtime.printlock(SB)  // 依次 printint(x), printint(y)
    MOVQ 0x10(SP), BX
    MOVQ BX, 0(SP)
    CALL runtime.printint(SB)
    CALL runtime.printsp(SB)

    MOVQ 0x8(SP), BX
    MOVQ BX, 0(SP)
    CALL runtime.printint(SB)
    CALL runtime.printnl(SB)
    CALL runtime.printunlock(SB)
```

赋值操作，必须确保左右值类型相同。

未使用错误

编译器将未使用局部变量当作错误。不要觉得麻烦，这有助于培养良好的编码习惯。

```
var x int                       // 全局变量没问题

func main() {
    y := 10
}
```

输出：

```
$ go build

./test.go: y declared and not used
```

2.2 命名

对变量、常量、函数、自定义类型进行命名，通常优先选用有实际含义，易于阅读和理解的字母或单词组合。

命名建议

- 以字母或下画线开始，由多个字母、数字和下画线组合而成。
- 区分大小写。
- 使用驼峰（camel case）拼写格式。
- 局部变量优先使用短名。
- 不要使用保留关键字。
- 不建议使用与预定义常量、类型、内置函数相同的名字。
- 专有名词通常会全部大写，例如 escapeHTML。

尽管 Go 支持用汉字等 Unicode 字符命名，但从编程习惯上来说，这并不是好选择。

```
func main() {
    var c int                          // c 代替 count
    for i := 0; i < 10; i++ {          // i 代替 index
        c++
    }

    println(c)
}
```

符号名字首字母大小写决定了其作用域。首字母大写的为导出成员，可被包外引用，而小写则仅能在包内使用。相关细节，可参考后续章节。

空标识符

和 Python 类似，Go 也有个名为“_”的特殊成员（blank identifier）。通常作为忽略占位符使用，可作表达式左值，无法读取内容。

```
import "strconv"

func main() {
    x, _ := strconv.Atoi("12")         // 忽略 Atoi 的 err 返回值
    println(x)
}
```

空标识符可用来临时规避编译器对未使用变量和导入包的错误检查。但请注意，它是预置成员，不能重新定义。

2.3 常量

常量表示运行时恒定不可改变的值，通常是一些字面量。使用常量就可用一个易于阅读理解的标识符号来代替“魔法数字”，也使得在调整常量值时，无须修改所有引用代码。

常量值必须是编译期可确定的字符、字符串、数字或布尔值。可指定常量类型，或由编译器通过初始化值推断，不支持 C/C++数字类型后缀。

```
const x, y int = 123, 0x22
const s = "hello, world!"
const c = '我'                          // rune (unicode code point)

const (
    i, f = 1, 0.123                     // int, float64（默认）
    b    = false
)
```

可在函数代码块中定义常量，不曾使用的常量不会引发编译错误。

```
func main() {
    const x = 123
    println(x)

    const y = 1.23                      // 未使用，不会引发编译错误

    {
        const x = "abc"                 // 在不同作用域定义同名常量
        println(x)
    }
}
```

输出：

```
123
abc
```

如果显式指定类型，必须确保常量左右值类型一致，需要时可做显式转换。右值不能超出常量类型取值范围，否则会引发溢出错误。

```
const (
    x, y int    = 99, -999
```

```
    b     byte    = byte(x)              // x 被指定为 int 类型，须显式转换为 byte 类型
    n             = uint8(y)             // 错误: constant -999 overflows uint8
)
```

常量值也可以是某些编译器能计算出结果的表达式，如 unsafe.Sizeof、len、cap 等。

```
import "unsafe"

const (
    ptrSize = unsafe.Sizeof(uintptr(0))
    strSize = len("hello, world!")
)
```

在常量组中如不指定类型和初始化值，则与上一行非空常量右值（表达式文本）相同。

```
import "fmt"

func main() {
    const (
        x   uint16 = 120
        y                                // 与上一行 x 类型、右值相同
        s   = "abc"
        z                                // 与 s 类型、右值相同
    )

    fmt.Printf("%T, %v\n", y, y)         // 输出类型和值
    fmt.Printf("%T, %v\n", z, z)
}
```

输出：

```
uint16, 120
string, abc
```

枚举

Go 并没有明确意义上的 enum 定义，不过可借助 iota 标识符实现一组自增常量值来实现枚举类型。

```
const (
    x  = iota // 0
    y         // 1
    z         // 2
)
```

```
const (
    _  = iota           // 0
    KB = 1 << (10 * iota)      // 1 << (10 * 1)
    MB                         // 1 << (10 * 2)
    GB                         // 1 << (10 * 3)
)
```

自增作用范围为常量组。可在多常量定义中使用多个 iota，它们各自单独计数，只须确保组中每行常量的列数量相同即可。

```
const (
    _, _ = iota, iota * 10     // 0, 0 * 10
    a, b                       // 1, 1 * 10
    c, d                       // 2, 2 * 10
)
```

如中断 iota 自增，则必须显式恢复。且后续自增值按行序递增，而非 C enum 那般按上一取值递增。

```
const (
    a  = iota                  // 0
    b                          // 1
    c  = 100                   // 100
    d                          // 100（与上一行常量右值表达式相同）
    e  = iota                  // 4（恢复 iota 自增，计数包括 c、d）
    f                          // 5
)
```

自增默认数据类型为 int，可显式指定类型。

```
const (
    a          = iota          // int
    b  float32 = iota          // float32
    c          = iota          // int（如不显式指定 iota，则与 b 数据类型相同）
)
```

在实际编码中，建议用自定义类型实现用途明确的枚举类型。但这并不能将取值范围限定在预定义的枚举值内。

```
type color byte                // 自定义类型

const (
```

```
    black color = iota          // 指定常量类型
    red
    blue
)

func test(c color) {
    println(c)
}

func main() {
    test(red)
    test(100)                   // 100 并未超出 color/byte 类型取值范围

    x := 2
    test(x)                     // 错误: cannot use x (type int) as type color in argument to test
}
```

展开

常量除“只读”外，和变量究竟有什么不同？

```
var   x = 0x100
const y = 0x200

func main() {
    println(&x, x)
    println(&y, y)              // 错误: cannot take the address of y
}
```

不同于变量在运行期分配存储内存（非优化状态），常量通常会被编译器在预处理阶段直接展开，作为指令数据使用。

```
const y = 0x200

func main() {
    println(y)
}
```

输出：

```
$ go build && go tool objdump -s "main\.main" test

TEXT main.main(SB) test.go
```

```
MOVQ $0x200, 0(SP)          // 将常量值作为指令数据展开
CALL runtime.printint(SB)
```

数字常量不会分配存储空间，无须像变量那样通过内存寻址来取值，因此无法获取地址。

鉴于 Go 当前对动态库的支持还不完善，是否存在“常量陷阱”问题，尚有待观察。

提到常量展开，我们还须回头看看常量的两种状态对编译器的影响。

```
const x = 100                // 无类型声明的常量
const y byte = x             // 直接展开 x，相当于 const y byte = 100

const a int = 100            // 显式指定常量类型，编译器会做强类型检查
const b byte = a             // 错误: cannot use a (type int) as type byte in const initializer
```

2.4 基本类型

清晰完备的预定义基础类型，使得开发跨平台应用时无须过多考虑符号和长度差异。

类　型	长　度	默认值	说　明
bool	1	fasle	
byte	1	0	uint8
int, uint	4, 8	0	默认整数类型，依据目标平台，32 或 64 位
int8, uint8	1	0	–128 ~ 127，0 ~ 255
int16, uint16	2	0	–32,768 ~ 32,767，0 ~ 65,535
int32, uint32	4	0	–21 亿 ~ 21 亿，0 ~ 42 亿
int64, uint64	8	0	
float32	4	0.0	
float64	8	0.0	默认浮点数类型
complex64	8		
complex128	16		
rune	4	0	Unicode Code Point，int32
uintptr	4, 8	0	足以存储指针的 uint

续表

类　型	长　度	默认值	说　明
string		""	字符串，默认值为空字符串，而非 NULL
array			数组
struct			结构体
function		nil	函数
interface		nil	接口
map		nil	字典，引用类型
slice		nil	切片，引用类型
channel		nil	通道，引用类型

支持八进制、十六进制以及科学记数法。标准库 math 定义了各数字类型的取值范围。

```
import (
    "fmt"
    "math"
)

func main() {
    a, b, c := 100, 0144, 0x64

    fmt.Println(a, b, c)
    fmt.Printf("0b%b, %#o, %#x\n", a, a, a)

    fmt.Println(math.MinInt8, math.MaxInt8)
}
```

输出：

```
100 100 100
0b1100100, 0144, 0x64

-128 127
```

标准库 strconv 可在不同进制（字符串）间转换。

```
import "strconv"

func main() {
    a, _ := strconv.ParseInt("1100100", 2, 32)
    b, _ := strconv.ParseInt("0144", 8, 32)
    c, _ := strconv.ParseInt("64", 16, 32)
```

```
    println(a, b, c)

    println("0b" + strconv.FormatInt(a, 2))
    println("0" + strconv.FormatInt(a, 8))
    println("0x" + strconv.FormatInt(a, 16))
}
```

输出：

```
100 100 100
0b1100100
0144
0x64
```

使用浮点数时，须注意小数位的有效精度，相关细节可参考 IEEE-754 标准。

```
func main() {
    var a float32 = 1.1234567899          // 注意：默认浮点类型是 float64
    var b float32 = 1.12345678
    var c float32 = 1.123456781

    println(a, b, c)
    println(a == b, a == c)
    fmt.Printf("%v %v, %v\n", a, b, c)
}
```

输出：

```
+1.123457e+000 +1.123457e+000 +1.123457e+000
true true
1.1234568 1.1234568, 1.1234568
```

别名

在官方的语言规范中，专门提到两个别名。

```
byte        alias for uint8
rune        alias for int32
```

别名类型无须转换，可直接赋值。

```
func test(x byte) {
    println(x)
```

```
}

func main() {
    var a byte = 0x11
    var b uint8 = a
    var c uint8 = a + b

    test(c)
}
```

但这并不表示，拥有相同底层结构的就属于别名。就算在 64 位平台上 int 和 int64 结构完全一致，也分属不同类型，须显式转换。

```
func add(x, y int) int {
    return x + y
}

func main() {
    var x int = 100
    var y int64 = x     // 错误: cannot use x (type int) as type int64 in assignment

    add(x, y)           // 错误: cannot use y (type int64) as type int in argument to add
}
```

2.5 引用类型

所谓引用类型（reference type）特指 slice、map、channel 这三种预定义类型。

相比数字、数组等类型，引用类型拥有更复杂的存储结构。除分配内存外，它们还须初始化一系列属性，诸如指针、长度，甚至包括哈希分布、数据队列等。

内置函数 new 按指定类型长度分配零值内存，返回指针，并不关心类型内部构造和初始化方式。而引用类型则必须使用 make 函数创建，编译器会将 make 转换为目标类型专用的创建函数（或指令），以确保完成全部内存分配和相关属性初始化。

```
func mkslice() []int {
    s := make([]int, 0, 10)
    s = append(s, 100)
    return s
}
```

```
func mkmap() map[string]int {
    m := make(map[string]int)
    m["a"] = 1
    return m
}

func main() {
    m := mkmap()
    println(m["a"])

    s := mkslice()
    println(s[0])
}
```

输出：

```
$ go build -gcflags "-l"                    // 禁用函数内联

$ go tool objdump -s "main\.mk" test

TEXT main.mkslice(SB) test.go
    CALL runtime.makeslice(SB)

TEXT main.mkmap(SB) test.go
    CALL runtime.makemap(SB)
```

除 new/make 函数外，也可使用初始化表达式，编译器生成的指令基本相同。

当然，new 函数也可为引用类型分配内存，但这是不完整创建。以字典（map）为例，它仅分配了字典类型本身（实际就是个指针包装）所需内存，并没有分配键值存储内存，也没有初始化散列桶等内部属性，因此它无法正常工作。

```
import "fmt"

func main() {
    p := new(map[string]int)            // 函数 new 返回指针
    m := *p
    m["a"] = 1                          // panic: assignment to entry in nil map （运行期错误）
    fmt.Println(m)
}
```

2.6 类型转换

隐式转换造成的问题远大于它带来的好处。

除常量、别名类型以及未命名类型外，Go 强制要求使用显式类型转换。加上不支持操作符重载，所以我们总是能确定语句及表达式的明确含义。

```
a := 10
b := byte(a)
c := a + int(b)          // 混合类型表达式必须确保类型一致
```

同样不能将非 bool 类型结果当作 true/false 使用。

```
func main() {
    x := 100

    var b bool = x       // 错误: cannot use x (type int) as type bool in assignment

    if x {               // 错误: non-bool x (type int) used as if condition
    }
}
```

语法歧义

如果转换的目标是指针、单向通道或没有返回值的函数类型，那么必须使用括号，以避免造成语法分解错误。

```
func main() {
    x := 100
    p := *int(&x)        // 错误: cannot convert &x (type *int) to type int
                         //        invalid indirect of int(&x) (type int)
    println(p)
}
```

正确的做法是用括号，让编译器将 *int 解析为指针类型。

```
(*int)(p)                    --> 如果没有括号 -->        *(int(p))
(<-chan int)(c)                                          <-(chan int(c))
(func())(x)                                              func() x

func()int(x)                 --> 有返回值的函数类型可省略括号，但依然建议使用。
(func()int)(x)                   使用括号后，更易阅读
```

2.7 自定义类型

使用关键字 type 定义用户自定义类型，包括基于现有基础类型创建，或者是结构体、函数类型等。

```
type flags byte

const (
    read flags = 1 << iota
    write
    exec
)

func main() {
    f := read | exec
    fmt.Printf("%b\n", f)                    // 输出二进制标记位
}
```

输出：

```
101
```

和 var、const 类似，多个 type 定义可合并成组，可在函数或代码块内定义局部类型。

```
func main() {
    type (                                   // 组
        user struct {                        // 结构体
            name string
            age  uint8
        }

        event func(string) bool              // 函数类型
    )

    u := user{"Tom", 20}
    fmt.Println(u)

    var f event = func(s string) bool {
        println(s)
        return s != ""
    }

    f("abc")
```

```
}
```

即便指定了基础类型，也只表明它们有相同底层数据结构，两者间不存在任何关系，属完全不同的两种类型。除操作符外，自定义类型不会继承基础类型的其他信息（包括方法）。不能视作别名，不能隐式转换，不能直接用于比较表达式。

```
func main() {
    type data int
    var d data = 10

    var x int = d              // 错误: cannot use d (type data) as type int in assignment
    println(x)

    println(d == x)            // 错误: invalid operation: d == x (mismatched types data and int)
}
```

未命名类型

与有明确标识符的 bool、int、string 等类型相比，数组、切片、字典、通道等类型与具体元素类型或长度等属性有关，故称作未命名类型（unnamed type）。当然，可用 type 为其提供具体名称，将其改变为命名类型（named type）。

具有相同声明的未命名类型被视作同一类型。

- 具有相同基类型的指针。
- 具有相同元素类型和长度的数组（array）。
- 具有相同元素类型的切片（slice）。
- 具有相同键值类型的字典（map）。
- 具有相同数据类型及操作方向的通道（channel）。
- 具有相同字段序列（字段名、字段类型、标签，以及字段顺序）的结构体（struct）。
- 具有相同签名（参数和返回值列表，不包括参数名）的函数（func）。
- 具有相同方法集（方法名、方法签名，不包括顺序）的接口（interface）。

相关类型会在后续章节做详细说明，此处无须了解更多细节。

容易被忽视的是 struct tag，它也属于类型组成部分，而不仅仅是元数据描述。

```
func main() {
```

```
    var a struct {          // 匿名结构类型
        x   int    `x`
        s   string `s`
    }

    var b struct {
        x   int
        s   string
    }

    b = a                   // 错误: cannot use a type
                            //       struct { x int "x"; s string "s" } as type
                            //       struct { x int; s string } in assignment

    fmt.Println(b)
}
```

同样，函数的参数顺序也属签名组成部分。

```
func main() {
    var a func(int, string)
    var b func(string, int)

    b = a                   // 错误: cannot use a (type func(int, string)) as type
                            //       func(string, int) in assignment

    b("s", 1)
}
```

未命名类型转换规则：

- 所属类型相同。
- 基础类型相同，且其中一个是未命名类型。
- 数据类型相同，将双向通道赋值给单向通道，且其中一个为未命名类型。
- 将默认值 nil 赋值给切片、字典、通道、指针、函数或接口。
- 对象实现了目标接口。

```
func main() {
    type data [2]int
    var d data = [2]int{1, 2}    // 基础类型相同，右值为未命名类型

    fmt.Println(d)

    a := make(chan int, 2)
```

```
    var b chan<- int = a        // 双向通道转换为单向通道，其中 b 为未命名类型

    b <- 2
}
```

第 3 章 表达式

3.1 保留字

Go 语言仅 25 个保留关键字（keyword），这是最常见的宣传语，虽不是主流语言中最少的，但也确实体现了 Go 语法规则的简洁性。保留关键字不能用作常量、变量、函数名，以及结构字段等标识符。

```
break        default        func        interface      select
case         defer          go          map            struct
chan         else           goto        package        switch
const        fallthrough    if          range          type
continue     for            import      return         var
```

相比在更新版本中不停添加新语言功能，我更喜欢简单的语言设计。某些功能可通过类库扩展，或其他非侵入方式实现，完全没必要为了“方便”让语言变得臃肿。过于丰富的功能特征会随着时间的推移抬升门槛，还会让代码变得日趋“魔幻”，降低一致性和可维护性。

3.2 运算符

很久以前，流传“程序=算法+数据”这样的说法。

算法是什么？通俗点说就是“解决问题的过程”。小到加法指令，大到成千上万台服务器组成的分布式计算集群，抛去抽象概念和宏观架构，最终都由最基础的机器指令过程去处理不同层次存储设备里的数据。

学习语言和设计架构不同，我们所关心的就是微观层次，诸如语法规则所映射的机器指令，以及数据存储位置和格式等等。其中，运算符和表达式用来串联数据和指令，算是最基础的算法。

> 另有一句话："硬件的方向是物理，软件的结局是数学。"

全部运算符及分隔符列表：

```
+    &     +=    &=     &&    ==    !=    (    )
-    |     -=    |=     ||    <     <=    [    ]
*    ^     *=    ^=     <-    >     >=    {    }
/    <<    /=    <<=    ++    =     :=    ,    ;
%    >>    %=    >>=    --    !     ...   .    :
     &^          &^=
```

没有乘幂和绝对值运算符，对应的是标准库 math 里的 Pow、Abs 函数实现。

优先级

一元运算符优先级最高，二元则分成五个级别，从高往低分别是：

```
highest      *    /    %    <<    >>    &    &^
             +    -    |    ^
             ==   !=   <    <=    >     >=
             &&
lowest       ||
```

相同优先级的二元运算符，从左往右依次计算。

二元运算符

除位移操作外，操作数类型必须相同。如果其中一个是无显式类型声明的常量，那么该常量操作数会自动转型。

```
func main() {
    const v = 20                              // 无显式类型声明的常量

    var a byte = 10
    b := v + a                                // v 自动转换为 byte/uint8 类型
    fmt.Printf("%T, %v\n", b, b)
```

```
    const c float32 = 1.2
    d := c + v                        // v 自动转换为 float32 类型
    fmt.Printf("%T, %v\n", d, d)
}
```

输出：

```
uint8, 30
float32, 21.2
```

位移右操作数必须是无符号整数，或可以转换的无显式类型常量。

```
func main() {
    b := 23                       // b 是有符号 int 类型变量
    x := 1 << b                   // 无效操作: 1 << b (shift count type int, must be unsigned integer)
    println(x)
}
```

如果是非常量位移表达式，那么会优先将无显式类型的常量左操作数转型。

```
func main() {
    a := 1.0 << 3                       // 常量表达式(包括常量展开)
    fmt.Printf("%T, %v\n", a, a)        // int, 8

    var s uint = 3
    b := 1.0 << s                       // 无效操作: 1 << s (shift of type float64)
    fmt.Printf("%T, %v\n", b, b)        // 因为 b 没有提供类型，那么编译器通过 1.0 推断，
                                        // 显然无法对浮点数做位移操作

    var c int32 = 1.0 << s              // 自动将 1.0 转换为 int32 类型
    fmt.Printf("%T, %v\n", c, c)        // int32, 8
}
```

位运算符

二进制位运算符比较特别的就是“bit clear”，在其他语言里很少见到。

```
AND           按位与: 都为 1           a & b     0101 & 0011 = 0001
OR            按位或: 至少一个 1        a | b     0101 | 0011 = 0111
XOR           按位亦或: 只有一个 1      a ^ b     0101 ^ 0011 = 0110
NOT           按位取反   (一元)         ^a        ^0111 = 1000
AND NOT       按位清除   (bit clear)    a &^ b    0110 &^ 1011 = 0100
LEFT SHIFT    位左移                    a << 2    0001 << 3 = 1000
RIGHT SHIFT   位右移                    a >> 2    1010 >> 2 = 0010
```

位清除（AND NOT）和位亦或（XOR）是不同的。它将左右操作数对应二进制位都为 1 的重置为 0（有些类似位图），以达到一次清除多个标记位的目的。

```
const (
    read    byte = 1 << iota
    write
    exec
    freeze
)

func main() {
    a := read | write | freeze
    b := read | freeze | exec
    c := a &^ b                    // 相当于 a ^ read ^ freeze，但不包括 exec

    fmt.Printf("%04b &^ %04b = %04b\n", a, b, c)
}
```

输出：

```
1011 &^ 1101 = 0010
```

自增

自增、自减不再是运算符。只能作为独立语句，不能用于表达式。

```
func main() {
    a := 1
    ++a                            // 语法错误：unexpected ++  （不能前置）

    if (a++) > 1 {                 // 语法错误：unexpected ++, expecting ）（语句不能作为表达式使用）
    }

    p := &a
    *p++                           // 相当于 (*p)++
    println(a)
}
```

表达式通常是求值代码，可作为右值或参数使用。而语句完成一个行为，比如 if、for 代码块。表达式可作为语句用，但语句却不能当作表达式。

指针

不能将内存地址与指针混为一谈。

内存地址是内存中每个字节单元的唯一编号，而指针则是一个实体。指针会分配内存空间，相当于一个专门用来保存地址的整型变量。

```
                  p := &x                       x := 100
-----------------+--------+------\\------+------+---------
 memory  ...     | 0x1200 |     ....     | 100  |   ...
-----------------+--------+------\\------+------+---------
 address         0x800                   0x1200
```

- 取址运算符“&”用于获取对象地址。
- 指针运算符“*”用于间接引用目标对象。
- 二级指针**T，如包含包名则写成*package.T。

并非所有对象都能进行取地址操作，但变量总是能正确返回（addressable）。指针运算符为左值时，我们可更新目标对象状态；而为右值时则是为了获取目标状态。

```
func main() {
    x := 10

    var p *int = &x              // 获取地址，保存到指针变量
    *p += 20                     // 用指针间接引用，并更新对象

    println(p, *p)               // 输出指针所存储的地址，以及目标对象
}
```

输出：

```
0xc82003df30 30
```

```
func main() {
    m := map[string]int{ "a": 1 }
    println(&m["a"])             // 错误: cannot take the address of m["a"]
}
```

指针类型支持相等运算符，但不能做加减法运算和类型转换。如果两个指针指向同一地址，或都为 nil，那么它们相等。

```
func main() {
```

```
    x := 10
    p := &x

    p++                          // 无效操作: p++ (non-numeric type *int)
    var p2 *int = p + 1          // 无效操作: p + 1 (mismatched types *int and int)

    p2 = &x
    println(p == p2)
}
```

可通过 unsafe.Pointer 将指针转换为 uintptr 后进行加减法运算，但可能会造成非法访问。

Pointer 类似 C 语言中的 void*万能指针，可用来转换指针类型。它能安全持有对象或对象成员，但 uintptr 不行。后者仅是一种特殊整型，并不引用目标对象，无法阻止垃圾回收器回收对象内存。

指针没有专门指向成员的“->”运算符，统一使用“.”选择表达式。

```
func main() {
    a := struct {
        x int
    }{}

    a.x = 100

    p := &a
    p.x += 100                   // 相当于 p->x += 100

    println(p.x)
}
```

零长度（zero-size）对象的地址是否相等和具体的实现版本有关，不过肯定不等于 nil。

```
func main() {
    var a, b struct{}

    println(&a, &b)
    println(&a == &b, &a == nil)
}
```

输出：

```
0xc820041f2f  0xc820041f2f
true  false
```

即便长度为 0，可该对象依然是"合法存在"的，拥有合法内存地址，这与 nil 语义完全不同。

在 runtime/malloc.go 里有个 zerobase 全局变量，所有通过 mallocgc 分配的零长度对象都使用该地址。不过上例中，对象 a、b 在栈上分配，并未调用 mallocgc 函数。

3.3 初始化

对复合类型（数组、切片、字典、结构体）变量初始化时，有一些语法限制。

- 初始化表达式必须含类型标签。
- 左花括号必须在类型尾部，不能另起一行。
- 多个成员初始值以逗号分隔。
- 允许多行，但每行须以逗号或右花括号结束。

正确示例：

```
type data struct {
    x   int
    s   string
}

var a data = data{1, "abc"}

b := data{
    1,
    "abc",
}
```

```
c := []int{
    1,
    2 }

d := []int{ 1, 2,
    3, 4,
    5,
}
```

错误示例：

```
var d data = {1, "abc"} // 语法错误: unexpected { （缺类型标签）
```

```
d := data
    {                          // 语法错误：unexpected semicolon or newline（左花括号不能另起一行）
        1,
        "abc"
    }

d := data{
    1,
    "abc"                      // 语法错误：need trailing comma before newline（须以逗号或右花括号结束）
}
```

3.4 流控制

Go 精简（合并）了流控制语句，虽然某些时候不够便捷，但够用。

if...else...

条件表达式值必须是布尔类型，可省略括号，且左花括号不能另起一行。

```
func main() {
    x := 3

    if x > 5 {
        println("a")
    } else if x < 5 && x > 0 {
        println("b")
    } else {
        println("z")
    }
}
```

比较特别的是对初始化语句的支持，可定义块局部变量或执行初始化函数。

```
func main() {
    x := 10

    if xinit(); x == 0 {                 // 优先执行 xinit 函数
        println("a")
    }
```

```
    if a, b := x+1, x+10; a < b {            // 定义一个或多个局部变量（也可以是函数返回值）
        println(a)
    } else {
        println(b)
    }
}
```

局部变量的有效范围包含整个 if/else 块。

对于编程初学者，可能会因条件匹配顺序不当而写出死代码（dead code）。

```
func main() {
    x := 8

    if x > 5 {                               // 优先判断，条件表达式结果为 true
        println("a")
    } else if x > 7 {                        // dead code
        println("b")
    }
}
```

输出：

```
a
```

死代码是指永远不会被执行的代码，可使用专门的工具，或用代码覆盖率（code coverage）测试进行检查。某些比较智能的编译器也可主动清除死代码（dead code elimination, DCE）。

尽可能减少代码块嵌套，让正常逻辑处于相同层次。

```
import (
    "errors"
    "log"
)

func check(x int) error {
    if x <= 0 {
        return errors.New("x <= 0")
    }

    return nil
}
```

```
func main() {
    x := 10

    if err := check(x); err == nil {
        x++
        println(x)
    } else {
        log.Fatalln(err)
    }
}
```

该示例中，if 块显然承担了两种逻辑：错误处理和后续正常操作。基于重构原则，我们应该保持代码块功能的单一性。

```
func main() {
    x := 10

    if err := check(x); err != nil {
        log.Fatalln(err)
    }

    x++
    println(x)
}
```

如此，if 块仅完成条件检查和错误处理，相关正常逻辑保持在同一层次。当有人试图通过阅读这段代码来获知逻辑流程时，完全可忽略 if 块细节。同时，单一功能可提升代码可维护性，更利于拆分重构。

当然，如须在多个条件块中使用局部变量，那么只能保留原层次，或直接使用外部变量。

```
import (
    "log"
    "strconv"
)

func main() {
    s := "9"

    n, err := strconv.ParseInt(s, 10, 64)          // 使用外部变量

    if err != nil {
```

```
        log.Fatalln(err)
    } else if n < 0 || n > 10 {            // 也可考虑拆分成另一个独立 if 块
        log.Fatalln("invalid number")
    }

    println(n)                             // 避免 if 局部变量将该逻辑放到 else 块
}
```

对于某些过于复杂的组合条件，建议将其重构为函数。

```
import (
    "log"
    "strconv"
)

func main() {
    s := "9"

    if n, err := strconv.ParseInt(s, 10, 64); err != nil || n < 0 || n > 10 || n%2 != 0 {
        log.Fatalln("invalid number")
    }

    println("ok")
}
```

函数调用虽然有一些性能损失，可却让主流程变得更加清爽。况且，条件语句独立之后，更易于测试，同样会改善代码可维护性。

```
import (
    "errors"
    "log"
    "strconv"
)

func check(s string) error {
    n, err := strconv.ParseInt(s, 10, 64)
    if err != nil || n < 0 || n > 10 || n%2 != 0 {
        return errors.New("invalid number")
    }

    return nil
}

func main() {
```

```
    s := "9"

    if err := check(s); err != nil {
        log.Fatalln(err)
    }

    println("ok")
}
```

将流程和局部细节分离是很常见的做法，不同的变化因素被分隔在各自独立单元（函数或模块）内，可避免修改时造成关联错误，减少患“肥胖症”的函数数量。当然，代码单元测试也是主要原因之一。另一方面，该示例中的函数 check 仅被 if 块调用，也可将其作为局部函数，以避免扩大作用域，只是对测试的友好度会差一些。

当前编译器只能说够用，须优化的地方太多，其中内联处理做得也差强人意，所以代码维护性和性能平衡需要投入更多心力。

语言方面，最遗憾的是没有条件运算符“a>b?a:b”。有没有 lambda 无所谓，但没有这个却少了份优雅。加上一大堆 err!=nil 判断语句，对于有完美主义倾向的代码洁癖患者来说是种折磨。

switch

与 if 类似，switch 语句也用于选择执行，但具体使用场景会有所不同。

```
func main() {
    a, b, c, x := 1, 2, 3, 2

    switch x {                          // 将 x 与 case 条件匹配
    case a, b:                          // 多个匹配条件命中其一即可（OR），变量
        println("a | b")
    case c:                             // 单个匹配条件
        println("c")
    case 4:                             // 常量
        println("d")
    default:
        println("z")
    }
}
```

输出：

```
a | b
```

条件表达式支持非常量值，这要比 C 更加灵活。相比 if 表达式，switch 值列表要更加简洁。

编译器对 if、switch 生成的机器指令可能完全相同，所谓谁性能更好须看具体情况，不能作为主观判断条件。

switch 同样支持初始化语句，按从上到下、从左到右顺序匹配 case 执行。只有全部匹配失败时，才会执行 default 块。

```
func main() {
    switch x := 5; x {
    default:                              // 编译器确保不会先执行 default 块
        x += 100
        println(x)
    case 5:
        x += 50
        println(x)
    }
}
```

输出：

```
55
```

考虑到 default 作用类似 else，建议将其放置在 switch 末尾。

相邻的空 case 不构成多条件匹配。

```
switch x {
case a:                                   // 单条件，内容为空。隐式 "case a: break;"
case b:
    println("b")
}
```

不能出现重复的 case 常量值。

```
func main() {
    switch x := 5; x {
    case 5:
        println("a")
    case 6, 5:                            // 错误: duplicate case 5 in switch
        println("b")
    }
}
```

无须显式执行 break 语句，case 执行完毕后自动中断。如须贯通后续 case（源码顺序），须执行 fallthrough，但不再匹配后续条件表达式。

```
func main() {
    switch x := 5; x {
    default:
        println(x)
    case 5:
        x += 10
        println(x)

        fallthrough              // 继续执行下一 case，但不再匹配条件表达式
    case 6:
        x += 20
        println(x)

        //fallthrough            // 如果在此继续 fallthrough，不会执行 default，完全按源码顺序
    }                            // 导致 "cannot fallthrough final case in switch" 错误
}
```

输出：

```
15
35
```

注意，fallthrough 必须放在 case 块结尾，可使用 break 语句阻止。

```
func main() {
    switch x := 5; x {
    case 5:
        x += 10
        println(x)

        if x >= 15 {
            break                // 终止，不再执行后续语句
        }

        fallthrough              // 必须是 case 块的最后一条语句
    case 6:
        x += 20
        println(x)
    }
}
```

输出：

```
15
```

某些时候，switch 还被用来替换 if 语句。被省略的 switch 条件表达式默认值为 true，继而与 case 比较表达式结果匹配。

```
func main() {
    switch x := 5; {                // 相当于 "switch x := 5; true { ... }"
    case x > 5:
        println("a")
    case x > 0 && x <= 5:           // 不能写成 "case x > 0, x <= 5", 因为多条件是 OR 关系
        println("b")
    default:
        println("z")
    }
}
```

输出：

```
b
```

switch 语句也可用于接口类型匹配，详见后续章节。

for

仅有 for 一种循环语句，但常用方式都能支持。

```
for i := 0; i < 3; i++ {            // 初始化表达式支持函数调用或定义局部变量
}
```

```
for x < 10 {                        // 类似 "while x < 10 {}" 或 "for ; x < 10 ; {}"
    x++
}
```

```
for {                               // 类似 "while true {}" 或 "for true {}"
    break
}
```

初始化语句仅被执行一次。条件表达式中如有函数调用，须确认是否会重复执行。可能会被编译器优化掉，也可能是动态结果须每次执行确认。

```
func count() int {
    print("count.")
    return 3
}

func main() {
    for i, c := 0, count(); i < c; i++ {  // 初始化语句的 count 函数仅执行一次
        println("a", i)
    }

    c := 0
    for c < count() {                     // 条件表达式中的 count 重复执行
        println("b", c)
        c++
    }
}
```

输出：

```
count.a 0
a 1
a 2

count.b 0
count.b 1
count.b 2
```

规避方式就是在初始化表达式中定义局部变量保存 count 结果。

可用 for...range 完成数据迭代，支持字符串、数组、数组指针、切片、字典、通道类型，返回索引、键值数据。

```
  data type         1st value          2nd value
------------------+------------------+-------------------+------------------
  string            index              s[index]            unicode, rune
  array/slice       index              v[index]
  map               key                value
  channel           element
```

```
func main() {
    data := [3]string{"a", "b", "c"}

    for i, s := range data {
```

```
        println(i, s)
    }
}
```

输出：

```
0 a
1 b
2 c
```

没有相关接口实现自定义类型迭代，除非基础类型是上述类型之一。

允许返回单值，或用“_”忽略。

```
func main() {
    data := [3]string{"a", "b", "c"}

    for i := range data {          // 只返回 1st value
        println(i, data[i])
    }

    for _, s := range data {       // 忽略 1st value
        println(s)
    }

    for range data {               // 仅迭代，不返回。可用来执行清空 channel 等操作
    }
}
```

无论普通 for 循环，还是 range 迭代，其定义的局部变量都会重复使用。

```
func main() {
    data := [3]string{"a", "b", "c"}

    for i, s := range data {
        println(&i, &s)
    }
}
```

输出：

```
0xc82003fe98  0xc82003fec8
0xc82003fe98  0xc82003fec8
0xc82003fe98  0xc82003fec8
```

这对闭包存在一些影响，相关详情，请阅读后续章节。

注意，range 会复制目标数据。受直接影响的是数组，可改用数组指针或切片类型。

```
func main() {
    data := [3]int{10, 20, 30}

    for i, x := range data {              // 从 data 复制品中取值
        if i == 0 {
            data[0] += 100
            data[1] += 200
            data[2] += 300
        }

        fmt.Printf("x: %d, data: %d\n", x, data[i])
    }

    for i, x := range data[:] {           // 仅复制 slice，不包括底层 array
        if i == 0 {
            data[0] += 100
            data[1] += 200
            data[2] += 300
        }

        fmt.Printf("x: %d, data: %d\n", x, data[i])
    }
}
```

输出：

```
x: 10, data: 110
x: 20, data: 220                          // range 返回的依旧是复制值
x: 30, data: 330

x: 110, data: 210                         // 当 i == 0 修改 data 时，x 已经取值，所以是 110
x: 420, data: 420                         // 复制的仅是 slice 自身，底层 array 依旧是原对象
x: 630, data: 630
```

相关数据类型中，字符串、切片基本结构是个很小的结构体，而字典、通道本身是指针封装，复制成本都很小，无须专门优化。

如果 range 目标表达式是函数调用，也仅被执行一次。

```
func data() []int {
    println("origin data.")
    return []int{10, 20, 30}
}

func main() {
    for i, x := range data() {
        println(i, x)
    }
}
```

输出：

```
origin data.
0 10
1 20
2 30
```

建议嵌套循环不要超过 2 层，否则会难以维护。必要时可剥离，重构为函数。

goto, continue, break

对于 goto 的讨伐由来已久，仿佛它是“笨蛋”标签一般。可事实上，能在很多场合见到它的身影，就连 Go 源码里都有很多。

```
$ cd go/src
$ grep -r -n "goto" *
```

单就 Go 1.6 的源码统计结果，goto 语句就超出 1000 条有余。很惊讶，不是吗？虽然某些设计模式可用来消除 goto 语句，但在性能优先的场合，它能发挥积极作用。

使用 goto 前，须先定义标签。标签区分大小写，且未使用的标签会引发编译错误。

```
func main() {
start:                          // 错误: label start defined and not used
    for i := 0; i < 3; i++ {
        println(i)

        if i > 1 {
            goto exit
        }
    }
```

```
exit:
    println("exit.")
}
```

不能跳转到其他函数，或内层代码块内。

```
func test() {
test:
    println("test")
    println("test exit.")
}

func main() {
    for i := 0; i < 3; i++ {
    loop:
        println(i)
    }

    goto test                    // 错误: label test not defined
    goto loop                    // 错误: goto loop jumps into block
}
```

和 goto 定点跳转不同，break、continue 用于中断代码块执行。

- **break**：用于 switch、for、select 语句，终止整个语句块执行。
- **continue**：仅用于 for 循环，终止后续逻辑，立即进入下一轮循环。

```
func main() {
    for i := 0; i < 10; i++ {
        if i%2 == 0 {
            continue             // 立即进入下一轮循环
        }

        if i > 5 {
            break                // 立即终止整个 for 循环
        }

        println(i)
    }
}
```

输出：

```
1
3
5
```

配合标签，break 和 continue 可在多层嵌套中指定目标层级。

```
func main() {
outer:
    for x := 0; x < 5; x++ {
        for y := 0; y < 10; y++ {
            if y > 2 {
                println()
                continue outer
            }

            if x > 2 {
                break outer
            }

            print(x, ":", y, " ")
        }
    }
}
```

输出：

```
0:0 0:1 0:2
1:0 1:1 1:2
2:0 2:1 2:2
```

第 4 章 函数

4.1 定义

函数是结构化编程的最小模块单元。它将复杂的算法过程分解为若干较小任务，隐藏相关细节，使得程序结构更加清晰，易于维护。函数被设计成相对独立，通过接收输入参数完成一段算法指令，输出或存储相关结果。因此，函数还是代码复用和测试的基本单元。

关键字 func 用于定义函数。Go 中的函数有些不太方便的限制，但也借鉴了动态语言的某些优点。

- 无须前置声明。
- 不支持命名嵌套定义（nested）。
- 不支持同名函数重载（overload）。
- 不支持默认参数。
- 支持不定长变参。
- 支持多返回值。
- 支持命名返回值。
- 支持匿名函数和闭包。

和前面曾说过的一样，左花括号不能另起一行。

```
func test()
{                                   // 错误: syntax error: unexpected semicolon or newline before {
}
```

```
func test(x int) {                 // 错误: test redeclared in this block
}

func main() {
    func add(x, y int) int {       // 错误: syntax error: unexpected add, expecting (
        return x + y
    }
}
```

函数属于第一类对象，具备相同签名（参数及返回值列表）的视作同一类型。

```
func hello() {
    println("hello, world!")
}

func exec(f func()) {
    f()
}

func main() {
    f := hello
    exec(f)
}
```

第一类对象（first-class object）指可在运行期创建，可用作函数参数或返回值，可存入变量的实体。最常见的用法就是匿名函数。

从阅读和代码维护的角度来说，使用命名类型更加方便。

```
// 定义函数类型
type FormatFunc func(string, ...interface{}) (string, error)

// 如不使用命名类型，这个参数签名会长到没法看
func format(f FormatFunc, s string, a ...interface{}) (string, error) {
    return f(s, a...)
}
```

函数只能判断其是否为 nil，不支持其他比较操作。

```
func a() {}
func b() {}

func main() {
```

```
    println(a == nil)
    println(a == b)                      // 无效操作: a == b (func can only be compared to nil)
}
```

从函数返回局部变量指针是安全的，编译器会通过逃逸分析（escape analysis）来决定是否在堆上分配内存。

```
func test() *int {
    a := 0x100
    return &a
}

func main() {
    var a *int = test()
    println(a, *a)
}
```

输出：

```
$ go build -gcflags "-l -m"              // 禁用函数内联，输出优化信息

moved to heap: a
&a escapes to heap


$ go tool objdump -s "main\.main" test   // 反汇编确认

TEXT main.main(SB) test.go
    CALL main.test(SB)


$ ./test
0xc820074000  256
```

函数内联（inline）对内存分配有一定的影响。如果上例中允许内联，那么就会直接在栈上分配内存。

```
$ go build -gcflags "-m"                 // 默认优化方式，允许内联

inlining call to test
main &a does not escape


$ go tool objdump -s "main\.main" test
```

```
TEXT main.main(SB) test.go
    MOVQ $0x100, 0x10(SP)
    LEAQ 0x10(SP), BX
    MOVQ BX, 0x18(SP)
    MOVQ 0x18(SP), BX
    MOVQ BX, 0(SP)
    CALL runtime.printpointer(SB)
```

当前编译器并未实现尾递归优化（tail-call optimization）。尽管 Go 执行栈的上限是 GB 规模，轻易不会出现堆栈溢出（stack overflow）错误，但依然需要注意拷贝栈的复制成本。

> 内存管理相关内容，请阅读本书下卷“源码剖析”。

建议命名规则

在避免冲突的情况下，函数命名要本着精简短小、望文知意的原则。

- 通常是动词和介词加上名词，例如 scanWords。
- 避免不必要的缩写，printError 要比 printErr 更好一些。
- 避免使用类型关键字，比如 buildUserStruct 看上去会很别扭。
- 避免歧义，不能有多种用途的解释造成误解。
- 避免只能通过大小写区分的同名函数。
- 避免与内置函数同名，这会导致误用。
- 避免使用数字，除非是特定专有名词，例如 UTF8。
- 避免添加作用域提示前缀。
- 统一使用 camel/pascal case 拼写风格。
- 使用相同术语，保持一致性。
- 使用习惯用语，比如 init 表示初始化，is/has 返回布尔值结果。
- 使用反义词组命名行为相反的函数，比如 get/set、min/max 等。

> 函数和方法的命名规则稍有些不同。方法通过选择符调用，且具备状态上下文，可使用更简短的动词命名。

4.2 参数

Go 对参数的处理偏向保守，不支持有默认值的可选参数，不支持命名实参。调用时，必须按签名顺序传递指定类型和数量的实参，就算以“_”命名的参数也不能忽略。

在参数列表中，相邻的同类型参数可合并。

```
func test(x, y int, s string, _ bool) *int {
    return nil
}

func main() {
    test(1, 2, "abc")          // 错误: not enough arguments in call to test
}
```

参数可视作函数局部变量，因此不能在相同层次定义同名变量。

```
func add(x, y int) int {
    x := 100                   // 错误: no new variables on left side of :=
    var y int                  // 错误: y redeclared in this block
    return x + y
}
```

形参是指函数定义中的参数，实参则是函数调用时所传递的参数。形参类似函数局部变量，而实参则是函数外部对象，可以是常量、变量、表达式或函数等。

不管是指针、引用类型，还是其他类型参数，都是值拷贝传递（pass-by-value）。区别无非是拷贝目标对象，还是拷贝指针而已。在函数调用前，会为形参和返回值分配内存空间，并将实参拷贝到形参内存。

```
func test(x *int) {
    fmt.Printf("pointer: %p, target: %v\n", &x, x)          // 输出形参 x 的地址
}

func main() {
    a := 0x100
    p := &a
    fmt.Printf("pointer: %p, target: %v\n", &p, p)          // 输出实参 p 的地址

    test(p)
}
```

输出：

```
pointer: 0xc82002c020, target: 0xc82000a298
pointer: 0xc82002c030, target: 0xc82000a298
```

从输出结果可以看出，尽管实参和形参都指向同一目标，但传递指针时依然被复制。

表面上看，指针参数的性能要更好一些，但实际上得具体分析。被复制的指针会延长目标对象生命周期，还可能会导致它被分配到堆上，那么其性能消耗就得加上堆内存分配和垃圾回收的成本。

其实在栈上复制小对象只须很少的指令即可完成，远比运行时进行堆内存分配要快得多。另外，并发编程也提倡尽可能使用不可变对象（只读或复制），这可消除数据同步等麻烦。当然，如果复制成本很高，或需要修改原对象状态，自然使用指针更好。

下面是一个指针参数导致实参变量被分配到堆上的简单示例。可对比传值参数的汇编代码，从中可看出具体的差别。

```
func test(p *int) {
    go func() {                                       // 延长 p 生命周期
        println(p)
    }()
}

func main() {
    x := 100
    p := &x
    test(p)
}
```

输出：

```
$ go build -gcflags "-m"                              // 输出编译器优化策略

moved to heap: x
&x escapes to heap                                    // 逃逸


$ go tool objdump -s "main\.main" test


TEXT main.main(SB) test.go
    CALL runtime.newobject(SB)                        // 在堆上为 x 分配内存
```

```
    CALL main.test(SB)
```

要实现传出参数（out），通常建议使用返回值。当然，也可继续用二级指针。

```
func test(p **int) {
    x := 100
    *p = &x
}

func main() {
    var p *int
    test(&p)
    println(*p)
}
```

输出：

```
100
```

如果函数参数过多，建议将其重构为一个复合结构类型，也算是变相实现可选参数和命名实参功能。

```
type serverOption struct {
    address string
    port    int
    path    string
    timeout time.Duration
    log     *log.Logger
}

func newOption() *serverOption {
    return &serverOption{                                  // 默认参数
        address: "0.0.0.0",
        port:    8080,
        path:    "/var/test",
        timeout: time.Second * 5,
        log:     nil,
    }
}

func server(option *serverOption) {}

func main() {
    opt := newOption()
```

```
    opt.port = 8085                        // 命名参数设置

    server(opt)
}
```

将过多的参数独立成 option struct，既便于扩展参数集，也方便通过 newOption 函数设置默认配置。这也是代码复用的一种方式，避免多处调用时烦琐的参数配置。

变参

变参本质上就是一个切片。只能接收一到多个同类型参数，且必须放在列表尾部。

```
func test(s string, a ...int) {
    fmt.Printf("%T, %v\n", a, a)          // 显示类型和值
}

func main() {
    test("abc", 1, 2, 3, 4)
}
```

输出：

```
[]int, [1 2 3 4]
```

将切片作为变参时，须进行展开操作。如果是数组，先将其转换为切片。

```
func test(a ...int) {
    fmt.Println(a)
}

func main() {
    a := [3]int{10, 20, 30}
    test(a[:]...)                          // 转换为 slice 后展开
}
```

既然变参是切片，那么参数复制的仅是切片自身，并不包括底层数组，也因此可修改原数据。如果需要，可用内置函数 copy 复制底层数据。

```
func test(a ...int) {
    for i := range a {
        a[i] += 100
    }
}
```

```
func main() {
    a := []int{10, 20, 30}
    test(a...)

    fmt.Println(a)
}
```

输出：

```
[110 120 130]
```

4.3 返回值

有返回值的函数，必须有明确的 return 终止语句。

```
func test(x int) int {
    if x > 0 {
        return 1
    } else if x < 0 {
        return -1
    }
}                                       // 错误: missing return at end of function
```

除非有 panic，或者无 break 的死循环，则无须 return 终止语句。

```
func test(x int) int {
    for {
        break
    }
}                                       // 错误: missing return at end of function
```

借鉴自动态语言的多返回值模式，函数得以返回更多状态，尤其是 error 模式。

```
import "errors"

func div(x, y int) (int, error) {       // 多返回值列表必须使用括号
    if y == 0 {
        return 0, errors.New("division by zero")
    }
```

```
    return x / y, nil
}
```

稍有不便的是没有元组（tuple）类型，也不能用数组、切片接收，但可用“_”忽略掉不想要的返回值。多返回值可用作其他函数调用实参，或当作结果直接返回。

```
func div(x, y int) (int, error) {
    if y == 0 {
        return 0, errors.New("division by zero")
    }

    return x / y, nil
}

func log(x int, err error) {
    fmt.Println(x, err)
}

func test() (int, error) {
    return div(5, 0)                        // 多返回值用作 return 结果
}

func main() {
    log(test())                             // 多返回值用作实参
}
```

命名返回值

对返回值命名和简短变量定义一样，优缺点共存。

```
func paging(sql string, index int) (count int, pages int, err error) {
}
```

从这个简单的示例可看出，命名返回值让函数声明更加清晰，同时也会改善帮助文档和代码编辑器提示。

命名返回值和参数一样，可当作函数局部变量使用，最后由 return 隐式返回。

```
func div(x, y int) (z int, err error) {
    if y == 0 {
        err = errors.New("division by zero")
        return
    }
```

```
    z = x / y
    return                          // 相当于 "return z, err"
}
```

这些特殊的“局部变量”会被不同层级的同名变量遮蔽。好在编译器能检查到此类状况，只要改为显式 return 返回即可。

```
func add(x, y int) (z int) {
    {
        z := x + y                  // 新定义的同名局部变量，同名遮蔽
        return                      // 错误：z is shadowed during return（改成 "return z" 即可）
    }

    return
}
```

除遮蔽外，我们还必须对全部返回值命名，否则编译器会搞不清状况。

```
func test() (int, s string, e error) {
    return 0, "", nil               // 错误：cannot use 0 (type int) as type string in return argument
}
```

显然编译器在处理 return 语句的时候，会跳过未命名返回值，无法准确匹配。

如果返回值类型能明确表明其含义，就尽量不要对其命名。

```
func NewUser() (*User, error)
```

4.4 匿名函数

匿名函数是指没有定义名字符号的函数。

除没有名字外，匿名函数和普通函数完全相同。最大区别是，我们可在函数内部定义匿名函数，形成类似嵌套效果。匿名函数可直接调用，保存到变量，作为参数或返回值。

直接执行：

```
func main() {
    func(s string) {
        println(s)
```

```
    }("hello, world!")
}
```

赋值给变量：

```
func main() {
    add := func(x, y int) int {
        return x + y
    }

    println(add(1, 2))
}
```

作为参数：

```
func test(f func()) {
    f()
}

func main() {
    test(func() {
        println("hello, world!")
    })
}
```

作为返回值：

```
func test() func(int, int) int {
    return func(x, y int) int {
        return x + y
    }
}

func maidn() {
    add := test()
    println(add(1, 2))
}
```

将匿名函数赋值给变量，与为普通函数提供名字标识符有着根本的区别。当然，编译器会为匿名函数生成一个“随机”符号名。

普通函数和匿名函数都可作为结构体字段，或经通道传递。

```
func testStruct() {
```

```
    type calc struct {                                  // 定义结构体类型
        mul func(x, y int) int                          // 函数类型字段
    }

    x := calc{
        mul: func(x, y int) int {
            return x * y
        },
    }

    println(x.mul(2, 3))
}

func testChannel() {
    c := make(chan func(int, int) int, 2)

    c <- func(x, y int) int {
        return x + y
    }

    println((<-c)(1, 2))
}
```

不曾使用的匿名函数会被编译器当作错误。

```
func main() {
    func(s string) {     // 错误: func literal evaluated but not used
        println(s)
    }                    // 此处并未调用
}
```

除闭包因素外，匿名函数也是一种常见重构手段。可将大函数分解成多个相对独立的匿名函数块，然后用相对简洁的调用完成逻辑流程，以实现框架和细节分离。

相比语句块，匿名函数的作用域被隔离（不使用闭包），不会引发外部污染，更加灵活。没有定义顺序限制，必要时可抽离，便于实现干净、清晰的代码层次。

闭包

闭包（closure）是在其词法上下文中引用了自由变量的函数，或者说是函数和其引用的环境的组合体。这种说明太学术范儿了，很难理解，我们先看一个例子。

```go
func test(x int) func() {
    return func() {
        println(x)
    }
}

func main() {
    f := test(123)
    f()
}
```

输出：

```
123
```

就这段代码而言，test 返回的匿名函数会引用上下文环境变量 x。当该函数在 main 中执行时，它依然可正确读取 x 的值，这种现象就称作闭包。

闭包是如何实现的？匿名函数被返回后，为何还能读取环境变量值？修改一下代码再看。

```go
package main

func test(x int) func() {
    println(&x)

    return func() {
        println(&x, x)
    }
}

func main() {
    f := test(0x100)
    f()
}
```

输出：

```
0xc82000a100
0xc82000a100  256
```

通过输出指针，我们注意到闭包直接引用了原环境变量。分析汇编代码，你会看到返回的不仅仅是匿名函数，还包括所引用的环境变量指针。所以说，闭包是函数和引用环境的组合体更加确切。

本质上返回的是一个 funcval 结构，可在 runtime/runtime2.go 中找到相关定义。

```
$ go build -gcflags "-N -l"        # 禁用内联和代码优化


$ gdb test

(gdb) b 6                          # 设置断点后，执行
(gdb) b 13
(gdb) r

(gdb) info locals                  # 进入 test 函数，获取环境变量 x 地址
&x = 0xc82000a130

(gdb) c                            # 继续执行，回到 main 函数

(gdb) disas
Dump of assembler code for function main.main:
   0x000000000000213f <+15>:    sub    rsp,0x18
   0x0000000000002143 <+19>:    mov    QWORD PTR [rsp],0x100
   0x000000000000214b <+27>:    call   0x2040 <main.test>
   0x0000000000002150 <+32>:    mov    rbx,QWORD PTR [rsp+0x8]       # test 返回值
   0x0000000000002155 <+37>:    mov    QWORD PTR [rsp+0x10],rbx
=> 0x000000000000215a <+42>:    mov    rbx,QWORD PTR [rsp+0x10]
   0x000000000000215f <+47>:    mov    rdx,rbx                       # 保存到 rdx 寄存器
   0x0000000000002162 <+50>:    mov    rbx,QWORD PTR [rdx]
   0x0000000000002165 <+53>:    call   rbx
   0x0000000000002167 <+55>:    add    rsp,0x18
   0x000000000000216b <+59>:    ret

(gdb) x/2xg $rbx                   # 包含匿名函数和环境变量地址
0xc82000a140:   0x0000000000002180   0x000000c82000a130

(gdb) info symbol 0x0000000000002180
main.test.func1 in section .text

(gdb) s                            # 继续，进入匿名函数
Breakpoint 1, main.test.func1

(gdb) disas
Dump of assembler code for function main.test.func1:
```

```
    0x000000000000218f <+15>:    sub    rsp,0x18
    0x0000000000002193 <+19>:    mov    rbx,QWORD PTR [rdx+0x8]      # 经 rdx 读取环境变量地址
    0x0000000000002197 <+23>:    mov    QWORD PTR [rsp+0x10],rbx
    0x000000000000219c <+28>:    mov    rbx,QWORD PTR [rsp+0x10]
    0x00000000000021a1 <+33>:    mov    QWORD PTR [rsp+0x8],rbx
    0x00000000000021a6 <+38>:    call   0x23ac0 <runtime.printlock>
    0x00000000000021ab <+43>:    mov    rbx,QWORD PTR [rsp+0x8]
    0x00000000000021b0 <+48>:    mov    QWORD PTR [rsp],rbx
    0x00000000000021b4 <+52>:    call   0x244a0 <runtime.printpointer>

(gdb) x/1xg $rdx+0x8
0xc82000a148:   0x000000c82000a130
```

正因为闭包通过指针引用环境变量，那么可能会导致其生命周期延长，甚至被分配到堆内存。另外，还有所谓“延迟求值”的特性。

```
func test() []func() {
    var s []func()

    for i := 0; i < 2; i++ {
        s = append(s, func() {          // 将多个匿名函数添加到列表
            println(&i, i)
        })
    }

    return s                            // 返回匿名函数列表
}

func main() {
    for _, f := range test() {          // 迭代执行所有匿名函数
        f()
    }
}
```

输出：

```
0xc82000a078  2
0xc82000a078  2
```

对这个输出结果不必惊讶。很简单，for 循环复用局部变量 i，那么每次添加的匿名函数引用的自然是同一变量。添加操作仅仅是将匿名函数放入列表，并未执行。因此，当 main 执行这些函数时，它们读取的是环境变量 i 最后一次循环时的值。不是 2，还能是

什么？

解决方法就是每次用不同的环境变量或传参复制，让各自闭包环境各不相同。

```
func test() []func() {
    var s []func()

    for i := 0; i < 2; i++ {
        x := i                          // x 每次循环都重新定义
        s = append(s, func() {
            println(&x, x)
        })
    }

    return s
}
```

输出：

```
0xc82006e000  0
0xc82006e008  1
```

多个匿名函数引用同一环境变量，也会让事情变得更加复杂。任何的修改行为都会影响其他函数取值，在并发模式下可能需要做同步处理。

```
func test(x int) (func(), func()) {    // 返回两个匿名函数
    return func() {
            println(x)
            x += 10                     // 修改环境变量
        }, func() {
            println(x)                  // 显示环境变量
        }
}

func main() {
    a, b := test(100)
    a()
    b()
}
```

输出：

```
100
110
```

闭包让我们不用传递参数就可读取或修改环境状态，当然也要为此付出额外代价。对于性能要求较高的场合，须慎重使用。

4.5 延迟调用

语句 defer 向当前函数注册稍后执行的函数调用。这些调用被称作延迟调用，因为它们直到当前函数执行结束前才被执行，常用于资源释放、解除锁定，以及错误处理等操作。

```
func main() {
    f, err := os.Open("./main.go")
    if err != nil {
        log.Fatalln(err)
    }

    defer f.Close()                        // 仅注册，直到 main 退出前才执行

    ... do something ...
}
```

注意，延迟调用注册的是调用，必须提供执行所需参数（哪怕为空）。参数值在注册时被复制并缓存起来。如对状态敏感，可改用指针或闭包。

```
func main() {
    x, y := 1, 2

    defer func(a int) {
        println("defer x, y = ", a, y)    // y 为闭包引用
    }(x)                                   // 注册时复制调用参数

    x += 100                               // 对 x 的修改不会影响延迟调用
    y += 200
    println(x, y)
}
```

输出：

```
101 202
defer x, y = 1 202
```

延迟调用可修改当前函数命名返回值，但其自身返回值被抛弃。

多个延迟注册按 FILO 次序执行。

```
func main() {
    defer println("a")
    defer println("b")
}
```

输出：

```
b
a
```

编译器通过插入额外指令来实现延迟调用执行，而 return 和 panic 语句都会终止当前函数流程，引发延迟调用。另外，return 语句不是 ret 汇编指令，它会先更新返回值。

```
func test() (z int) {
    defer func() {
        println("defer:", z)
        z += 100                           // 修改命名返回值
    }()

    return 100                             // 实际执行次序: z = 100, call defer, ret
}

func main() {
    println("test:", test())
}
```

输出：

```
defer: 100
test: 200
```

有关 defer 更详细的分析，请阅读下卷《源码剖析》。

误用

千万记住，延迟调用在函数结束时才被执行。不合理的使用方式会浪费更多资源，甚至造成逻辑错误。

案例：循环处理多个日志文件，不恰当的 defer 导致文件关闭时间延长。

```
func main() {
    for i := 0; i < 10000; i++ {
        path := fmt.Sprintf("./log/%d.txt", i)

        f, err := os.Open(path)
        if err != nil {
            log.Println(err)
            continue
        }

        // 这个关闭操作在 main 函数结束时才会执行，而不是当前循环中执行
        // 这无端延长了逻辑结束时间和 f 的生命周期，平白多消耗了内存等资源
        defer f.Close()

        ... do something ...
    }
}
```

应该直接调用，或重构为函数，将循环和处理算法分离。

```
func main() {
    // 日志处理算法
    do := func(n int) {
        path := fmt.Sprintf("./log/%d.txt", n)

        f, err := os.Open(path)
        if err != nil {
            log.Println(err)
            continue
        }

        // 该延迟调用在此匿名函数结束时执行，而非 main
        defer f.Close()

        ... do something ...
    }

    for i := 0; i < 10000; i++ {
        do(i)
    }
}
```

性能

相比直接用 CALL 汇编指令调用函数，延迟调用则须花费更大代价。这其中包括注册、调用等操作，还有额外的缓存开销。

以最常用的 mutex 为例，我们简单对比一下两者的性能差异。

```
var m sync.Mutex

func call() {
    m.Lock()
    m.Unlock()
}

func deferCall() {
    m.Lock()
    defer m.Unlock()
}

func BenchmarkCall(b *testing.B) {
    for i := 0; i < b.N; i++ {
        call()
    }
}

func BenchmarkDefer(b *testing.B) {
    for i := 0; i < b.N; i++ {
        deferCall()
    }
}
```

输出：

```
BenchmarkCall-4     100000000          22.4 ns/op
BenchmarkDefer-4    20000000           93.8 ns/op
```

相差几倍的结果足以引起重视。尤其是那些性能要求高且压力大的算法，应避免使用延迟调用。

4.6 错误处理

返古的错误处理方式，是 Go 被谈及最多的内容之一。有人戏称做“Stuck in 70's”，可见它与流行趋势背道而驰。

error

官方推荐的标准做法是返回 error 状态。

```
func Scanln(a ...interface{}) (n int, err error)
```

标准库将 error 定义为接口类型，以便实现自定义错误类型。

```
type error interface {
    Error() string
}
```

按惯例，error 总是最后一个返回参数。标准库提供了相关创建函数，可方便地创建包含简单错误文本的 error 对象。

```
var errDivByZero = errors.New("division by zero")

func div(x, y int) (int, error) {
    if y == 0 {
        return 0, errDivByZero
    }

    return x / y, nil
}

func main() {
    z, err := div(5, 0)
    if err == errDivByZero {
        log.Fatalln(err)
    }

    println(z)
}
```

应通过错误变量，而非文本内容来判定错误类别。

错误变量通常以 err 作为前缀，且字符串内容全部小写，没有结束标点，以便于嵌入到其他格式化字符串中输出。

全局错误变量并非没有问题，因为它们可被用户重新赋值，这就可能导致结果不匹配。不知道以后是否会出现只读变量功能，否则就只能依靠自觉了。

与 errors.New 类似的还有 fmt.Errorf，它返回一个格式化内容的错误对象。

某些时候，我们需要自定义错误类型，以容纳更多上下文状态信息。这样的话，还可基于类型做出判断。

```
type DivError struct {                            // 自定义错误类型
    x, y int
}

func (DivError) Error() string {                  // 实现 error 接口方法
    return "division by zero"
}

func div(x, y int) (int, error) {
    if y == 0 {
        return 0, DivError{x, y}                  // 返回自定义错误类型
    }

    return x / y, nil
}

func main() {
    z, err := div(5, 0)

    if err != nil {
        switch e := err.(type) {                  // 根据类型匹配
        case DivError:
            fmt.Println(e, e.x, e.y)
        default:
            fmt.Println(e)
        }

        log.Fatalln(err)
    }

    println(z)
}
```

> 自定义错误类型通常以 Error 为名称后缀。在用 switch 按类型匹配时，注意 case 顺序。应将自定义类型放在前面，优先匹配更具体的错误类型。

在正式代码中，我们不能忽略 error 返回值，应严格检查，否则可能会导致错误的逻辑状态。调用多返回值函数时，除 error 外，其他返回值同样需要关注。

> 以 os.File.Read 方法为例，它会同时返回剩余内容和 EOF。

大量函数和方法返回 error，使得调用代码变得很难看，一堆堆的检查语句充斥在代码行间。解决思路有：

- 使用专门的检查函数处理错误逻辑（比如记录日志），简化检查代码。
- 在不影响逻辑的情况下，使用 defer 延后处理错误状态（err 退化赋值）。
- 在不中断逻辑的情况下，将错误作为内部状态保存，等最终“提交”时再处理。

panic, recover

与 error 相比，panic/recover 在使用方法上更接近 try/catch 结构化异常。

```
func panic(v interface{})
func recover() interface{}
```

比较有趣的是，它们是内置函数而非语句。panic 会立即中断当前函数流程，执行延迟调用。而在延迟调用函数中，recover 可捕获并返回 panic 提交的错误对象。

```
func main() {
    defer func() {
        if err := recover(); err != nil {          // 捕获错误
            log.Fatalln(err)
        }
    }()

    panic("i am dead")                             // 引发错误
    println("exit.")                               // 永不会执行
}
```

因为 panic 参数是空接口类型，因此可使用任何对象作为错误状态。而 recover 返回结果同样要做转型才能获得具体信息。

无论是否执行 recover，所有延迟调用都会被执行。但中断性错误会沿调用堆栈向外传递，要么被外层捕获，要么导致进程崩溃。

```
func test() {
    defer println("test.1")
    defer println("test.2")

    panic("i am dead")
}

func main() {
    defer func() {
        log.Println(recover())
    }()

    test()
}
```

输出：

```
test.2
test.1
i am dead
```

连续调用 panic，仅最后一个会被 recover 捕获。

```
func main() {
    defer func() {
        for {
            if err := recover(); err != nil {
                log.Println(err)
            } else {
                log.Fatalln("fatal")
            }
        }
    }()

    defer func() {
        panic("you are dead")          // 类似重新抛出异常（rethrow）
    }()                                // 可先 recover 捕获，包装后重新抛出

    panic("i am dead")
}
```

输出：

```
you are dead
fatal
```

在延迟函数中 panic，不会影响后续延迟调用执行。而 recover 之后 panic，可被再次捕获。另外，recover 必须在延迟调用函数中执行才能正常工作。

```
func catch() {
    log.Println("catch:", recover())
}

func main() {
    defer catch()                                    // 捕获
    defer log.Println(recover())                     // 失败!
    defer recover()                                  // 失败!

    panic("i am dead")
}
```

输出：

```
<nil>
catch: i am dead
```

考虑到 recover 特性，如果要保护代码片段，那么只能将其重构为函数调用。

```
func test(x, y int) {
    z := 0

    func() {                                         // 利用匿名函数保护 "z = x / y"
        defer func() {
            if recover() != nil {
                z = 0
            }
        }()

        z = x / y
    }()

    println("x / y =", z)
}

func main() {
    test(5, 0)
}
```

调试阶段，可使用 runtime/debug.PrintStack 函数输出完整调用堆栈信息。

```
import (
    "runtime/debug"
)

func test() {
    panic("i am dead")
}

func main() {
    defer func() {
        if err := recover(); err != nil {
            debug.PrintStack()
        }
    }()

    test()
}
```

输出：

```
goroutine 1 [running]:
main.main.func1()
    test.go:15 +0x6c
panic(0x7e3a0, 0xc82000a260)
    runtime/panic.go:426 +0x4e9
main.test()
    test.go:8 +0x65
main.main()
    test.go:20 +0x35
```

建议：除非是不可恢复性、导致系统无法正常工作的错误，否则不建议使用 panic。

例如：文件系统没有操作权限，服务端口被占用，数据库未启动等情况。

第 5 章 数据

5.1 字符串

字符串是不可变字节（byte）序列，其本身是一个复合结构。

```
type stringStruct struct {
    str unsafe.Pointer
    len int
}
```

头部指针指向字节数组，但没有 NULL 结尾。默认以 UTF-8 编码存储 Unicode 字符，字面量里允许使用十六进制、八进制和 UTF 编码格式。

```
func main() {
    s := "雨痕\x61\142\u0041"

    fmt.Printf("%s\n", s)
    fmt.Printf("% x, len: %d\n", s, len(s))
}
```

输出：

```
雨痕 abA
e9 9b a8 e7 97 95 61 62 41, len: 9
```

内置函数 len 返回字节数组长度，cap 不接受字符串类型参数。

字符串默认值不是 nil，而是 ""。

```
func main() {
```

```
    var s string

    println(s == "")                    // true
    println(s == nil)                   // 无效操作: s == nil (mismatched types string and nil)
}
```

使用"`"定义不做转义处理的原始字符串（raw string），支持跨行。

```
func main() {
    s := `line\r\n,
    line 2`

    println(s)
}
```

输出：

```
line\r\n,
    line 2
```

编译器不会解析原始字符串内的注释语句，且前置缩进空格也属字符串内容。

支持"!=、==、<、>、+、+="操作符。

```
func main() {
    s := "ab" +                         // 跨行时，加法操作符必须在上一行结尾
        "cd"

    println(s == "abcd")
    println(s > "abc")
}
```

允许以索引号访问字节数组（非字符），但不能获取元素地址。

```
func main() {
    s := "abc"

    println(s[1])
    println(&s[1])                      // 错误: cannot take the address of s[1]
}
```

以切片语法（起始和结束索引号）返回子串时，其内部依旧指向原字节数组。

```
import (
    "fmt"
```

```
    "reflect"
    "unsafe"
)

func main() {
    s := "abcdefg"

    s1 := s[:3]                          // 从头开始，仅指定结束索引位置
    s2 := s[1:4]                         // 指定开始和结束位置，返回 [start, end)
    s3 := s[2:]                          // 指定开始位置，返回后面全部内容

    println(s1, s2, s3)

    // 提示：
    //    reflect.StringHeader 和 string 头结构相同
    //    unsafe.Pointer 用于指针类型转换

    fmt.Printf("%#v\n", (*reflect.StringHeader)(unsafe.Pointer(&s)))
    fmt.Printf("%#v\n", (*reflect.StringHeader)(unsafe.Pointer(&s1)))
}
```

输出：

```
abc  bcd  cdefg

&StringHeader{ Data:0xfb838, Len:7 }
&StringHeader{ Data:0xfb838, Len:3 }
```

使用 for 遍历字符串时，分 byte 和 rune 两种方式。

```
func main() {
    s := "雨痕"

    for i := 0; i < len(s); i++ {          // byte
        fmt.Printf("%d: [%c]\n", i, s[i])
    }

    for i, c := range s {                  // rune: 返回数组索引号，以及 Unicode 字符
        fmt.Printf("%d: [%c]\n", i, c)
    }
}
```

输出：

```
0: [é]
1: []
2: [̈]
3: [ç]
4: []
5: []

0: [雨]
3: [痕]
```

转换

要修改字符串，须将其转换为可变类型（[ ]rune 或 [ ]byte），待完成后再转换回来。但不管如何转换，都须重新分配内存，并复制数据。

```
func pp(format string, ptr interface{}) {
    p := reflect.ValueOf(ptr).Pointer()
    h := (*uintptr)(unsafe.Pointer(p))
    fmt.Printf(format, *h)
}

func main() {
    s := "hello, world!"
    pp("s: %x\n", &s)

    bs := []byte(s)
    s2 := string(bs)

    pp("string to []byte, bs: %x\n", &bs)
    pp("[]byte to string, s2: %x\n", &s2)

    rs := []rune(s)
    s3 := string(rs)

    pp("string to []rune, rs: %x\n", &rs)
    pp("[]rune to string, s3: %x\n", &s3)
}
```

输出：

```
s: ffe30
```

```
string to []byte, bs: c82000a2f0
[]byte to string, s2: c82000a310

string to []rune, rs: c820010280
[]rune to string, s3: c82000a340
```

某些时候，转换操作会拖累算法性能，可尝试用“非安全”方法进行改善。

```
func toString(bs []byte) string {
    return *(*string)(unsafe.Pointer(&bs))
}

func main() {
    bs := []byte("hello, world!")
    s := toString(bs)

    printDataPointer("bs: %x\n", &bs)
    printDataPointer("s : %x\n", &s)
}
```

输出：

```
bs: c82003fec8
s : c82003fec8
```

该方法利用了 [ ]byte 和 string 头结构“部分相同”，以非安全的指针类型转换来实现类型“变更”，从而避免了底层数组复制。在很多 Web Framework 中都能看到此类做法，在高并发压力下，此种做法能有效改善执行性能。只是使用 unsafe 存在一定的风险，须小心谨慎！

用 append 函数，可将 string 直接追加到 [ ]byte 内。

```
func main() {
    var bs []byte
    bs = append(bs, "abc"...)

    fmt.Println(bs)
}
```

输出：

```
[97 98 99]
```

考虑到字符串只读特征，转换时复制数据到新分配内存是可以理解的。当然，性能同样重要，编译器会为某些场合进行专门优化，避免额外分配和复制操作：

- 将 [ ]byte 转换为 string key，去 map[string] 查询的时候。
- 将 string 转换为 [ ]byte，进行 for range 迭代时，直接取字节赋值给局部变量。

用 GDB 验证一下这种说法是否准确。

```
package main

func main() {
    m := map[string]int{
        "abc": 123,
    }

    key := []byte("abc")
    x, ok := m[string(key)]

    println(x, ok)
}
```

输出：

```
$ go build -gcflags "-N -l"                                    // 阻止优化

$ gdb test

(gdb) b 9                                                      // 设置断点
(gdb) r

Breakpoint 1, main.main () at test.go:9
9       x, ok := m[string(key)]

(gdb) info locals                                              // 显示局部变量信息
key = {array = 0xc820031ef0 "abc \310", len = 3, cap = 3}  // 注意 key 底层数组地址

(gdb) b runtime.mapaccess2_faststr                             // 在 map 访问函数上打断点
Breakpoint 2 at 0x4090d0: runtime/hashmap_fast.go, line 298.

(gdb) c

Breakpoint 2, runtime.mapaccess2_faststr at runtime/hashmap_fast.go:298
298 func mapaccess2_faststr(t *maptype, h *hmap, ky string) (unsafe.Pointer, bool) {

(gdb) info args                                                // 显示函数参数信息
```

```
ky = 0xc820031ef0 "abc"        // 和 key []byte 底层数组地址相同，证明没有分配和复制
```

性能

除类型转换外，动态构建字符串也容易造成性能问题。

用加法操作符拼接字符串时，每次都须重新分配内存。如此，在构建“超大”字符串时，性能就显得极差。

```
func test() string {
    var s string
    for i := 0; i < 1000; i++ {
        s += "a"
    }

    return s
}

func BenchmarkTest(b *testing.B) {
    for i := 0; i < b.N; i++ {
        test()
    }
}
```

输出：

```
BenchmarkTest-4    10000         226285 ns/op       530348 B/op         999 allocs/op
```

改进思路是预分配足够的内存空间。常用方法是用 strings.Join 函数，它会统计所有参数长度，并一次性完成内存分配操作。

src/strings/strings.go

```
func Join(a []string, sep string) string {
    ...

    // 统计分隔符长度
    n := len(sep) * (len(a) - 1)

    // 统计所有待拼接字符串长度
    for i := 0; i < len(a); i++ {
        n += len(a[i])
    }
```

```
    // 一次分配所需长度的数组空间
    b := make([]byte, n)

    // 拷贝数据
    bp := copy(b, a[0])
    for _, s := range a[1:] {
        bp += copy(b[bp:], sep)
        bp += copy(b[bp:], s)
    }
    return string(b)
}
```

我们以此改进测试用例，看看性能是否有所改善。

```
func test() string {
    s := make([]string, 1000)    // 分配足够的内存，避免中途扩张底层数组
    for i := 0; i < 1000; i++ {
        s[i] = "a"
    }

    return strings.Join(s, "")
}
```

输出：

```
BenchmarkTest-4   100000    14868 ns/op      2048 B/op       2 allocs/op
```

编译器对"s1 + s2 + s3"这类表达式的处理方式和 strings.Join 类似。

显然，改进后的算法有巨大提升。另外，bytes.Buffer 也能完成类似操作，且性能相当。

```
func test() string {
    var b bytes.Buffer
    b.Grow(1000)                            // 事先准备足够的内存，避免中途扩张

    for i := 0; i < 1000; i++ {
        b.WriteString("a")
    }

    return b.String()
}
```

输出：

```
BenchmarkTest-4    100000      15063 ns/op      2160 B/op          3 allocs/op
```

对于数量较少的字符串格式化拼接，可使用 fmt.Sprintf、text/template 等方法。

字符串操作通常在堆上分配内存，这会对 Web 等高并发应用会造成较大影响，会有大量字符串对象要做垃圾回收。建议使用 [ ]byte 缓存池，或在栈上自行拼装等方式来实现 zero-garbage。

Unicode

类型 rune 专门用来存储 Unicode 码点（code point），它是 int32 的别名，相当于 UCS-4/UTF-32 编码格式。使用单引号的字面量，其默认类型就是 rune。

```
func main() {
    r := '我'
    fmt.Printf("%T\n", r)
}
```

输出：

```
int32
```

除 [ ]rune 外，还可直接在 rune、byte、string 间进行转换。

```
func main() {
    r := '我'

    s := string(r)                          // rune to string
    b := byte(r)                            // rune to byte

    s2 := string(b)                         // byte to string
    r2 := rune(b)                           // byte to rune

    fmt.Println(s, b, s2, r2)
}
```

要知道字符串存储的字节数组，不一定就是合法的 UTF-8 文本。

```
import (
    "fmt"
    "unicode/utf8"
)

func main() {
```

```
    s := "雨痕"
    s = string(s[0:1] + s[3:4])           // 截取并拼接一个"不合法"的字符串

    fmt.Println(s, utf8.ValidString(s))
}
```

输出：

```
?? false
```

标准库 unicode 里提供了丰富的操作函数。除验证函数外，还可用 RuneCountInString 代替 len 返回准确的 Unicode 字符数量。

```
func main() {
    s := "雨.痕"
    println(len(s), utf8.RuneCountInString(s))
}
```

输出：

```
7 3
```

官方扩展库 golang.org/x/text/encoding/unicode 提供了对 BOM 的支持。

5.2 数组

定义数组类型时，数组长度必须是非负整型常量表达式，长度是类型组成部分。也就是说，元素类型相同，但长度不同的数组不属于同一类型。

```
func main() {
    var d1 [3]int
    var d2 [2]int
    d1 = d2                     // 错误: cannot use d2 (type [2]int) as type [3]int in assignment
}
```

灵活的初始化方式。

```
func main() {
    var a [4]int                // 元素自动初始化为零

    b := [4]int{2, 5}           // 未提供初始值的元素自动初始化为 0
```

```
    c := [4]int{5, 3: 10}                    // 可指定索引位置初始化

    d := [...]int{1, 2, 3}                   // 编译器按初始化值数量确定数组长度
    e := [...]int{10, 3: 100}                // 支持索引初始化，但注意数组长度与此有关

    fmt.Println(a, b, c, d, e)
}
```

输出：

```
[0 0 0 0]

[2 5 0 0]
[5 0 0 10]

[1 2 3]
[10 0 0 100]
```

对于结构等复合类型，可省略元素初始化类型标签。

```
func main() {
    type user struct {
        name string
        age  byte
    }

    d := [...]user{
        {"Tom", 20},                 // 省略了类型标签
        {"Mary", 18},
    }

    fmt.Printf("%#v\n", d)
}
```

输出：

```
[2]main.user{
    main.user{name:"Tom", age:0x14},
    main.user{name:"Mary", age:0x12}
}
```

在定义多维数组时，仅第一维度允许使用“...”。

```
func main() {
    a := [2][2]int{
```

```
        {1, 2},
        {3, 4},
    }

    b := [...][2]int{
        {10, 20},
        {30, 40},
    }

    c := [...][2][2]int{                    // 三维数组
        {
            {1, 2},
            {3, 4},
        },
        {
            {10, 20},
            {30, 40},
        },
    }

    fmt.Println(a)
    fmt.Println(b)
    fmt.Println(c)
}
```

输出：

```
[ [1 2], [3 4] ]                            // 为便于阅读，输出结果经过整理

[ [10 20], [30 40] ]

[
    [ [1 2], [3 4] ]
    [ [10 20], [30 40] ]
]
```

内置函数 len 和 cap 都返回第一维度长度。

```
func main() {
    a := [2]int{}
    b := [...][2]int{
        {10, 20},
        {30, 40},
        {50, 60},
```

```
    }

    println(len(a), cap(a))
    println(len(b), cap(b))
    println(len(b[1]), cap(b[1]))
}
```

输出：

```
2 2
3 3
2 2
```

如元素类型支持“==、!=”操作符，那么数组也支持此操作。

```
func main() {
    var a, b [2]int
    println(a == b)

    c := [2]int{1, 2}
    d := [2]int{0, 1}
    println(c != d)

    var e, f [2]map[string]int
    println(e == f)              // 无效操作: e == f ([2]map[string]int cannot be compared)
}
```

指针

要分清指针数组和数组指针的区别。指针数组是指元素为指针类型的数组，数组指针是获取数组变量的地址。

```
func main() {
    x, y := 10, 20
    a := [...]*int{&x, &y}                // 元素为指针的指针数组
    p := &a                               // 存储数组地址的指针

    fmt.Printf("%T, %v\n", a, a)
    fmt.Printf("%T, %v\n", p, p)
}
```

输出：

```
 [2]*int,  [0xc82000a298  0xc82000a2c0]
*[2]*int, &[0xc82000a298  0xc82000a2c0]
```

可获取任意元素地址。

```
func main() {
    a := [...]int{1, 2}
    println(&a, &a[0], &a[1])
}
```

输出：

```
0xc82003ff20  0xc82003ff20  0xc82003ff28
```

数组指针可直接用来操作元素。

```
func main() {
    a := [...]int{1, 2}
    p := &a

    p[1] += 10
    println(p[1])
}
```

输出：

```
12
```

可通过 unsafe.Pointer 转换不同长度的数组指针来实现越界访问，或使用参数 gcflags "-B" 阻止编译器插入检查指令。只是想不出什么时候会有这个需求？ ^_^

复制

与 C 数组变量隐式作为指针使用不同，Go 数组是值类型，赋值和传参操作都会复制整个数组数据。

```
func test(x [2]int) {
    fmt.Printf("x: %p, %v\n", &x, x)
}

func main() {
    a := [2]int{10, 20}

    var b [2]int
```

```
    b = a

    fmt.Printf("a: %p, %v\n", &a, a)
    fmt.Printf("b: %p, %v\n", &b, b)

    test(a)
}
```

输出：

```
a: 0xc820076050, [10 20]
b: 0xc820076060, [10 20]
x: 0xc8200760a0, [10 20]
```

如果需要，可改用指针或切片，以此避免数据复制。

```
func test(x *[2]int) {
    fmt.Printf("x: %p, %v\n", x, *x)
    x[1] += 100
}

func main() {
    a := [2]int{10, 20}
    test(&a)

    fmt.Printf("a: %p, %v\n", &a, a)
}
```

输出：

```
x: 0xc8200741c0, [10 20]
a: 0xc8200741c0, [10 120]
```

5.3 切片

切片（slice）本身并非动态数组或数组指针。它内部通过指针引用底层数组，设定相关属性将数据读写操作限定在指定区域内。

```
type slice struct {
    array unsafe.Pointer
    len   int
```

```
    cap   int
}
```

切片本身是个只读对象，其工作机制类似数组指针的一种包装。

可基于数组或数组指针创建切片，以开始和结束索引位置确定所引用的数组片段。不支持反向索引，实际范围是一个右半开区间。

操作示例：

```
  x := [...]int{0, 1, 2, 3, 4, 5, 6, 7, 8, 9}

  expression   slice                     len    cap
-------------+-------------------------+------+------+------------------------------

  x[:]         [0 1 2 3 4 5 6 7 8 9]     10     10     x[0:len(x)]
  x[2:5]       [2 3 4]                   3      8
  x[2:5:7]     [2 3 4]                   3      5
  x[4:]        [4 5 6 7 8 9]             6      6      x[4:len(x)]
  x[:4]        [0 1 2 3]                 4      10     x[0:4]
  x[:4:6]      [0 1 2 3]                 4      6      x[0:4:6]
```

属性示意图：

```
          low:2        high:5  max:7                len = high - low
            |            |       |                  cap = max  - low
      +---+---+---+---+---+---+---+---+---+---+          +-----+---+---+
   x  | 0 | 1 | 2 | 3 | 4 | 5 | 6 | 7 | 8 | 9 |          | ptr | 3 | 5 |  x[2:5:7]
      +---+---+---+---+---+---+---+---+---+---+          +-----+---+---+
            |            |       |                          |
            |<-- len --->|       |                          |
            |                    |                          |
            |<------ cap ------->|                          |
            |                                               |
            |<------------- array pointer <-----------------+
```

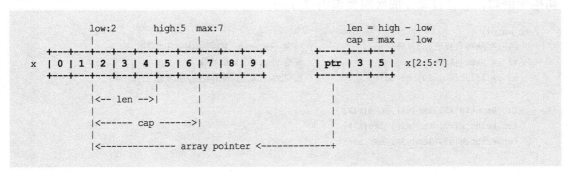

属性 cap 表示切片所引用数组片段的真实长度，len 用于限定可读的写元素数量。另外，数组必须 addressable，否则会引发错误。

```
func main() {
    m := map[string][2]int{
        "a": {1, 2},
    }

    s := m["a"][:]      // 无效操作: m["a"][:] (slice of unaddressable value)
```

```
    fmt.Println(s)
}
```

和数组一样，切片同样使用索引号访问元素内容。起始索引为 0，而非对应的底层数组真实索引位置。

```
func main() {
    x := [...]int{0, 1, 2, 3, 4, 5, 6, 7, 8, 9}
    s := x[2:5]

    for i := 0; i < len(s); i++ {
        println(s[i])
    }
}
```

输出：

```
2
3
4
```

可直接创建切片对象，无须预先准备数组。因为是引用类型，须使用 make 函数或显式初始化语句，它会自动完成底层数组内存分配。

```
func main() {
    s1 := make([]int, 3, 5)          // 指定 len、cap，底层数组初始化为零值
    s2 := make([]int, 3)             // 省略 cap，和 len 相等
    s3 := []int{10, 20, 5: 30}       // 按初始化元素分配底层数组，并设置 len、cap

    fmt.Println(s1, len(s1), cap(s1))
    fmt.Println(s2, len(s2), cap(s2))
    fmt.Println(s3, len(s3), cap(s3))
}
```

输出：

```
[0 0 0]             3  5
[0 0 0]             3  3
[10 20 0 0 0 30]    6  6
```

注意下面两种定义方式的区别。前者仅定义了一个 [ ]int 类型变量，并未执行初始化操作，而后者则用初始化表达式完成了全部创建过程。

```
func main() {
    var a []int
    b := []int{}

    println(a == nil, b == nil)
}
```

输出：

```
true  false
```

通过输出更详细的信息，我们可以看到两者的差异。

```
func main() {
    var a []int
    b := []int{}

    fmt.Printf("a: %#v\n", (*reflect.SliceHeader)(unsafe.Pointer(&a)))
    fmt.Printf("b: %#v\n", (*reflect.SliceHeader)(unsafe.Pointer(&b)))
    fmt.Printf("a size: %d\n", unsafe.Sizeof(a))
}
```

输出：

```
a: &reflect.SliceHeader{Data:0x0, Len:0, Cap:0}
b: &reflect.SliceHeader{Data:0x19c730, Len:0, Cap:0}

a size: 24
```

变量 b 的内部指针被赋值，尽管它指向 runtime.zerobase，但它依然完成了初始化操作。

另外，a == nil，仅表示它是个未初始化的切片对象，切片本身依然会分配所需内存。可以直接对 nil 切片执行 slice[:] 操作，同样返回 nil。

不支持比较操作，就算元素类型支持也不行，仅能判断是否为 nil。

```
func main() {
    a := make([]int, 1)
    b := make([]int, 1)

    println(a == b)              // 无效操作: a == b (slice can only be compared to nil)
}
```

可获取元素地址，但不能向数组那样直接用指针访问元素内容。

```
func main() {
    s := []int{0, 1, 2, 3, 4}

    p := &s                    // 取 header 地址
    p0 := &s[0]                // 取 array[0] 地址
    p1 := &s[1]

    println(p, p0, p1)

    (*p)[0] += 100             // *[]int 不支持索引操作，须先返回 []int 对象
    *p1 += 100                 // 直接用元素指针操作

    fmt.Println(s)
}
```

输出：

```
0xc82003ff00  0xc8200141e0  0xc8200141e8
[100 101 2 3 4]
```

如果元素类型也是切片，那么就可实现类似交错数组（jagged array）功能。

```
func main() {
    x := [][]int{
        {1, 2},
        {10, 20, 30},
        {100},
    }

    fmt.Println(x[1])

    x[2] = append(x[2], 200, 300)
    fmt.Println(x[2])
}
```

输出：

```
[10 20 30]
[100 200 300]
```

很显然，切片只是很小的结构体对象，用来代替数组传参可避免复制开销。还有，make 函数允许在运行期动态指定数组长度，绕开了数组类型必须使用编译期常量的限制。

并非所有时候都适合用切片代替数组，因为切片底层数组可能会在堆上分配内存。而且小数组在栈上拷贝的消耗也未必就比 make 代价大。

```
func array() [1024]int {
    var x [1024]int
    for i := 0; i < len(x); i++ {
        x[i] = i
    }

    return x
}

func slice() []int {
    x := make([]int, 1024)
    for i := 0; i < len(x); i++ {
        x[i] = i
    }

    return x
}

func BenchmarkArray(b *testing.B) {
    for i := 0; i < b.N; i++ {
        array()
    }
}

func BenchmarkSlice(b *testing.B) {
    for i := 0; i < b.N; i++ {
        slice()
    }
}
```

输出：

```
BenchmarkArray-4     1000000     1303 ns/op     0 B/op      0 allocs/op
BenchmarkSlice-4     500000      2690 ns/op     8192 B/op   1 allocs/op
```

reslice

将切片视作 [cap]slice 数据源，据此创建新切片对象。不能超出 cap，但不受 len 限制。

```
+---+---+---+---+---+---+---+---+---+---+
| 0 | 1 | 2 | 3 | 4 | 5 | 6 |   |   |   |      s                len:6, cap:10
+---+---+---+---+---+---+---+---+---+---+
0           3                   8       10
            +---+---+---+---+---+---+---+
            | 3 | 4 | 5 | 6 | 0 |   |   |      s1 = s[3:8]      len:5, cap:7
            +---+---+---+---+---+---+---+
            0       2       4       6
                    +---+---+---+---+
                    | 5 | 6 |   |   |          s2 = s1[2:4:6]   len:2, cap:4
                    +---+---+---+---+
                    0   1
                    +---+---+---+---+---+
                    | 5 |   |   |   |   |      s3 = s2[:1:5]    error: slice bounds out of range
                    +---+---+---+---+---+
```

新建切片对象依旧指向原底层数组，也就是说修改对所有关联切片可见。

```
func main() {
    d := [...]int{0, 1, 2, 3, 4, 5, 6, 7, 8, 9}
    s1 := d[3:7]
    s2 := s1[1:3]

    for i := range s2 {
        s2[i] += 100
    }

    fmt.Println(d)
    fmt.Println(s1)
    fmt.Println(s2)
}
```

输出：

```
[0 1 2 3 104 105 6 7 8 9]
[3 104 105 6]
[104 105]
```

利用 reslice 操作，很容易就能实现一个栈式数据结构。

```
func main() {
    // 栈最大容量 5
    stack := make([]int, 0, 5)

    // 入栈
    push := func(x int) error {
        n := len(stack)
        if n == cap(stack) {
```

```
            return errors.New("stack is full")
        }

        stack = stack[:n+1]
        stack[n] = x

        return nil
    }

    // 出栈
    pop := func() (int, error) {
        n := len(stack)
        if n == 0 {
            return 0, errors.New("stack is empty")
        }

        x := stack[n-1]
        stack = stack[:n-1]

        return x, nil
    }

    // 入栈测试
    for i := 0; i < 7; i++ {
        fmt.Printf("push %d: %v, %v\n", i, push(i), stack)
    }

    // 出栈测试
    for i := 0; i < 7; i++ {
        x, err := pop()
        fmt.Printf("pop: %d, %v, %v\n", x, err, stack)
    }
}
```

输出：

```
push 0: <nil>, [0]
push 1: <nil>, [0 1]
push 2: <nil>, [0 1 2]
push 3: <nil>, [0 1 2 3]
push 4: <nil>, [0 1 2 3 4]
push 5: stack is full, [0 1 2 3 4]
push 6: stack is full, [0 1 2 3 4]
```

```
pop: 4, <nil>, [0 1 2 3]
pop: 3, <nil>, [0 1 2]
pop: 2, <nil>, [0 1]
pop: 1, <nil>, [0]
pop: 0, <nil>, []
pop: 0, stack is empty, []
pop: 0, stack is empty, []
```

append

向切片尾部（slice[len]）添加数据，返回新的切片对象。

```
func main() {
    s := make([]int, 0, 5)

    s1 := append(s, 10)
    s2 := append(s1, 20, 30)                    // 追加多个数据

    fmt.Println(s, len(s), cap(s))              // 不会修改原 slice 属性
    fmt.Println(s1, len(s1), cap(s1))
    fmt.Println(s2, len(s2), cap(s2))
}
```

输出：

```
[]           0  5
[10]         1  5
[10 20 30]   3  5
```

数据被追加到原底层数组。如超出 cap 限制，则为新切片对象重新分配数组。

```
func main() {
    s := make([]int, 0, 100)
    s1 := s[:2:4]
    s2 := append(s1, 1, 2, 3, 4, 5, 6)          // 超出 s1 cap 限制，分配新底层数组

    fmt.Printf("s1: %p: %v\n", &s1[0], s1)
    fmt.Printf("s2: %p: %v\n", &s2[0], s2)

    fmt.Printf("s data: %v\n", s[:10])
    fmt.Printf("s1 cap: %d, s2 cap: %d\n", cap(s1), cap(s2))
}
```

输出：

```
s1: 0xc82007e380: [0 0]
s2: 0xc820070100: [0 0 1 2 3 4 5 6]       // 数组地址不同，确认新分配
s data: [0 0 0 0 0 0 0 0 0 0]            // append 并未向原数组写入部分数据
s1 cap: 4, s2 cap: 8                     // 新数组是原 cap 的 2 倍
```

注意：

- 是超出切片 cap 限制，而非底层数组长度限制，因为 cap 可小于数组长度。
- 新分配数组长度是原 cap 的 2 倍，而非原数组的 2 倍。

> 并非总是 2 倍，对于较大的切片，会尝试扩容 1/4，以节约内存。

向 nil 切片追加数据时，会为其分配底层数组内存。

```
func main() {
    var s []int
    s = append(s, 1, 2, 3)
    fmt.Println(s)
}
```

输出：

```
[1 2 3]
```

正因为存在重新分配底层数组的缘故，在某些场合建议预留足够多的空间，避免中途内存分配和数据复制开销。

copy

在两个切片对象间复制数据，允许指向同一底层数组，允许目标区间重叠。最终所复制长度以较短的切片长度（len）为准。

```
func main() {
    s := []int{0, 1, 2, 3, 4, 5, 6, 7, 8, 9}

    s1 := s[5:8]
    n := copy(s[4:], s1)                 // 在同一底层数组的不同区间复制
    fmt.Println(n, s)

    s2 := make([]int, 6)                 // 在不同数组间复制
```

```
    n = copy(s2, s)
    fmt.Println(n, s2)
}
```

输出：

```
3  [0 1 2 3 5 6 7 7 8 9]                    // copy([4 5 6 7 8 9], [5 6 7])
6  [0 1 2 3 5 6]
```

还可直接从字符串中复制数据到 [ ]byte。

```
func main() {
    b := make([]byte, 3)
    n := copy(b, "abcde")
    fmt.Println(n, b)
}
```

输出：

```
3  [97 98 99]
```

如果切片长时间引用大数组中很小的片段，那么建议新建独立切片，复制出所需数据，以便原数组内存可被及时回收。

5.4 字典

字典（哈希表）是一种使用频率极高的数据结构。将其作为语言内置类型，从运行时层面进行优化，可获得更高效的性能。

作为无序键值对集合，字典要求 key 必须是支持相等运算符（==、!=）的数据类型，比如，数字、字符串、指针、数组、结构体，以及对应接口类型。

字典是引用类型，使用 make 函数或初始化表达语句来创建。

```
func main() {
    m := make(map[string]int)
    m["a"] = 1
    m["b"] = 2

    m2 := map[int]struct {                    // 值为匿名结构类型
        x int
```

```
    }{
        1:  {x: 100},                       // 可省略 key、value 类型标签
        2:  {x: 200},
    }

    fmt.Println(m, m2)
}
```

基本操作演示：

```
func main() {
    m := map[string]int{
        "a": 1,
        "b": 2,
    }

    m["a"] = 10                             // 修改
    m["c"] = 30                             // 新增

    if v, ok := m["d"]; ok {                // 使用 ok-idiom 判断 key 是否存在，返回值
        println(v)
    }

    delete(m, "d")                          // 删除键值对。不存在时，不会出错
}
```

访问不存在的键值，默认返回零值，不会引发错误。但推荐使用 ok-idiom 模式，毕竟通过零值无法判断键值是否存在，或许存储的 value 本就是零。

对字典进行迭代，每次返回的键值次序都不相同。

```
func main() {
    m := make(map[string]int)

    for i := 0; i < 8; i++ {
        m[string('a'+i)] = i
    }

    for i := 0; i < 4; i++ {
        for k, v := range m {
            print(k, ":", v, "  ")
        }

        println()
```

```
    }
}
```

输出：

```
h:7  a:0  b:1  c:2  d:3  e:4  f:5  g:6
g:6  h:7  a:0  b:1  c:2  d:3  e:4  f:5
d:3  e:4  f:5  g:6  h:7  a:0  b:1  c:2
b:1  c:2  d:3  e:4  f:5  g:6  h:7  a:0
```

函数 len 返回当前键值对数量，cap 不接受字典类型。另外，因内存访问安全和哈希算法等缘故，字典被设计成“not addressable”，故不能直接修改 value 成员（结构或数组）。

```
func main() {
    type user struct {
        name string
        age  byte
    }

    m := map[int]user{
        1: {"Tom", 19},
    }

    m[1].age += 1                       // 错误: cannot assign to m[1].age
}
```

正确做法是返回整个 value，待修改后再设置字典键值，或直接用指针类型。

```
type user struct {
    name string
    age  byte
}

func main() {
    m := map[int]user{
        1: {"Tom", 19},
    }

    u := m[1]
    u.age += 1
    m[1] = u                            // 设置整个 value

    m2 := map[int]*user{                // value 是指针类型
```

```
        1: &user{"Jack", 20},
    }

    m2[1].age++                             // m2[1] 返回的是指针，可透过指针修改目标对象
}
```

同理，m[key]++ 相当于 m[key] = m[key] + 1，是合法操作。

不能对 nil 字典进行写操作，但却能读。

```
func main() {
    var m map[string]int
    println(m["a"])                         // 返回零值
    m["a"] = 1                              // panic: assignment to entry in nil map
}
```

注意：内容为空的字典，与 nil 是不同的。

```
func main() {
    var m1 map[string]int
    m2 := map[string]int{}                  // 已初始化，等同 make 操作

    println(m1 == nil, m2 == nil)
}
```

输出：

```
true  false
```

安全

在迭代期间删除或新增键值是安全的。

```
func main() {
    m := make(map[int]int)

    for i := 0; i < 10; i++ {
        m[i] = i + 10
    }

    for k := range m {
        if k == 5 {
            m[100] = 1000
        }
```

```
        delete(m, k)
        fmt.Println(k, m)
    }
}
```

输出：

```
2 map[6:16 7:17 9:19 0:10 1:11 5:15 8:18 3:13 4:14]
3 map[4:14 8:18 0:10 1:11 5:15 6:16 7:17 9:19]
4 map[1:11 5:15 6:16 7:17 9:19 0:10 8:18]
8 map[7:17 9:19 0:10 1:11 5:15 6:16]
0 map[1:11 5:15 6:16 7:17 9:19]
1 map[5:15 6:16 7:17 9:19]
5 map[6:16 7:17 9:19 100:1000]
6 map[100:1000 7:17 9:19]
7 map[100:1000 9:19]
9 map[100:1000]
```

就此例而言，不能保证迭代操作会删除新增的键值。

运行时会对字典并发操作做出检测。如果某个任务正在对字典进行写操作，那么其他任务就不能对该字典执行并发操作（读、写、删除），否则会导致进程崩溃。

```
import "time"

func main() {
    m := make(map[string]int)

    go func() {
        for {
            m["a"] += 1                          // 写操作
            time.Sleep(time.Microsecond)
        }
    }()

    go func() {
        for {
            _ = m["b"]                           // 读操作
            time.Sleep(time.Microsecond)
        }
    }()
```

```
    select {}                                        // 阻止进程退出
}
```

输出:

```
fatal error: concurrent map read and map write
```

可启用数据竞争（data race）检查此类问题，它会输出详细检测信息。

```
$ go run -race test.go

==================
WARNING: DATA RACE

Write by goroutine 5:
  runtime.mapassign1()
      hashmap.go:429 +0x0
  main.main.func1()
      test.go:13 +0xbe

Previous read by goroutine 6:
  runtime.mapaccess1_faststr()
      hashmap_fast.go:193 +0x0
  main.main.func2()
      test.go:20 +0x60

Goroutine 5 (running) created at:
  main.main()
      test.go:16 +0x76

Goroutine 6 (running) created at:
  main.main()
      test.go:23 +0x98
==================
fatal error: concurrent map read and map write
```

可用 sync.RWMutex 实现同步，避免读写操作同时进行。

```
import (
    "sync"
    "time"
)

func main() {
```

```
    var lock sync.RWMutex                          // 使用读写锁，以获得最佳性能
    m := make(map[string]int)

    go func() {
        for {
            lock.Lock()                            // 注意锁的粒度
            m["a"] += 1
            lock.Unlock()                          // 不能使用 defer

            time.Sleep(time.Microsecond)
        }
    }()

    go func() {
        for {
            lock.RLock()
            _ = m["b"]
            lock.RUnlock()

            time.Sleep(time.Microsecond)
        }
    }()

    select {}
}
```

性能

字典对象本身就是指针包装，传参时无须再次取地址。

```
func test(x map[string]int) {
    fmt.Printf("x: %p\n", x)
}

func main() {
    m := make(map[string]int)
    test(m)
    fmt.Printf("m: %p, %d\n", m, unsafe.Sizeof(m))

    m2 := map[string]int{}
    test(m2)
    fmt.Printf("m2: %p, %d\n", m2, unsafe.Sizeof(m2))
}
```

输出：

```
x : 0xc8200780c0
m : 0xc8200780c0, 8

x : 0xc8200780f0
m2: 0xc8200780f0, 8
```

在创建时预先准备足够空间有助于提升性能，减少扩张时的内存分配和重新哈希操作。

```
func test() map[int]int {
    m := make(map[int]int)
    for i := 0; i < 1000; i++ {
        m[i] = i
    }

    return m
}

func testCap() map[int]int {
    m := make(map[int]int, 1000)          // 预先准备足够的空间
    for i := 0; i < 1000; i++ {
        m[i] = i
    }

    return m
}

func BenchmarkTest(b *testing.B) {
    for i := 0; i < b.N; i++ {
        test()
    }
}

func BenchmarkTestCap(b *testing.B) {
    for i := 0; i < b.N; i++ {
        testCap()
    }
}
```

输出：

```
BenchmarkTest-4       10000     154601 ns/op     89557 B/op     98 allocs/op
BenchmarkTestCap-4    20000     63804 ns/op      41828 B/op     12 allocs/op
```

对于海量小对象，应直接用字典存储键值数据拷贝，而非指针。这有助于减少需要扫描的对象数量，大幅缩短垃圾回收时间。另外，字典不会收缩内存，所以适当替换成新对象是必要的。

5.5 结构

结构体（struct）将多个不同类型命名字段（field）序列打包成一个复合类型。

字段名必须唯一，可用“_”补位，支持使用自身指针类型成员。字段名、排列顺序属类型组成部分。除对齐处理外，编译器不会优化、调整内存布局。

```
type node struct {
    _    int
    id   int
    next *node
}

func main() {
    n1 := node{
        id: 1,
    }

    n2 := node{
        id:   2,
        next: &n1,
    }

    fmt.Println(n1, n2)
}
```

可按顺序初始化全部字段，或使用命名方式初始化指定字段。

```
func main() {
    type user struct {
        name string
        age  byte
    }

    u1 := user{"Tom", 12}
    u2 := user{"Tom"}            // 错误: too few values in struct initializer
```

```
    fmt.Println(u1, u2)
}
```

推荐用命名初始化。这样在扩充结构字段或调整字段顺序时，不会导致初始化语句出错。

可直接定义匿名结构类型变量，或用作字段类型。但因其缺少类型标识，在作为字段类型时无法直接初始化，稍显麻烦。

```
func main() {
    u := struct {                       // 直接定义匿名结构变量
        name string
        age  byte
    }{
        name: "Tom",
        age:  12,
    }

    type file struct {
        name string
        attr struct {                   // 定义匿名结构类型字段
            owner int
            perm  int
        }
    }

    f := file{
        name: "test.dat",

        // attr: {                      // 错误: missing type in composite literal
        //     owner: 1,
        //     perm:  0755,
        // },
    }

    f.attr.owner = 1                    // 正确方式
    f.attr.perm = 0755

    fmt.Println(u, f)
}
```

也可在初始化语句中再次定义，但那样看上去会非常丑陋。不知道以后会不会像 Go 1.5 修正 map 初始化语法一样改进这个规则。

只有在所有字段类型全部支持时，才可做相等操作。

```
func main() {
    type data struct {
        x   int
        y   map[string]int
    }

    d1 := data{
        x: 100,
    }

    d2 := data{
        x: 100,
    }

    println(d1 == d2)            // 无效操作: struct containing map[string]int cannot be compared
}
```

可使用指针直接操作结构字段，但不能是多级指针。

```
func main() {
    type user struct {
        name string
        age  int
    }

    p := &user{
        name: "Tom",
        age:  20,
    }

    p.name = "Mary"
    p.age++

    p2 := &p
    *p2.name = "Jack"            // 错误: p2.name undefined (type **user has no field or method name)
}
```

空结构

空结构（struct{}）是指没有字段的结构类型。它比较特殊，因为无论是其自身，还是作为数组元素类型，其长度都为零。

```
func main() {
    var a struct{}
    var b [100]struct{}

    println(unsafe.Sizeof(a), unsafe.Sizeof(b))
}
```

输出：

```
0 0
```

尽管没有分配数组内存，但依然可以操作元素，对应切片 len、cap 属性也正常。

```
func main() {
    var d [100]struct{}
    s := d[:]

    d[1] = struct{}{}
    s[2] = struct{}{}

    fmt.Println(s[3], len(s), cap(s))
}
```

输出：

```
{} 100 100
```

实际上，这类“长度”为零的对象通常都指向 runtime.zerobase 变量。

```
func main() {
    a := [10]struct{}{}
    b := a[:]                    // 底层数组指向 zerobase，而非 slice
    c := [0]int{}

    fmt.Printf("%p, %p, %p\n", &a[0], &b[0], &c)
}
```

输出：

```
0x19c730, 0x19c730, 0x19c730
```

空结构可作为通道元素类型，用于事件通知。

```
func main() {
    exit := make(chan struct{})

    go func() {
        println("hello, world!")
        exit <- struct{}{}
    }()

    <-exit
    println("end.")
}
```

匿名字段

所谓匿名字段（anonymous field），是指没有名字，仅有类型的字段，也被称作嵌入字段或嵌入类型。

```
type attr struct {
    perm int
}

type file struct {
    name string
    attr                                    // 仅有类型名
}
```

从编译器角度看，这只是隐式地以类型名作为字段名字。可直接引用匿名字段的成员，但初始化时须当作独立字段。

```
func main() {
    f := file{
        name: "test.dat",
        attr: attr{                         // 显式初始化匿名字段
            perm: 0755,
        },
    }

    f.perm = 0644                           // 直接设置匿名字段成员
    println(f.perm)                         // 直接读取匿名字段成员
}
```

如嵌入其他包中的类型，则隐式字段名字不包括包名。

```
type data struct {
    os.File
}

func main() {
    d := data{
        File: os.File{},
    }

    fmt.Printf("%#v\n", d)
}
```

不仅仅是结构体，除接口指针和多级指针以外的任何命名类型都可作为匿名字段。

```
type data struct {
    *int                                    // 嵌入指针类型
    string
}

func main() {
    x := 100
    d := data{
        int:    &x,                         // 使用基础类型作为字段名
        string: "abc",
    }

    fmt.Printf("%#v\n", d)
}
```

输出：

```
main.data{
    int:(*int)(0xc8200741c0),
    string:"abc"
}
```

因未命名类型没有名字标识，自然无法作为匿名字段。

```
type a *int
type b **int
type c interface{}

type d struct {
    *a          // 错误: embedded type cannot be a pointer
```

```
    b           // 错误: embedded type cannot be a pointer
    *c          // 错误: embedded type cannot be a pointer to interface
}
```

不能将基础类型和其指针类型同时嵌入，因为两者隐式名字相同。

```
type data struct {
    *int
    int                                     // 错误: duplicate field int
}
```

虽然可以像普通字段那样访问匿名字段成员，但会存在重名问题。默认情况下，编译器从当前显式命名字段开始，逐步向内查找匿名字段成员。如匿名字段成员被外层同名字段遮蔽，那么必须使用显式字段名。

```
type file struct {
    name string
}

type data struct {
    file
    name string                             // 与匿名字段 file.name 重名
}

func main() {
    d := data{
        name: "data",
        file: file{"file"},
    }

    d.name = "data2"                        // 访问 data.name
    d.file.name = "file2"                   // 使用显式字段名访问 data.file.name

    fmt.Println(d.name, d.file.name)
}
```

如果多个相同层级的匿名字段成员重名，就只能使用显式字段名访问，因为编译器无法确定目标。

```
type file struct {
    name string
}
```

```
type log struct {
    name string
}

type data struct {
    file                                    // file 和 log 层次相同
    log                                     // file.name 和 log.name 重名
}

func main() {
    d := data{}
    d.name = "name"                         // 错误: ambiguous selector d.name
    d.file.name = "file"                    // 显式字段名
    d.log.name = "log"
}
```

严格来说，Go 并不是传统意义上的面向对象编程语言，或者说仅实现了最小面向对象机制。匿名嵌入不是继承，无法实现多态处理。虽然配合方法集，可用接口来实现一些类似操作，但其本质是完全不同的。

字段标签

字段标签（tag）并不是注释，而是用来对字段进行描述的元数据。尽管它不属于数据成员，但却是类型的组成部分。

在运行期，可用反射获取标签信息。它常被用作格式校验，数据库关系映射等。

```
type user struct {
    name string `昵称`
    sex  byte   `性别`
}

func main() {
    u := user{"Tom", 1}
    v := reflect.ValueOf(u)
    t := v.Type()

    for i, n := 0, t.NumField(); i < n; i++ {
        fmt.Printf("%s: %v\n", t.Field(i).Tag, v.Field(i))
    }
}
```

输出：

```
昵称: Tom
性别: 1
```

标准库 reflect.StructTag 提供了分/解析功能。有关反射的更多信息，请参考后续章节。

内存布局

不管结构体包含多少字段，其内存总是一次性分配的，各字段在相邻的地址空间按定义顺序排列。当然，对于引用类型、字符串和指针，结构内存中只包含其基本（头部）数据。还有，所有匿名字段成员也被包含在内。

借助 unsafe 包中的相关函数，可输出所有字段的偏移量和长度。

```
type point struct {
    x, y int
}

type value struct {
    id    int                          // 基本类型
    name  string                       // 字符串
    data  []byte                       // 引用类型
    next  *value                       // 指针类型
    point                              // 匿名字段
}

func main() {
    v := value{
        id:    1,
        name:  "test",
        data:  []byte{1, 2, 3, 4},
        point: point{x: 100, y: 200},
    }

    s := `
        v: %p ~ %x, size: %d, align: %d

        field   address         offset   size
        -------+---------------+--------+----------
        id      %p              %d       %d
        name    %p              %d       %d
```

```
        data    %p              %d        %d
        next    %p              %d        %d
        x       %p              %d        %d
        y       %p              %d        %d
    `

    fmt.Printf(s,
        &v, uintptr(unsafe.Pointer(&v))+unsafe.Sizeof(v), unsafe.Sizeof(v), unsafe.Alignof(v),
        &v.id, unsafe.Offsetof(v.id), unsafe.Sizeof(v.id),
        &v.name, unsafe.Offsetof(v.name), unsafe.Sizeof(v.name),
        &v.data, unsafe.Offsetof(v.data), unsafe.Sizeof(v.data),
        &v.next, unsafe.Offsetof(v.next), unsafe.Sizeof(v.next),
        &v.x, unsafe.Offsetof(v.x), unsafe.Sizeof(v.x),
        &v.y, unsafe.Offsetof(v.y), unsafe.Sizeof(v.y))
}
```

输出：

```
v: 0xc820012140 ~ c820012188, size: 72, align: 8

 field   address          offset    size
-------+----------------+---------+-----------
 id      0xc820012140        0        8
 name    0xc820012148        8       16
 data    0xc820012158       24       24
 next    0xc820012170       48        8
 x       0xc820012178       56        8
 y       0xc820012180       64        8
```

```
     |------- name --------|------------- data -------------|      |------ point -------|
+----+----------+----------+----------+----------+----------+------+---------+---------+
| id | name.ptr | name.len | data.ptr | data.len | data.cap | next | point.x | point.y |
+----+----------+----------+----------+----------+----------+------+---------+---------+
0    8          16         24         32         40         48     56        64        72
```

在分配内存时，字段须做对齐处理，通常以所有字段中最长的基础类型宽度为标准。

```
func main() {
    v1 := struct {
        a   byte
        b   byte
        c   int32               // 对齐宽度 4
    }{}
```

```
    v2 := struct {
        a   byte
        b   byte                    // 对齐宽度 1
    }{}

    v3 := struct {
        a   byte
        b   []int                   // 基础类型 int，对齐宽度 8
        c   byte
    }{}

    fmt.Printf("v1: %d, %d\n", unsafe.Alignof(v1), unsafe.Sizeof(v1))
    fmt.Printf("v2: %d, %d\n", unsafe.Alignof(v2), unsafe.Sizeof(v2))
    fmt.Printf("v3: %d, %d\n", unsafe.Alignof(v3), unsafe.Sizeof(v3))
}
```

输出：

```
v1: 4, 8
v2: 1, 2
v3: 8, 40
```

比较特殊的是空结构类型字段。如果它是最后一个字段，那么编译器将其当作长度为 1 的类型做对齐处理，以便其地址不会越界，避免引发垃圾回收错误。

```
func main() {
    v := struct {
        a   struct{}
        b   int
        c   struct{}
    }{}

    s := `
        v: %p ~ %x, size: %d, align: %d

        field   address      offset    size
        ------+------------+---------+---------
        a       %p           %d        %d
        b       %p           %d        %d
        c       %p           %d        %d
`

    fmt.Printf(s,
```

```
        &v, uintptr(unsafe.Pointer(&v))+unsafe.Sizeof(v), unsafe.Sizeof(v), unsafe.Alignof(v),
        &v.a, unsafe.Offsetof(v.a), unsafe.Sizeof(v.a),
        &v.b, unsafe.Offsetof(v.b), unsafe.Sizeof(v.b),
        &v.c, unsafe.Offsetof(v.c), unsafe.Sizeof(v.c))
}
```

输出：

```
v: 0xc8200741c0 ~ c8200741d0, size: 16, align: 8

 field   address         offset    size
-------+---------------+---------+---------
 a       0xc8200741c0       0        0
 b       0xc8200741c0       0        8
 c       0xc8200741c8       8        0
```

如果仅有一个空结构字段，那么同样按 1 对齐，只不过长度为 0，且指向 runtime.zerobase 变量。

```
func main() {
    v := struct {
        a struct{}
    }{}

    fmt.Printf("%p, %d, %d\n", &v, unsafe.Sizeof(v), unsafe.Alignof(v))
}
```

输出：

```
0x19c730, 0, 1
```

对齐的原因与硬件平台，以及访问效率有关。某些平台只能访问特定地址，比如只能是偶数地址。而另一方面，CPU 访问自然对齐的数据所需的的读周期最少，还可避免拼接数据。

第 6 章 方法

6.1 定义

方法是与对象实例绑定的特殊函数。

方法是面向对象编程的基本概念，用于维护和展示对象的自身状态。对象是内敛的，每个实例都有各自不同的独立特征，以属性和方法来暴露对外通信接口。普通函数则专注于算法流程，通过接收参数来完成特定逻辑运算，并返回最终结果。换句话说，方法是有关联状态的，而函数通常没有。

方法和函数定义语法区别的在于前者有前置实例接收参数（receiver），编译器以此确定方法所属类型。在某些语言里，尽管没有显式定义，但会在调用时隐式传递 this 实例参数。

可以为当前包，以及除接口和指针以外的任何类型定义方法。

```
type N int

func (n N) toString() string {
    return fmt.Sprintf("%#x", n)
}

func main() {
    var a N = 25
    println(a.toString())
}
```

输出：

```
0x19
```

方法同样不支持重载（overload）。receiver 参数名没有限制，按惯例会选用简短有意义的名称（不推荐使用 this、self）。如方法内部并不引用实例，可省略参数名，仅保留类型。

```
type N int

func (N) test() {
    println("hi!")
}
```

方法可看作特殊的函数，那么 receiver 的类型自然可以是基础类型或指针类型。这会关系到调用时对象实例是否被复制。

```
type N int

func (n N) value() {                              // func value(n N)
    n++
    fmt.Printf("v: %p, %v\n", &n, n)
}

func (n *N) pointer() {                           // func pointer(n *N)
    (*n)++
    fmt.Printf("p: %p, %v\n", n, *n)
}

func main() {
    var a N = 25

    a.value()
    a.pointer()

    fmt.Printf("a: %p, %v\n", &a, a)
}
```

输出：

```
v: 0xc8200741c8, 26                               // receiver 被复制
p: 0xc8200741c0, 26
a: 0xc8200741c0, 26
```

可使用实例值或指针调用方法，编译器会根据方法 receiver 类型自动在基础类型和指针

类型间转换。

```
func main() {
    var a N = 25
    p := &a

    a.value()
    a.pointer()

    p.value()
    p.pointer()
}
```

输出：

```
v: 0xc82000a2c0, 26
p: 0xc82000a298, 26

v: 0xc82000a2f0, 27
p: 0xc82000a298, 27
```

不能用多级指针调用方法。

```
func main() {
    var a N = 25

    p := &a
    p2 := &p

    p2.value()            // 错误: calling method value with receiver p2 (type **N)
                          //          requires explicit dereference

    p2.pointer()          // 错误: calling method pointer with receiver p2 (type **N)
                          //          requires explicit dereference
}
```

指针类型的 receiver 必须是合法指针（包括 nil），或能获取实例地址。

```
type X struct{}

func (x *X) test() {
    println("hi!", x)
}

func main() {
```

```
    var a *X
    a.test()                    // 相当于 test(nil)

    X{}.test()                  // 错误: cannot take the address of X literal
}
```

将方法看作普通函数，就能很容易理解 receiver 的传参方式。

如何选择方法的 receiver 类型？

- 要修改实例状态，用 *T。
- 无须修改状态的小对象或固定值，建议用 T。
- 大对象建议用 *T，以减少复制成本。
- 引用类型、字符串、函数等指针包装对象，直接用 T。
- 若包含 Mutex 等同步字段，用 *T，避免因复制造成锁操作无效。
- 其他无法确定的情况，都用 *T。

6.2 匿名字段

可以像访问匿名字段成员那样调用其方法，由编译器负责查找。

```
type data struct {
    sync.Mutex
    buf [1024]byte
}

func main() {
    d := data{}
    d.Lock()                    // 编译会处理为 sync.(*Mutex).Lock() 调用
    defer d.Unlock()
}
```

方法也会有同名遮蔽问题。但利用这种特性，可实现类似覆盖（override）操作。

```
type user struct{}

type manager struct {
    user
}
```

```
func (user) toString() string {
    return "user"
}

func (m manager) toString() string {
    return m.user.toString() + "; manager"
}

func main() {
    var m manager

    println(m.toString())
    println(m.user.toString())
}
```

输出：

```
user; manager
user
```

尽管能直接访问匿名字段的成员和方法，但它们依然不属于继承关系。

6.3 方法集

类型有一个与之相关的方法集（method set），这决定了它是否实现某个接口。

- 类型 T 方法集包含所有 receiver T 方法。
- 类型 *T 方法集包含所有 receiver T + *T 方法。
- 匿名嵌入 S，T 方法集包含所有 receiver S 方法。
- 匿名嵌入 *S，T 方法集包含所有 receiver S + *S 方法。
- 匿名嵌入 S 或 *S，*T 方法集包含所有 receiver S + *S 方法。

可利用反射（reflect）测试这些规则。

```
type S struct{}

type T struct {
    S                                    // 匿名嵌入字段
}
```

```
func (S) sVal()  {}
func (*S) sPtr() {}
func (T) tVal()  {}
func (*T) tPtr() {}

func methodSet(a interface{}) {                    // 显示方法集里所有方法名字
    t := reflect.TypeOf(a)

    for i, n := 0, t.NumMethod(); i < n; i++ {
        m := t.Method(i)
        fmt.Println(m.Name, m.Type)
    }
}

func main() {
    var t T

    methodSet(t)                                   // 显示 T 方法集
    println("----------")
    methodSet(&t)                                  // 显示 *T 方法集
}
```

输出：

```
sVal func(main.T)
tVal func(main.T)
----------------------
sPtr func(*main.T)
sVal func(*main.T)
tPtr func(*main.T)
tVal func(*main.T)
```

输出结果符合预期，但我们也注意到某些方法的 receiver 类型发生了改变。真实情况是，这些都是由编译器按方法集所需自动生成的额外包装方法。

```
$ nm test | grep "main\."

0000000000002040 t main.S.sVal
0000000000002050 t main.(*S).sPtr
00000000000023b0 t main.(*S).sVal

0000000000002570 t main.T.sVal
0000000000002060 t main.T.tVal
```

```
0000000000002490 t main.(*T).sPtr
0000000000002450 t main.(*T).sVal
0000000000002070 t main.(*T).tPtr
00000000000024d0 t main.(*T).tVal


$ go tool objdump -s "main\." test | grep "TEXT.*autogenerated"

TEXT main.(*S).sVal(SB) <autogenerated>

TEXT main.T.sVal(SB)    <autogenerated>
TEXT main.(*T).sVal(SB) <autogenerated>
TEXT main.(*T).sPtr(SB) <autogenerated>
TEXT main.(*T).tVal(SB) <autogenerated>
```

方法集仅影响接口实现和方法表达式转换，与通过实例或实例指针调用方法无关。实例并不使用方法集，而是直接调用（或通过隐式字段名）。

很显然，匿名字段就是为方法集准备的。否则，完全没必要为少写个字段名而大费周章。

面向对象的三大特征“封装”、“继承”和“多态”，Go 仅实现了部分特征，它更倾向于“组合优于继承”这种思想。将模块分解成相互独立的更小单元，分别处理不同方面的需求，最后以匿名嵌入方式组合到一起，共同实现对外接口。而且其简短一致的调用方式，更是隐藏了内部实现细节。

组合没有父子依赖，不会破坏封装。且整体和局部松耦合，可任意增加来实现扩展。各单元持有单一职责，互无关联，实现和维护更加简单。

尽管接口也是多态的一种实现形式，但我认为应该和基于继承体系的多态分离开来。

6.4 表达式

方法和函数一样，除直接调用外，还可赋值给变量，或作为参数传递。依照具体引用方式的不同，可分为 expression 和 value 两种状态。

Method Expression

通过类型引用的 method expression 会被还原为普通函数样式，receiver 是第一参数，调用时须显式传参。至于类型，可以是 T 或 *T，只要目标方法存在于该类型方法集中即可。

```
type N int

func (n N) test() {
    fmt.Printf("test.n: %p, %d\n", &n, n)
}

func main() {
    var n N = 25
    fmt.Printf("main.n: %p, %d\n", &n, n)

    f1 := N.test                        // func(n N)
    f1(n)

    f2 := (*N).test                     // func(n *N)
    f2(&n)                              // 按方法集中的签名传递正确类型的参数
}
```

输出：

```
main.n: 0xc82000a140, 25
test.n: 0xc82000a158, 25
test.n: 0xc82000a168, 25
```

尽管 *N 方法集包装的 test 方法 receiver 类型不同，但编译器会保证按原定义类型拷贝传值。

当然，也可直接以表达式方式调用。

```
func main() {
    var n N = 25

    N.test(n)
    (*N).test(&n)                       // 注意：*N 须使用括号，以免语法解析错误
}
```

Method Value

基于实例或指针引用的 method value，参数签名不会改变，依旧按正常方式调用。

但当 method value 被赋值给变量或作为参数传递时，会立即计算并复制该方法执行所需的 receiver 对象，与其绑定，以便在稍后执行时，能隐式传入 receiver 参数。

```
type N int

func (n N) test() {
    fmt.Printf("test.n: %p, %v\n", &n, n)
}

func main() {
    var n N = 100
    p := &n

    n++
    f1 := n.test                          // 因为 test 方法的 receiver 是 N 类型，
                                          // 所以复制 n，等于 101

    n++
    f2 := p.test                          // 复制 *p，等于 102

    n++
    fmt.Printf("main.n: %p, %v\n", p, n)

    f1()
    f2()
}
```

输出：

```
main.n: 0xc820076028, 103
test.n: 0xc820076060, 101
test.n: 0xc820076070, 102
```

编译器会为 method value 生成一个包装函数，实现间接调用。至于 receiver 复制，和闭包的实现方法基本相同，打包成 funcval，经由 DX 寄存器传递。

当 method value 作为参数时，会复制含 receiver 在内的整个 method value。

```
func call(m func()) {
    m()
```

```
}

func main() {
    var n N = 100
    p := &n

    fmt.Printf("main.n: %p, %v\n", p, n)

    n++
    call(n.test)

    n++
    call(p.test)
}
```

输出：

```
main.n: 0xc82000a288, 100
test.n: 0xc82000a2c0, 101
test.n: 0xc82000a2d0, 102
```

当然，如果目标方法的 receiver 是指针类型，那么被复制的仅是指针。

```
type N int

func (n *N) test() {
    fmt.Printf("test.n: %p, %v\n", n, *n)
}

func main() {
    var n N = 100
    p := &n

    n++
    f1 := n.test                          // 因为 test 方法的 receiver 是 *N 类型，
                                          // 所以复制 &n

    n++
    f2 := p.test                          // 复制 p 指针

    n++
    fmt.Printf("main.n: %p, %v\n", p, n)

    f1()                                  // 延迟调用，n == 103
    f2()
```

```
}
```

输出：

```
main.n: 0xc82000a298, 103
test.n: 0xc82000a298, 103
test.n: 0xc82000a298, 103
```

只要 receiver 参数类型正确，使用 nil 同样可以执行。

```
type N int

func (N) value()    {}
func (*N) pointer() {}

func main() {
    var p *N

    p.pointer()                  // method value
    (*N)(nil).pointer()          // method value
    (*N).pointer(nil)            // method expression

    // p.value()                 // 错误: invalid memory address or nil pointer dereference
}
```

第 7 章 接口

7.1 定义

接口代表一种调用契约，是多个方法声明的集合。

在某些动态语言里，接口（interface）也被称作协议（protocol）。准备交互的双方，共同遵守事先约定的规则，使得在无须知道对方身份的情况下进行协作。接口要实现的是做什么，而不关心怎么做，谁来做。

接口解除了类型依赖，有助于减少用户可视方法，屏蔽内部结构和实现细节。似乎好处很多，但这并不意味着可以滥用接口，毕竟接口实现机制会有运行期开销。对于相同包，或者不会频繁变化的内部模块之间，并不需要抽象出接口来强行分离。接口最常见的使用场景，是对包外提供访问，或预留扩展空间。

Go 接口实现机制很简洁，只要目标类型方法集内包含接口声明的全部方法，就被视为实现了该接口，无须做显式声明。当然，目标类型可实现多个接口。

换句话说，我们可以先实现类型，而后再抽象出所需接口。这种非侵入式设计有很多好处。举例来说：在项目前期就设计出最合理接口并不容易，而在代码重构，模块分拆时再分离出接口，用以解耦就很常见。另外，在使用第三方库时，抽象出所需接口，即可屏蔽太多不需要关注的内容，也便于日后替换。

从内部实现来看，接口自身也是一种结构类型，只是编译器会对其做出很多限制。

```
type iface struct {
    tab  *itab
    data unsafe.Pointer
```

```
}
```

- 不能有字段。
- 不能定义自己的方法。
- 只能声明方法，不能实现。
- 可嵌入其他接口类型。

接口通常以 er 作为名称后缀，方法名是声明组成部分，但参数名可不同或省略。

```
type tester interface {
    test()
    string() string
}

type data struct{}

func (*data) test() {}
func (data) string() string { return "" }

func main() {
    var d data

    // var t tester = d           // 错误: data does not implement tester
                                  //        (test method has pointer receiver)

    var t tester = &d
    t.test()
    println(t.string())
}
```

编译器根据方法集来判断是否实现了接口，显然在上例中只有 *data 才复合 tester 的要求。

如果接口没有任何方法声明，那么就是一个空接口（interface{}），它的用途类似面向对象里的根类型 Object，可被赋值为任何类型的对象。

接口变量默认值是 nil。如果实现接口的类型支持，可做相等运算。

```
func main() {
    var t1, t2 interface{}
    println(t1 == nil, t1 == t2)

    t1, t2 = 100, 100
    println(t1 == t2)
```

```
    t1, t2 = map[string]int{}, map[string]int{}
    println(t1 == t2)
}
```

输出：

```
true true
true
panic: runtime error: comparing uncomparable type map[string]int
```

可以像匿名字段那样，嵌入其他接口。目标类型方法集中必须拥有包含嵌入接口方法在内的全部方法才算实现了该接口。

嵌入其他接口类型，相当于将其声明的方法集导入。这就要求不能有同名方法，因为不支持重载。还有，不能嵌入自身或循环嵌入，那会导致递归错误。

```
type stringer interface {
    string() string
}

type tester interface {
    stringer                        // 嵌入其他接口
    test()
}

type data struct{}

func (*data) test() {}
func (data) string() string {
    return ""
}

func main() {
    var d data

    var t tester = &d
    t.test()
    println(t.string())
}
```

超集接口变量可隐式转换为子集，反过来不行。

```
func pp(a stringer) {
```

```
    println(a.string())
}

func main() {
    var d data

    var t tester = &d
    pp(t)                       // 隐式转换为子集接口

    var s stringer = t          // 超级转换为子集
    println(s.string())

    // var t2 tester = s        // 错误: stringer does not implement tester
                                //       (missing test method)
}
```

支持匿名接口类型，可直接用于变量定义，或作为结构字段类型。

```
type data struct{}

func (data) string() string {
    return ""
}

type node struct {
    data interface {           // 匿名接口类型
        string() string
    }
}

func main() {
    var t interface {          // 定义匿名接口变量
        string() string
    } = data{}

    n := node{
        data: t,
    }

    println(n.data.string())
}
```

7.2 执行机制

接口使用一个名为 itab 的结构存储运行期所需的相关类型信息。

```
type iface struct {
    tab   *itab                     // 类型信息
    data unsafe.Pointer             // 实际对象指针
}

type itab struct {
    inter   *interfacetype          // 接口类型
    _type   *_type                  // 实际对象类型
    fun     [1]uintptr              // 实际对象方法地址
}
```

利用调试器，我们可查看这些结构存储的具体内容。

```
type Ner interface {
    a()
    b(int)
    c(string) string
}

type N int
func (N)  a() {}
func (*N) b(int) {}
func (*N) c(string) string { return "" }

func main() {
    var n N
    var t Ner = &n

    t.a()
}
```

输出：

```
$ go build -gcflags "-N -l"

$ gdb test

...
```

```
(gdb) info locals                              # 设置断点，运行，查看局部变量信息
&n = 0xc82000a130
t = {
  tab = 0x12f028,
  data = 0xc82000a130
}

(gdb) p *t.tab.inter.typ._string               # 接口类型名称
$17 = 0x737f0 "main.Ner"

(gdb) p *t.tab._type._string                   # 实际对象类型
$20 = 0x707a0 "*main.N"

(gdb) p t.tab.inter.mhdr                       # 接口类型方法集
$27 = {
  array = 0x60158 <type.*+72888>,
  len = 3,
  cap = 3
}

(gdb) p *t.tab.inter.mhdr.array[0].name        # 接口方法名称
$30 = 0x70a48 "a"

(gdb) p *t.tab.inter.mhdr.array[1].name
$31 = 0x70b08 "b"

(gdb) p *t.tab.inter.mhdr.array[2].name
$32 = 0x70ba0 "c"

(gdb) info symbol t.tab.fun[0]                 # 实际对象方法地址
main.(*N).a in section .text

(gdb) info symbol t.tab.fun[1]
main.(*N).b in section .text

(gdb) info symbol t.tab.fun[2]
main.(*N).c in section .text
```

很显然，相关类型信息里保存了接口和实际对象的元数据。同时，itab 还用 fun 数组（不定长结构）保存了实际方法地址，从而实现在运行期对目标方法的动态调用。

除此之外，接口还有一个重要特征：将对象赋值给接口变量时，会复制该对象。

```
type data struct {
    x int
}

func main() {
    d := data{100}
    var t interface{} = d

    println(t.(data).x)
}
```

输出：

```
$ go build -gcflags "-N -l"

$ gdb test

(gdb) info locals                          # 输出局部变量
d = {
  x = 100
}
t = {
  _type = 0x5ec00 <type.*+67296>,
  data = 0xc820035f20                      # 接口变量存储的对象地址
}

(gdb) p/x &d                               # 局部变量地址。显然和接口存储的不是同一对象
$1 = 0xc820035f10
```

我们甚至无法修改接口存储的复制品，因为它也是 unaddressable 的。

```
func main() {
    d := data{100}
    var t interface{} = d

    p := &t.(data)                         // 错误: cannot take the address of t.(data)
    t.(data).x = 200                       // 错误: cannot assign to t.(data).x
}
```

即便将其复制出来，用本地变量修改后，依然无法对 iface.data 赋值。解决方法就是将对象指针赋值给接口，那么接口内存储的就是指针的复制品。

```
func main() {
    d := data{100}
```

```
    var t interface{} = &d

    t.(*data).x = 200
    println(t.(*data).x)
}
```

输出：

```
$ go build -gcflags "-N -l" && ./test

200

$ gdb test

(gdb) info locals                                    # 显示局部变量
d = {
  x = 100
}
t = {
  _type = 0x50480 <type.*+8096>,
  data = 0xc820035f10
}

(gdb) p/x &d                                         # 显然和接口内 data 存储的地址一致
$1 = 0xc820035f10
```

只有当接口变量内部的两个指针（itab, data）都为 nil 时，接口才等于 nil。

```
func main() {
    var a interface{} = nil
    var b interface{} = (*int)(nil)

    println(a == nil, b == nil)
}
```

输出：

```
true false

(gdb) info locals

b = {
  _type = 0x500c0 <type.*+7616>,                     # 显然 b 包含了类型信息
  data = 0x0
```

```
}
a = {
  _type = 0x0,
  data = 0x0
}
```

由此造成的错误并不罕见，尤其是在函数返回 error 时。

```
type TestError struct{}

func (*TestError) Error() string {
    return "error"
}

func test(x int) (int, error) {
    var err *TestError

    if x < 0 {
        err = new(TestError)
        x = 0
    } else {
        x += 100
    }

    return x, err                              // 注意：这个 err 是有类型的
}

func main() {
    x, err := test(100)
    if err != nil {
        log.Fatalln("err != nil")              // 此处被执行
    }

    println(x)
}
```

输出：

```
2020/01/01 19:48:27 err != nil
exit status 1


(gdb) info locals                              # 很显然 x 没问题，但 err 并不等于 nil
x = 200
```

```
err = {
  tab = 0x2161e8,                                 # tab != nil
  data = 0x0
}
```

正确做法是明确返回 nil。

```
func test(x int) (int, error) {
    if x < 0 {
        return 0, new(TestError)
    }

    return x + 100, nil
}
```

7.3 类型转换

类型推断可将接口变量还原为原始类型，或用来判断是否实现了某个更具体的接口类型。

```
type data int

func (d data) String() string {
    return fmt.Sprintf("data:%d", d)
}

func main() {
    var d data = 15
    var x interface{} = d

    if n, ok := x.(fmt.Stringer); ok {    // 转换为更具体的接口类型
        fmt.Println(n)
    }

    if d2, ok := x.(data); ok {           // 转换回原始类型
        fmt.Println(d2)
    }

    e := x.(error)                        // 错误: main.data is not error
    fmt.Println(e)
```

```
}
```

输出：

```
data:15
data:15
panic: interface conversion: main.data is not error: missing method Error
```

使用 ok-idiom 模式，即便转换失败也不会引发 panic。还可用 switch 语句在多种类型间做出推断匹配，这样空接口就有更多发挥空间。

```
func main() {
    var x interface{} = func(x int) string {
        return fmt.Sprintf("d:%d", x)
    }

    switch v := x.(type) {                          // 局部变量 v 是类型转换后的结果
    case nil:
        println("nil")
    case *int:
        println(*v)
    case func(int) string:
        println(v(100))
    case fmt.Stringer:
        fmt.Println(v)
    default:
        println("unknown")
    }
}
```

输出：

```
d:100
```

提示：type switch 不支持 fallthrought。

7.4 技巧

让编译器检查，确保类型实现了指定接口。

```
type x int
```

```
func init() {                                   // 包初始化函数
    var _ fmt.Stringer = x(0)
}
```

输出：

```
cannot use x(0) (type x) as type fmt.Stringer in assignment:
    x does not implement fmt.Stringer (missing String method)
```

定义函数类型，让相同签名的函数自动实现某个接口。

```
type FuncString func() string

func (f FuncString) String() string {
    return f()
}

func main() {
    var t fmt.Stringer = FuncString(func() string {         // 转换类型，使其实现 Stringer 接口
        return "hello, world!"
    })

    fmt.Println(t)
}
```

第 8 章 并发

8.1 并发的含义

在开始本章之前，需要了解并发（concurrency）和并行（parallesim）的区别。

- 并发：逻辑上具备同时处理多个任务的能力。
- 并行：物理上在同一时刻执行多个并发任务。

我们通常会说程序是并发设计的，也就是说它允许多个任务同时执行，但实际上并不一定真在同一时刻发生。在单核处理器上，它们能以间隔方式切换执行。而并行则依赖多核处理器等物理设备，让多个任务真正在同一时刻执行，它代表了当前程序运行状态。简单点说，并行是并发设计的理想执行模式。

Concurrency is not parallelism：Different concurrent designs enable different ways to parallelize.

多线程或多进程是并行的基本条件，但单线程也可用协程（coroutine）做到并发。尽管协程在单个线程上通过主动切换来实现多任务并发，但它也有自己的优势。除了将因阻塞而浪费的时间找回来外，还免去了线程切换开销，有着不错的执行效率。协程上运行的多个任务本质上是依旧串行的，加上可控自主调度，所以并不需要做同步处理。

即便采用多线程也未必就能并行。Python 就因 GIL 限制，默认只能并发而不能并行，所以很多时候转而使用“多进程 + 协程”架构。

很难说哪种方式更好一些，它们有各自适用的场景。通常情况下，用多进程来实现分布式和负载平衡，减轻单进程垃圾回收压力；用多线程（LWP）抢夺更多的处理器资源；用协程来提高处理器时间片利用率。

简单将 goroutine 归纳为协程并不合适。运行时会创建多个线程来执行并发任务，且任务单元可被调度到其他线程并行执行。这更像是多线程和协程的综合体，能最大限度提升执行效率，发挥多核处理能力。

更多实现细节，请阅读本书下卷《源码剖析》。

只须在函数调用前添加 go 关键字即可创建并发任务。

```
go println("hello, world!")

go func(s string) {
    println(s)
}("hello, world!")
```

注意是函数调用，所以必须提供相应的参数。

关键字 go 并非执行并发操作，而是创建一个并发任务单元。新建任务被放置在系统队列中，等待调度器安排合适系统线程去获取执行权。当前流程不会阻塞，不会等待该任务启动，且运行时也不保证并发任务的执行次序。

每个任务单元除保存函数指针、调用参数外，还会分配执行所需的栈内存空间。相比系统 默认 MB 级别的线程栈，goroutine 自定义栈初始仅须 2 KB，所以才能创建成千上万的并发任务。自定义栈采取按需分配策略，在需要时进行扩容，最大能到 GB 规模。

在不同版本中，自定义栈大小略有不同。如未做说明，本书特指 1.6 amd64。

与 defer 一样，goroutine 也会因“延迟执行”而立即计算并复制执行参数。

```
var c int

func counter() int {
    c++
    return c
}

func main() {
    a := 100

    go func(x, y int) {
        time.Sleep(time.Second)          // 让 goroutine 在 main 逻辑之后执行
        println("go:", x, y)
    }(a, counter())                      // 立即计算并复制参数
```

```
    a += 100
    println("main:", a, counter())

    time.Sleep(time.Second * 3)           // 等待 goroutine 结束
}
```

输出：

```
main: 200 2
go: 100 1
```

Wait

进程退出时不会等待并发任务结束，可用通道（channel）阻塞，然后发出退出信号。

```
func main() {
    exit := make(chan struct{})           // 创建通道。因为仅是通知，数据并没有实际意义

    go func() {
        time.Sleep(time.Second)
        println("goroutine done.")

        close(exit)                       // 关闭通道，发出信号
    }()

    println("main ...")
    <-exit                                // 如通道关闭，立即解除阻塞
    println("main exit.")
}
```

输出：

```
main ...
goroutine done.
main exit.
```

除关闭通道外，写入数据也可解除阻塞。channel 的更多信息，后面再做详述。

如要等待多个任务结束，推荐使用 sync.WaitGroup。通过设定计数器，让每个 goroutine 在退出前递减，直至归零时解除阻塞。

```
import (
```

```
    "sync"
    "time"
)

func main() {
    var wg sync.WaitGroup

    for i := 0; i < 10; i++ {
        wg.Add(1)                                    // 累加计数

        go func(id int) {
            defer wg.Done()                          // 递减计数

            time.Sleep(time.Second)
            println("goroutine", id, "done.")
        }(i)
    }

    println("main ...")
    wg.Wait()                                        // 阻塞，直到计数归零
    println("main exit.")
}
```

输出：

```
main ...
goroutine 9 done.
goroutine 4 done.
goroutine 2 done.
goroutine 6 done.
goroutine 8 done.
goroutine 3 done.
goroutine 5 done.
goroutine 1 done.
goroutine 0 done.
goroutine 7 done.
main exit.
```

尽管 WaitGroup.Add 实现了原子操作，但建议在 goroutine 外累加计数器，以免 Add 尚未执行，Wait 已经退出。

```
func main() {
    var wg sync.WaitGroup
```

```
    go func() {
        wg.Add(1)                                    // 来不及设置
        println("hi!")
    }()

    wg.Wait()
    println("exit.")
}
```

可在多处使用 Wait 阻塞，它们都能接收到通知。

```
func main() {
    var wg sync.WaitGroup
    wg.Add(1)

    go func() {
        wg.Wait()                                    // 等待归零，解除阻塞
        println("wait exit.")
    }()

    go func() {
        time.Sleep(time.Second)
        println("done.")
        wg.Done()                                    // 递减计数
    }()

    wg.Wait()                                        // 等待归零，解除阻塞
    println("main exit.")
}
```

输出：

```
done.
wait exit.
main exit.
```

GOMAXPROCS

运行时可能会创建很多线程，但任何时候仅有限的几个线程参与并发任务执行。该数量默认与处理器核数相等，可用 runtime.GOMAXPROCS 函数（或环境变量）修改。

如参数小于 1，GOMAXPROCS 仅返回当前设置值，不做任何调整。

```go
import (
    "math"
    "runtime"
    "sync"
)

// 测试目标函数
func count() {
    x := 0
    for i := 0; i < math.MaxUint32; i++ {
        x += i
    }

    println(x)
}

// 循环执行
func test(n int) {
    for i := 0; i < n; i++ {
        count()
    }
}

// 并发执行
func test2(n int) {
    var wg sync.WaitGroup
    wg.Add(n)

    for i := 0; i < n; i++ {
        go func() {
            count()
            wg.Done()
        }()
    }

    wg.Wait()
}

func main() {
    n := runtime.GOMAXPROCS(0)
    test(n)
    // test2(n)
}
```

输出：

```
$ time ./test

9223372030412324865
9223372030412324865
9223372030412324865
9223372030412324865

real    0m8.395s
user    0m8.281s
sys     0m0.056s


$ time ./test2

9223372030412324865
9223372030412324865
9223372030412324865
9223372030412324865

real    0m3.907s                                        // 程序实际执行时间
user    0m14.438s                                       // 多核执行时间累加
sys     0m0.041s
```

该测试机器是 4 核，可用 runtime.NumCPU 函数返回。

Local Storage

与线程不同，goroutine 任务无法设置优先级，无法获取编号，没有局部存储（TLS），甚至连返回值都会被抛弃。但除优先级外，其他功能都很容易实现。

```
func main() {
    var wg sync.WaitGroup
    var gs [5]struct {                                  // 用于实现类似 TLS 功能
        id     int                                      // 编号
        result int                                      // 返回值
    }

    for i := 0; i < len(gs); i++ {
        wg.Add(1)

        go func(id int) {                               // 使用参数避免闭包延迟求值
```

```
            defer wg.Done()

            gs[id].id = id
            gs[id].result = (id + 1) * 100
        }(i)
    }

    wg.Wait()
    fmt.Printf("%+v\n", gs)
}
```

输出：

```
{id:0 result:100} {id:1 result:200} {id:2 result:300} {id:3 result:400} {id:4 result:500}
```

如使用 map 作为局部存储容器，建议做同步处理，因为运行时会对其做并发读写检查。

Gosched

暂停，释放线程去执行其他任务。当前任务被放回队列，等待下次调度时恢复执行。

```
func main() {
    runtime.GOMAXPROCS(1)
    exit := make(chan struct{})

    go func() {                         // 任务 a
        defer close(exit)

        go func() {                     // 任务 b。放在此处，是为了确保 a 优先执行
            println("b")
        }()

        for i := 0; i < 4; i++ {
            println("a:", i)

            if i == 1 {                 // 让出当前线程，调度执行 b
                runtime.Gosched()
            }
        }
    }()

    <-exit
}
```

输出：

```
a: 0
a: 1
b
a: 2
a: 3
```

该函数很少被使用，因为运行时会主动向长时间运行（10 ms）的任务发出抢占调度。只是当前版本实现的算法稍显粗糙，不能保证调度总能成功，所以主动切换还有适用场合。

Goexit

Goexit 立即终止当前任务，运行时确保所有已注册延迟调用被执行。该函数不会影响其他并发任务，不会引发 panic，自然也就无法捕获。

```
func main() {
    exit := make(chan struct{})

    go func() {
        defer close(exit)                          // 执行
        defer println("a")                         // 执行

        func() {
            defer func() {
                println("b", recover() == nil)     // 执行，recover 返回 nil
            }()

            func() {                               // 在多层调用中执行 Goexit
                println("c")
                runtime.Goexit()                   // 立即终止整个调用堆栈
                println("c done.")                 // 不会执行
            }()

            println("b done.")                     // 不会执行
        }()

        println("a done.")                         // 不会执行
    }()

    <-exit
```

```
    println("main exit.")
}
```

输出：

```
c
b true
a
main exit.
```

如果在 main.main 里调用 Goexit，它会等待其他任务结束，然后让进程直接崩溃。

```
func main() {
    for i := 0; i < 2; i++ {
        go func(x int) {
            for n := 0; n < 2; n++ {
                fmt.Printf("%c: %d\n", 'a'+x, n)
                time.Sleep(time.Millisecond)
            }
        }(i)
    }

    runtime.Goexit()                          // 等待所有任务结束
    println("main exit.")
}
```

输出：

```
b: 0
a: 0
b: 1
a: 1
fatal error: no goroutines (main called runtime.Goexit) - deadlock!
```

无论身处哪一层，Goexit 都能立即终止整个调用堆栈，这与 return 仅退出当前函数不同。标准库函数 os.Exit 可终止进程，但不会执行延迟调用。

8.2 通道

相比 Erlang，Go 并未实现严格的并发安全。

允许全局变量、指针、引用类型这些非安全内存共享操作，就需要开发人员自行维护数据一致和完整性。Go 鼓励使用 CSP 通道，以通信来代替内存共享，实现并发安全。

> Don't communicate by sharing memory, share memory by communicating.
>
> CSP: Communicating Sequential Process.

通过消息来避免竞态的模型除了 CSP，还有 Actor。但两者有较大区别。

作为 CSP 核心，通道（channel）是显式的，要求操作双方必须知道数据类型和具体通道，并不关心另一端操作者身份和数量。可如果另一端未准备妥当，或消息未能及时处理时，会阻塞当前端。

相比起来，Actor 是透明的，它不在乎数据类型及通道，只要知道接收者信箱即可。默认就是异步方式，发送方对消息是否被接收和处理并不关心。

从底层实现上来说，通道只是一个队列。同步模式下，发送和接收双方配对，然后直接复制数据给对方。如配对失败，则置入等待队列，直到另一方出现后才被唤醒。异步模式抢夺的则是数据缓冲槽。发送方要求有空槽可供写入，而接收方则要求有缓冲数据可读。需求不符时，同样加入等待队列，直到有另一方写入数据或腾出空槽后被唤醒。

除传递消息（数据）外，通道还常被用作事件通知。

```
func main() {
    done := make(chan struct{})           // 结束事件
    c := make(chan string)                // 数据传输通道

    go func() {
        s := <-c                          // 接收消息
        println(s)
        close(done)                       // 关闭通道，作为结束通知
    }()

    c <- "hi!"                            // 发送消息
    <-done                                // 阻塞，直到有数据或管道关闭
}
```

输出：

```
hi!
```

同步模式必须有配对操作的 goroutine 出现，否则会一直阻塞。而异步模式在缓冲区未满或数据未读完前，不会阻塞。

```
func main() {
    c := make(chan int, 3)                     // 创建带 3 个缓冲槽的异步通道

    c <- 1                                     // 缓冲区未满，不会阻塞
    c <- 2

    println(<-c)                               // 缓冲区尚有数据，不会阻塞
    println(<-c)
}
```

输出：

```
1
2
```

多数时候，异步通道有助于提升性能，减少排队阻塞。

缓冲区大小仅是内部属性，不属于类型组成部分。另外通道变量本身就是指针，可用相等操作符判断是否为同一对象或 nil。

```
func main() {
    var a, b chan int = make(chan int, 3), make(chan int)
    var c chan bool

    println(a == b)
    println(c == nil)

    fmt.Printf("%p, %d\n", a, unsafe.Sizeof(a))
}
```

输出：

```
false
true
0xc820076000, 8
```

虽然可传递指针来避免数据复制，但须额外注意数据并发安全。

内置函数 cap 和 len 返回缓冲区大小和当前已缓冲数量；而对于同步通道则都返回 0，据此可判断通道是同步还是异步。

```
func main() {
    a, b := make(chan int), make(chan int, 3)

    b <- 1
    b <- 2

    println("a:", len(a), cap(a))
    println("b:", len(b), cap(b))
}
```

输出：

```
a: 0 0
b: 2 3
```

收发

除使用简单的发送和接收操作符外，还可用 ok-idom 或 range 模式处理数据。

```
func main() {
    done := make(chan struct{})
    c := make(chan int)

    go func() {
        defer close(done)                       // 确保发出结束通知

        for {
            x, ok := <-c
            if !ok {                            // 据此判断通道是否被关闭
                return
            }

            println(x)
        }
    }()

    c <- 1
    c <- 2
    c <- 3
    close(c)
```

```
    <-done
}
```

输出：

```
1
2
3
```

对于循环接收数据，range 模式更简洁一些。

```
func main() {
    done := make(chan struct{})
    c := make(chan int)

    go func() {
        defer close(done)

        for x := range c {                          // 循环获取消息，直到通道被关闭
            println(x)
        }
    }()

    c <- 1
    c <- 2
    c <- 3
    close(c)

    <-done
}
```

及时用 close 函数关闭通道引发结束通知，否则可能会导致死锁。

```
fatal error: all goroutines are asleep - deadlock!
```

通知可以是群体性的。也未必就是通知结束，可以是任何需要表达的事件。

```
func main() {
    var wg sync.WaitGroup
    ready := make(chan struct{})

    for i := 0; i < 3; i++ {
        wg.Add(1)
```

```
        go func(id int) {
            defer wg.Done()

            println(id, ": ready.")                  // 运动员准备就绪
            <-ready                                  // 等待发令
            println(id, ": running...")
        }(i)
    }

    time.Sleep(time.Second)
    println("Ready? Go!")

    close(ready)                                     // 砰!

    wg.Wait()
}
```

输出：

```
0 : ready.
2 : ready.
1 : ready.

Ready? Go!

1 : running...
0 : running...
2 : running...
```

一次性事件用 close 效率更好，没有多余开销。连续或多样性事件，可传递不同数据标志实现。还可使用 sync.Cond 实现单播或广播事件。

对于 closed 或 nil 通道，发送和接收操作都有相应规则：

- 向已关闭通道发送数据，引发 panic。
- 从已关闭接收数据，返回已缓冲数据或零值。
- 无论收发，nil 通道都会阻塞。

```
func main() {
    c := make(chan int, 3)

    c <- 10
    c <- 20
```

```
    close(c)

    for i := 0; i < cap(c)+1; i++ {
        x, ok := <-c
        println(i, ":", ok, x)
    }
}
```

输出：

```
0 : true 10
1 : true 20
2 : false 0
3 : false 0
```

重复关闭，或关闭 nil 通道都会引发 panic 错误。

```
panic: close of closed channel
panic: close of nil channel
```

单向

通道默认是双向的，并不区分发送和接收端。但某些时候，我们可限制收发操作的方向来获得更严谨的操作逻辑。

尽管可用 make 创建单向通道，但那没有任何意义。通常使用类型转换来获取单向通道，并分别赋予操作双方。

```
func main() {
    var wg sync.WaitGroup
    wg.Add(2)

    c := make(chan int)
    var send chan<- int = c
    var recv <-chan int = c

    go func() {
        defer wg.Done()

        for x := range recv {
            println(x)
        }
    }()
```

```
    go func() {
        defer wg.Done()
        defer close(c)

        for i := 0; i < 3; i++ {
            send <- i
        }
    }()

    wg.Wait()
}
```

不能在单向通道上做逆向操作。

```
func main() {
    c := make(chan int, 2)

    var send chan<- int = c
    var recv <-chan int = c

    <-send                        // 无效操作: <-send (receive from send-only type chan<- int)
    recv <- 1                     // 无效操作: recv <- 1 (send to receive-only type <-chan int)
}
```

同样，close 不能用于接收端。

```
func main() {
    c := make(chan int, 2)
    var recv <-chan int = c

    close(recv)                   // 无效操作: close(recv) (cannot close receive-only channel)
}
```

无法将单向通道重新转换回去。

```
func main() {
    var a, b chan int

    a = make(chan int, 2)
    var recv <-chan int = a
    var send chan<- int = a

    b = (chan int)(recv)          // 错误: cannot convert recv (type <-chan int) to type chan int
```

```
    b = (chan int)(send)         // 错误: cannot convert send (type chan<- int) to type chan int
}
```

选择

如要同时处理多个通道，可选用 select 语句。它会随机选择一个可用通道做收发操作。

```
func main() {
    var wg sync.WaitGroup
    wg.Add(2)

    a, b := make(chan int), make(chan int)

    go func() {                          // 接收端
        defer wg.Done()

        for {
            var (
                name string
                x    int
                ok   bool
            )

            select {                     // 随机选择可用 channel 接收数据
            case x, ok = <-a:
                name = "a"
            case x, ok = <-b:
                name = "b"
            }

            if !ok {                     // 如果任一通道关闭，则终止接收
                return
            }

            println(name, x)             // 输出接收的数据信息
        }
    }()

    go func() {                          // 发送端
        defer wg.Done()
        defer close(a)
        defer close(b)
```

```
        for i := 0; i < 10; i++ {
            select {                            // 随机选择发送 channel
            case a <- i:
            case b <- i * 10:
            }
        }
    }()

    wg.Wait()
}
```

输出：

```
b 0
a 1
a 2
b 30
a 4
a 5
b 60
b 70
a 8
b 90
```

如要等全部通道消息处理结束（closed），可将已完成通道设置为 nil。这样它就会被阻塞，不再被 select 选中。

```
func main() {
    var wg sync.WaitGroup
    wg.Add(3)

    a, b := make(chan int), make(chan int)

    go func() {                                     // 接收端
        defer wg.Done()

        for {
            select {
            case x, ok := <-a:
                if !ok {                            // 如果通道关闭，则设置为 nil，阻塞
                    a = nil
                    break
                }
```

```
                println("a", x)
            case x, ok := <-b:
                if !ok {
                    b = nil
                    break
                }

                println("b", x)
            }

            if a == nil && b == nil {                // 全部结束，退出循环
                return
            }
        }
    }()

    go func() {                                      // 发送端 a
        defer wg.Done()
        defer close(a)

        for i := 0; i < 3; i++ {
            a <- i
        }
    }()

    go func() {                                      // 发送端 b
        defer wg.Done()
        defer close(b)

        for i := 0; i < 5; i++ {
            b <- i * 10
        }
    }()

    wg.Wait()
}
```

输出：

```
b 0
b 10
b 20
b 30
b 40
```

```
a 0
a 1
a 2
```

即便是同一通道，也会随机选择 case 执行。

```
func main() {
    var wg sync.WaitGroup
    wg.Add(2)

    c := make(chan int)

    go func() {                                 // 接收端
        defer wg.Done()

        for {
            var v int
            var ok bool

            select {                            // 随机选择 case
            case v, ok = <-c:
                println("a1:", v)
            case v, ok = <-c:
                println("a2:", v)
            }

            if !ok {
                return
            }
        }
    }()

    go func() {                                 // 发送端
        defer wg.Done()
        defer close(c)

        for i := 0; i < 10; i++ {
            select {                            // 随机选择 case
            case c <- i:
            case c <- i * 10:
            }
        }
    }()
```

```
    wg.Wait()
}
```

输出：

```
a1: 0
a2: 10
a2: 2
a1: 30
a1: 40
a2: 50
a2: 60
a2: 7
a1: 8
a1: 90
a1: 0
```

当所有通道都不可用时，select 会执行 default 语句。如此可避开 select 阻塞，但须注意处理外层循环，以免陷入空耗。

```
func main() {
    done := make(chan struct{})
    c := make(chan int)

    go func() {
        defer close(done)

        for {
            select {
            case x, ok := <-c:
                if !ok {
                    return
                }

                fmt.Println("data:", x)
            default:                                  // 避免 select 阻塞
            }

            fmt.Println(time.Now())
            time.Sleep(time.Second)
        }
    }()

    time.Sleep(time.Second * 5)
```

```
    c <- 100
    close(c)

    <-done
}
```

输出：

```
2016-04-01 17:22:07
2016-04-01 17:22:08
2016-04-01 17:22:09
2016-04-01 17:22:10
2016-04-01 17:22:11
data: 100
2016-04-01 17:22:12
```

也可用 default 处理一些默认逻辑。

```
func main() {
    done := make(chan struct{})

    data := []chan int{                                 // 数据缓冲区
        make(chan int, 3),
    }

    go func() {
        defer close(done)

        for i := 0; i < 10; i++ {
            select {
            case data[len(data)-1] <- i:                // 生产数据
            default:                                    // 当前通道已满，生成新的缓存通道
                data = append(data, make(chan int, 3))
            }
        }
    }()

    <-done

    for i := 0; i < len(data); i++ {                    // 显示所有数据
        c := data[i]
        close(c)
```

```
        for x := range c {
            println(x)
        }
    }
}
```

模式

通常使用工厂方法将 goroutine 和通道绑定。

```
type receiver struct {
    sync.WaitGroup
    data chan int
}

func newReceiver() *receiver {
    r := &receiver{
        data: make(chan int),
    }

    r.Add(1)
    go func() {
        defer r.Done()
        for x := range r.data {                     // 接收消息，直到通道被关闭
            println("recv:", x)
        }
    }()

    return r
}

func main() {
    r := newReceiver()
    r.data <- 1
    r.data <- 2

    close(r.data)                                   // 关闭通道，发出结束通知
    r.Wait()                                        // 等待接收者处理结束
}
```

输出：

```
recv: 1
```

```
recv: 2
```

鉴于通道本身就是一个并发安全的队列，可用作 ID generator、Pool 等用途。

```
type pool chan []byte

func newPool(cap int) pool {
    return make(chan []byte, cap)
}

func (p pool) get() []byte {
    var v []byte

    select {
    case v = <-p:                              // 返回
    default:                                   // 返回失败，新建
        v = make([]byte, 10)
    }

    return v
}

func (p pool) put(b []byte) {
    select {
    case p <- b:                               // 放回
    default:                                   // 放回失败，放弃
    }
}
```

用通道实现信号量（semaphore）。

```
func main() {
    runtime.GOMAXPROCS(4)
    var wg sync.WaitGroup

    sem := make(chan struct{}, 2)              // 最多允许 2 个并发同时执行

    for i := 0; i < 5; i++ {
        wg.Add(1)

        go func(id int) {
            defer wg.Done()

            sem <- struct{}{}                  // acquire: 获取信号
```

```
        defer func() { <-sem }()                // release: 释放信号

        time.Sleep(time.Second * 2)
        fmt.Println(id, time.Now())
    }(i)
  }

  wg.Wait()
}
```

输出:

```
4 2016-02-19 18:24:09
0 2016-02-19 18:24:09

2 2016-02-19 18:24:11
1 2016-02-19 18:24:11

3 2016-02-19 18:24:13
```

标准库 time 提供了 timeout 和 tick channel 实现。

```
func main() {
    go func() {
        for {
            select {
            case <-time.After(time.Second * 5):
                fmt.Println("timeout ...")
                os.Exit(0)
            }
        }
    }()

    go func() {
        tick := time.Tick(time.Second)

        for {
            select {
            case <-tick:
                fmt.Println(time.Now())
            }
        }
    }()
```

```
    <-(chan struct{})(nil)              // 直接用 nil channel 阻塞进程
}
```

捕获 INT、TERM 信号，顺便实现一个简易的 atexit 函数。

```
import (
    "os"
    "os/signal"
    "sync"
    "syscall"
)

var exits = &struct {
    sync.RWMutex
    funcs    []func()
    signals chan os.Signal
}{}

func atexit(f func()) {
    exits.Lock()
    defer exits.Unlock()
    exits.funcs = append(exits.funcs, f)
}

func waitExit() {
    if exits.signals == nil {
        exits.signals = make(chan os.Signal)
        signal.Notify(exits.signals, syscall.SIGINT, syscall.SIGTERM)
    }

    exits.RLock()
    for _, f := range exits.funcs {
        defer f()               // 即便某些函数 panic，延迟调用也能确保后续函数执行
    }                           // 延迟调用按 FILO 顺序执行
    exits.RUnlock()

    <-exits.signals
}

func main() {
    atexit(func() { println("exit1 ...") })
    atexit(func() { println("exit2 ...") })

    waitExit()
```

```
}
```

性能

将发往通道的数据打包，减少传输次数，可有效提升性能。从实现上来说，通道队列依旧使用锁同步机制，单次获取更多数据（批处理），可改善因频繁加锁造成的性能问题。

写个例子测试一下（代码中已尽可能规避额外开销）。

```
const (
    max     = 50000000                  // 数据统计上限
    block   = 500                       // 数据块大小
    bufsize = 100                       // 缓冲区大小
)

func test() {                           // 普通模式：每次传递一个整数
    done := make(chan struct{})
    c := make(chan int, bufsize)

    go func() {
        count := 0
        for x := range c {
            count += x
        }

        close(done)
    }()

    for i := 0; i < max; i++ {
        c <- i
    }

    close(c)
    <-done

}

func testBlock() {                      // 块模式：每次将 500 个数字打包成块传输
    done := make(chan struct{})
    c := make(chan [block]int, bufsize)
```

```
        go func() {
            count := 0
            for a := range c {
                for _, x := range a {
                    count += x
                }
            }

            close(done)
        }()

        for i := 0; i < max; i += block {
            var b [block]int                    // 使用数组对数据打包
            for n := 0; n < block; n++ {
                b[n] = i + n
                if i+n == max-1 {
                    break
                }
            }

            c <- b
        }

        close(c)
        <-done
    }
```

输出：

```
BenchmarkTest-4          1   4299047783 ns/op      3296 B/op      8 allocs/op
BenchmarkTestBlock-4    10    122825583 ns/op    401516 B/op      2 allocs/op
```

虽然单次消耗更多内存，但性能提升非常明显。如将数组改成切片会造成更多内存分配次数。

资源泄漏

通道可能会引发 goroutine leak，确切地说，是指 goroutine 处于发送或接收阻塞状态，但一直未被唤醒。垃圾回收器并不收集此类资源，导致它们会在等待队列里长久休眠，形成资源泄漏。

```
func test() {
    c := make(chan int)
```

```
    for i := 0; i < 10; i++ {
        go func() {
            <-c
        }()
    }
}

func main() {
    test()

    for {
        time.Sleep(time.Second)
        runtime.GC()                            // 强制垃圾回收
    }
}
```

输出：

```
$ go build -o test
$ GODEBUG="gctrace=1,schedtrace=1000,scheddetail=1" ./test

...

gc 33 @33.112s 0%: 0.019+0+0.22 ms clock, 0.078+0/0/0+0.90 ms cpu, 0->0->0 MB, 0 MB goal, 4 P (forced)
SCHED 33204ms: gomaxprocs=4 idleprocs=4 threads=6 spinningthreads=0 idlethreads=4 runqueue=0 gcwaiting=0 nmidlelocked=0 ...
  P0: status=0 schedtick=2 syscalltick=33 m=-1 runqsize=0 gfreecnt=0
  P1: status=0 schedtick=10 syscalltick=32 m=-1 runqsize=0 gfreecnt=0
  P2: status=0 schedtick=1 syscalltick=2 m=-1 runqsize=0 gfreecnt=0
  P3: status=0 schedtick=0 syscalltick=0 m=-1 runqsize=0 gfreecnt=0
  M5: p=-1 curg=-1 mallocing=0 throwing=0 preemptoff= locks=0 dying=0 helpgc=0 spinning=false blocked=false lockedg=-1
  M4: p=-1 curg=-1 mallocing=0 throwing=0 preemptoff= locks=0 dying=0 helpgc=0 spinning=false blocked=false lockedg=-1
  M3: p=-1 curg=-1 mallocing=0 throwing=0 preemptoff= locks=0 dying=0 helpgc=0 spinning=false blocked=false lockedg=-1
  M2: p=-1 curg=-1 mallocing=0 throwing=0 preemptoff= locks=0 dying=0 helpgc=0 spinning=false blocked=false lockedg=-1
  M1: p=-1 curg=-1 mallocing=0 throwing=0 preemptoff= locks=1 dying=0 helpgc=0 spinning=false blocked=false lockedg=-1
  M0: p=-1 curg=14 mallocing=0 throwing=0 preemptoff= locks=0 dying=0 helpgc=0 spinning=false blocked=false lockedg=-1
  G1: status=4(sleep) m=-1 lockedm=-1
  G2: status=4(force gc (idle)) m=-1 lockedm=-1
  G3: status=4(GC sweep wait) m=-1 lockedm=-1
  G4: status=4(chan receive) m=-1 lockedm=-1
  G5: status=4(chan receive) m=-1 lockedm=-1
  G6: status=4(chan receive) m=-1 lockedm=-1
  G7: status=4(chan receive) m=-1 lockedm=-1
  G8: status=4(chan receive) m=-1 lockedm=-1
```

```
G9: status=4(chan receive) m=-1 lockedm=-1
G10: status=4(chan receive) m=-1 lockedm=-1
G11: status=4(chan receive) m=-1 lockedm=-1
G12: status=4(chan receive) m=-1 lockedm=-1
G13: status=4(chan receive) m=-1 lockedm=-1
G14: status=3(timer goroutine (idle)) m=0 lockedm=-1
```

从监控结果可以看到大量 goroutine 一直处于 chan receive 状态，无法结束。

8.3 同步

通道并非用来取代锁的，它们有各自不同的使用场景。通道倾向于解决逻辑层次的并发处理架构，而锁则用来保护局部范围内的数据安全。

标准库 sync 提供了互斥和读写锁，另有原子操作等，可基本满足日常开发需要。Mutex、RWMutex 的使用并不复杂，只有几个地方需要注意。

将 Mutex 作为匿名字段时，相关方法必须实现为 pointer-receiver，否则会因复制导致锁机制失效。

```
type data struct {
    sync.Mutex
}

func (d data) test(s string) {
    d.Lock()
    defer d.Unlock()

    for i := 0; i < 5; i++ {
        println(s, i)
        time.Sleep(time.Second)
    }
}

func main() {
    var wg sync.WaitGroup
    wg.Add(2)

    var d data
```

```
    go func() {
        defer wg.Done()
        d.test("read")
    }()

    go func() {
        defer wg.Done()
        d.test("write")
    }()

    wg.Wait()
}
```

输出：

```
write 0
read  0
read  1
write 1
write 2
read  2
read  3
write 3
write 4
read  4
```

锁失效，将 receiver 类型改为 *data 后正常。

也可用嵌入 *Mutex 来避免复制问题，但那需要专门初始化。

应将 Mutex 锁粒度控制在最小范围内，及早释放。

```
// 错误用法
func doSomething() {
    m.Lock()
    url := cache["key"]
    http.Get(url)                          // 该操作并不需要锁保护
    m.Unlock()
}

// 正确用法
func doSomething() {
    m.Lock()
    url := cache["key"]
    m.Unlock()                             // 如使用 defer，则依旧将 Get 保护在内
```

```
    http.Get(url)
}
```

Mutex 不支持递归锁，即便在同一 goroutine 下也会导致死锁。

```
func main() {
    var m sync.Mutex

    m.Lock()
    {
        m.Lock()
        m.Unlock()
    }
    m.Unlock()
}
```

输出：

```
fatal error: all goroutines are asleep - deadlock!
```

在设计并发安全类型时，千万注意此类问题。

```
type cache struct {
    sync.Mutex
    data []int
}

func (c *cache) count() int {
    c.Lock()
    n := len(c.data)
    c.Unlock()

    return n
}

func (c *cache) get() int {
    c.Lock()
    defer c.Unlock()

    var d int
    if n := c.count(); n > 0 {          // count 重复锁定，导致死锁
        d = c.data[0]
        c.data = c.data[1:]
    }
```

```
    return d
}

func main() {
    c := cache{
        data: []int{1, 2, 3, 4},
    }

    println(c.get())
}
```

输出：

```
fatal error: all goroutines are asleep - deadlock!
```

相关建议：

- 对性能要求较高时，应避免使用 defer Unlock。
- 读写并发时，用 RWMutex 性能会更好一些。
- 对单个数据读写保护，可尝试用原子操作。
- 执行严格测试，尽可能打开数据竞争检查。

第 9 章 包结构

9.1 工作空间

依照规范，工作空间（workspace）由 src、bin、pkg 三个目录组成。通常需要将空间路径添加到 GOPATH 环境变量列表中，以便相关工具能正常工作。

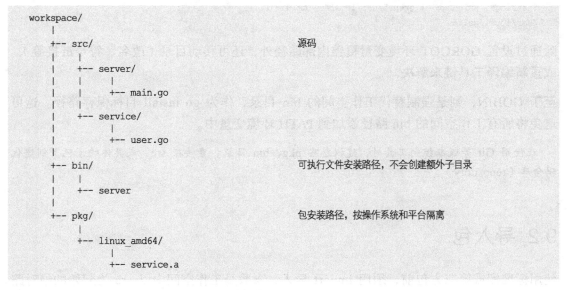

```
workspace/
    |
    +-- src/                                    源码
    |    |
    |    +-- server/
    |    |     |
    |    |     +-- main.go
    |    |
    |    +-- service/
    |          |
    |          +-- user.go
    |
    +-- bin/                                    可执行文件安装路径，不会创建额外子目录
    |    |
    |    +-- server
    |
    +-- pkg/                                    包安装路径，按操作系统和平台隔离
         |
         +-- linux_amd64/
               |
               +-- service.a
```

在工作空间里，包括子包在内的所有源码文件都保存在 src 目录下。至于 bin、pkg 两个目录，其主要影响 go install/get 命令，它们会将编译结果（可执行文件或静态库）安装到这两个目录下，以实现增量编译。

环境变量

编译器等相关工具按 GOPATH 设置的路径搜索目标。也就是说在导入目标库时，排在列表前面的路径比当前工作空间优先级更高。另外，go get 默认将下载的第三方包保存到列表中第一个工作空间内。

正因为搜索优先级和默认下载位置等原因，社区对于是否为每个项目单独设置环境变量，还是将所有项目组织到同一个工作空间内存在争议。我个人的做法是写一个脚本工具，作用类似 Python Virtual Environment，在激活某个项目时，自动设置相关环境变量。

注意：不同操作系统，GOPATH 列表分隔符不同。UNIX-like 使用冒号，Windows 使用分号。

环境变量 GOROOT 用于指示工具链和标准库的存放位置。在生成工具链时，相关路径就已经嵌入到可执行文件内，故无须额外设置。但如果出现类似下面这样的错误提示，请检查路径是否一致。

```
$ go build
go: cannot find GOROOT directory: /usr/local/go

$ strings `which go` | grep "/usr/local" | head -n1
/usr/local/go1.6
```

除通过设置 GOROOT 环境变量覆盖内部路径外，还可移动目录（改名、符号链接等），或重新编译工具链来解决。

至于 GOBIN，则是强制替代工作空间的 bin 目录，作为 go install 目标保存路径。这可避免将所有工作空间的 bin 路径添加到 PATH 环境变量中。

在使用 Git 等版本控制工具时，建议忽略 pkg、bin 目录。直接在 src，或具体的子包下创建代码仓库（repository）。

9.2 导入包

使用标准库或第三方包前，须用 import 导入，参数是工作空间中以 src 为起始的绝对路径。编译器从标准库开始搜索，然后依次搜索 GOPATH 列表中的各个工作空间。

```
import  "net/http"      // 实际路径：/usr/local/go/src/net/http
```

除使用默认包名外，还可使用别名，以解决同名冲突问题。

```
import  osx  "github.com/apple/osx/lib"
import  nix  "github.com/linux/lib"
```

注意：import 导入参数是路径，而非包名。尽管习惯将包和目录名保持一致，但这不是强制规定。在代码中引用包成员时，使用包名而非目录名。

归纳起来，有四种不同的导入方式。

```
import     "github.com/qyuhen/test"     默认方式：test.A
import  X  "github.com/qyuhen/test"     别名方式：X.A
import  .  "github.com/qyuhen/test"     简便方式：A
import  _  "github.com/qyuhen/test"     初始化方式：无法引用，仅用来初始化目标包
```

简便方式常用于单元测试代码中，不推荐在正式项目代码中使用。另外，初始化方式仅是为了让目标包的初始化函数得以执行，而非引用其成员。

不能直接或间接导入自己，不支持任何形式的循环导入。

未使用的导入（不包括初始化方式）会被编译器视为错误。

```
imported and not used: "fmt"
```

相对路径

除工作空间和绝对路径外，部分工具还支持相对路径。可在非工作空间目录下，直接运行、编译一些测试代码。

相对路径：当前目录，或以“./”和“../”开头的路径。

```
/demo/
  |
  +-- test/
  |     |
  |     +-- test.go
  |
  +-- lib/
        |
        +-- lib.go
```

test/test.go

```
package main

import "../lib"                                  // 相对路径导入
```

```
func main() {
    lib.Hello()
}
```

lib/lib.go

```
package lib

func Hello() {
    println("Hello, World!")
}
```

不管是否在 test 目录下，只要命令行路径正确，就可用 go build/run/test 进行编译、运行或测试。但因缺少工作空间相关目录，go install 会无法工作。

```
/demo       $  go build -o hello ./test
/demo/test $  go build
/demo/test $  go run test.go
```

在设置了 GOPATH 的工作空间中，相对路径会导致编译失败。

```
$ go env GOPATH
/demo

$ go build
can't load package: /demo/src/test/test.go:4:5: local import "../lib" in non-local package
```

提示: go run 不受此影响，可正常执行。

自定义路径

即便将代码托管在 GitHub，但我们依然希望使用自有域名定义下载和导入路径。方法很简单，在 Web 服务器对应路径返回中包含“go-import”跳转信息即可。

myserver.go

```
package main

import (
    "fmt"
    "net/http"
)
```

```
func handler(w http.ResponseWriter, r *http.Request) {
    fmt.Fprint(w, `
        <meta name="go-import" content="qyuhen.com/test git https://github.com/qyuhen/test">
    `)
}

func main() {
    http.HandleFunc("/test", handler)
    http.ListenAndServe(":80", nil)
}
```

编译并启动服务器后，用新路径下载该包。

```
$ go get -v -insecure qyuhen.com/test

Fetching http://qyuhen.com/test?go-get=1
Parsing meta tags from http://qyuhen.com/test?go-get=1 (status code 200)

get "qyuhen.com/test": found meta tag main.metaImport{
    Prefix:"qyuhen.com/test",
    VCS:"git",
    RepoRoot:"https://github.com/qyuhen/test"
} at http://test.com/test?go-get=1

qyuhen.com/test (download)
```

从输出信息中，可以看到解析过程。最终保存路径不再是 github.com，而是自有域名。

只是如此一来，该包就有两个下载路径，本地也可能因此存在两个副本。为避免版本不一致等情况发生，可添加“import comment”，让编译器检查导入路径是否与该注释一致。

github.com/qyuhen/test/hello.go

```
package lib  // import "qyuhen.com/test"

func Hello() {
    println("Hello!")
}
```

如此，就要求该包必须以“qyuhen.com/test”路径导入，否则编译会出错。因为 go get 也会执行编译操作，所以用“github.com/qyuhen/test”下载安装同样失败。

```
$ go build
can't load package: package test:
  code in directory github.com/qyuhen/test expects import "qyuhen.com/test"
```

使用唯一的导入路径，方便日后迁移存储端。糟心的是，此方式对 vendor 机制无效。

9.3 组织结构

包（package）由一个或多个保存在同一目录下（不含子目录）的源码文件组成。包的用途类似名字空间（namespace），是成员作用域和访问权限的边界。

包名与目录名并无关系，不要求保持一致。

src/myservice

```
package service

func Ping() {
    println("pong")
}
```

包名通常使用单数形式。

源码文件必须使用 UTF-8 格式，否则会导致编译出错。

同一目录下所有源码文件必须使用相同包名称。因导入时使用绝对路径，所以在搜索路径下，包必须有唯一路径，但无须是唯一名字。

```
$ go list net/...                    # 显示包路径列表（"..." 表示其下所有包）

net
net/http
net/http/cgi
net/http/cookiejar
net/http/fcgi
net/http/httptest
net/http/httputil
net/http/internal
net/http/pprof
net/internal/socktest
net/mail
```

```
net/rpc
net/rpc/jsonrpc
net/smtp
net/textproto
net/url
```

另有几个被保留、有特殊含义的包名称：

- **main**：可执行入口（入口函数 main.main）。
- **all**：标准库以及 GOPATH 中能找到的所有包。
- **std, cmd**：标准库及工具链。
- **documentation**：存储文档信息，无法导入（和目录名无关）。

相关工具忽略以“.”或“_”开头的目录或文件，但又允许导入保存在这些目录中的包。Orz！

权限

所有成员在包内均可访问，无论是否在同一源码文件中。但只有名称首字母大写的为可导出成员，在包外可视。

该规则适用于全局变量、全局常量、类型、结构字段、函数、方法等。

可通过指针转换等方式绕开该限制。

lib/data.go

```
package lib

type data struct {
    x   int
    Y   int
}

func NewData() *data {
    return new(data)
}
```

test.go

```
package main

import (
```

```
    "fmt"
    "test/lib"
    "unsafe"
)

func main() {
    d := lib.NewData()
    d.Y = 200                                          // 直接访问导出字段

    p := (*struct{ x int })(unsafe.Pointer(d))        // 利用指针转换访问私有字段
    p.x = 100

    fmt.Printf("%+v\n", *d)
}
```

输出：

```
{x:100, Y:200}
```

初始化

包内每个源码文件都可定义一到多个初始化函数，但编译器不保证执行次序。

实际上，所有这些初始化函数（包括标准库和导入的第三方包）都由编译器自动生成的一个包装函数进行调用，因此可保证在单一线程上执行，且仅执行一次。

> 从当前版本实现看，执行次序与依赖关系、文件名和定义次序有关。只是这种次序非常不便于维护，容易引起混乱，应杜绝任何与此有关的逻辑。
>
> 初始化函数之间不应有逻辑关联，最好仅处理当前文件的初始化操作。

编译器首先确保完成所有全局变量初始化，然后才开始执行初始化函数。直到这些全部结束后，运行时才正式进入 main.main 入口函数。

```
var x = 100

func init() {
    println("init:", x)
    x++
}
```

```
func main() {
    println("main:", x)
}
```

输出：

```
init: 100
main: 101
```

可在初始化函数中创建 goroutine，或等到它执行结束。

```
func init() {
    done := make(chan struct{})

    go func() {
        defer close(done)

        fmt.Println("init:", time.Now())
        time.Sleep(time.Second * 2)
    }()

    <-done
}

func main() {
    fmt.Println("main:", time.Now())
}
```

输出：

```
init: 2016-02-22 09:50:39
main: 2016-02-22 09:50:41
```

如果在多个初始化函数中引用全局变量，那么最好在变量定义处直接赋值。因无法保证执行次序，所以任何初始化函数中的赋值都有可能“延迟无效”。

b.go

```
func init() {
    println("init:", x)
}
```

main.go

```
var x int

func init() {
    x = 100
}

func main() {
    println("main:", x)
}
```

输出：

```
init: 0
main: 100
```

初始化函数无法调用。

```
func init() {
    println("init")
}

func main() {
    init()
}
```

输出：

```
undefined: init
```

内部包

在进行代码重构时，我们会将一些内部模块陆续分离出来，以独立包形式维护。此时，基于首字母大小写的访问权限控制就显得过于粗旷。因为我们希望这些包导出成员仅在特定范围内访问，而不是向所有用户公开。

内部包机制相当于增加了新的访问权限控制：所有保存在 internal 目录下的包（包括自身）仅能被其父目录下的包（含所有层次的子目录）访问。

结构示例：

```
src/
 |
 +-- main.go
 |
 +-- lib/                                       # 内部包 internal、a、b 仅能被 lib、lib/x、lib/x/y 访问
      |
      +-- internal/                             # 内部包之间可相互访问
      |      |
      |      +-- a/                             # 可导入外部包，比如 lib/x/y
      |      |
      |      +-- b/
      |
      +-- x/
           |
           +-- y/
```

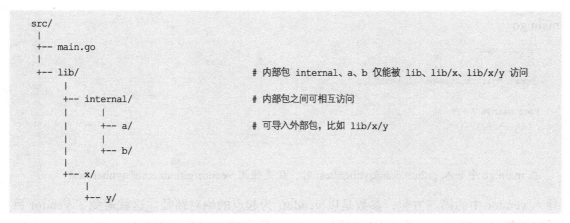

在 lib 目录以外（比如 main.go）导入内部包会引发编译错误。

```
imports lib/internal/a: use of internal package not allowed
```

导入内部包必须使用完整路径，例如：import "lib/internal/a"。

9.4 依赖管理

如何管理和保存第三方包，一直存在争议。将项目所有的第三方依赖都放到一个独立工作空间中，可能会导致版本冲突。但放到项目工作空间，又会把工作目录搞得面目全非。为此，引入名为 vendor 的机制，专门存放第三方包，实现将源码和依赖完整打包分发。

如果说 internal 针对内部，那么 vendor 显然就是 external。

```
src/
 |
 +-- server/
       |
       +-- vendor/
       |     |
       |     +-- github.com/
       |            |
       |            +-- qyuhen/
       |                   |
       |                   +-- test/
       |
       +-- main.go
```

main.go

```
package main

import "github.com/qyuhen/test"

func main() {
    test.Hello()
}
```

在 main.go 中导入 github.com/qyuhen/test 时，优先使用 vendor/github.com/ qyuhen/test。

导入 vendor 中的第三方包，参数是以 vendor/ 为起点的绝对路径。这就避免了 vendor 目录位置带来的麻烦，让导入无论使用 vendor，还是 GOPATH 都能保持一致。

注意：vendor 比标准库优先级更高。

当多个 vendor 目录嵌套时，如何查找正确目标？要知道引入的第三方包也可能有自己的 vendor 依赖目录。

```
src/
 |
 +-- server/
       |
       +-- vendor/
       |     |
       |     +-- p/                    # p1: src/vendor/p
       |     |
       |     +-- x/
       |         |
       |         +-- test.go
       |         |
       |         +-- vendor/
       |               |
       |               +-- p/          # p2: src/vendor/x/vendor/p
       +-- main.go
```

显然，上面这个例子中有两个名为 p 的包，在 main.go 和 test.go 分别导入 p 时，它们各自对应谁？

规则算不上复杂：**从当前源文件所在目录开始，逐级向上构造 vendor 全路径，直到发现路径匹配的目标为止。匹配失败，则依旧搜索 GOPATH。**

对 main.go 而言，可构造出的路径是 src/server/vendor/p，也就是 p1。而 test.go 最先构造出的路径是 src/server/vendor/x/vendor/p，所以选择 p2。

查看 go/src/cmd/go/pkg.go vendoredImportPath 函数源码获知算法细节。

要使用 vendor 机制，须开启“GO15VENDOREXPERIMENT=1”环境变量开关（Go 1.6 默认开启），且必须是设置了 GOPATH 的工作空间。

使用 go get 下载第三方包时，依旧使用 GOPATH 第一个工作空间，而非 vendor 目录。
当前工具链中并没有真正意义上的包依赖管理，好在有不少第三方工具可选。

第 10 章 反射

10.1 类型

反射（reflect）让我们能在运行期探知对象的类型信息和内存结构，这从一定程度上弥补了静态语言在动态行为上的不足。同时，反射还是实现元编程的重要手段。

和 C 数据结构一样，Go 对象头部并没有类型指针，通过其自身是无法在运行期获知任何类型相关信息的。反射操作所需的全部信息都源自接口变量。接口变量除存储自身类型外，还会保存实际对象的类型数据。

```
func TypeOf(i interface{}) Type
func ValueOf(i interface{}) Value
```

这两个反射入口函数，会将任何传入的对象转换为接口类型。

在面对类型时，需要区分 Type 和 Kind。前者表示真实类型（静态类型），后者表示其基础结构（底层类型）类别。

```
type X int

func main() {
    var a X = 100
    t := reflect.TypeOf(a)

    fmt.Println(t.Name(), t.Kind())
}
```

输出：

```
X  int
```

所以在类型判断上，须选择正确的方式。

```
type X int
type Y int

func main() {
    var a, b X = 100, 200
    var c    Y = 300

    ta, tb, tc := reflect.TypeOf(a), reflect.TypeOf(b), reflect.TypeOf(c)

    fmt.Println(ta == tb, ta == tc)
    fmt.Println(ta.Kind() == tc.Kind())
}
```

输出：

```
true  false
true
```

除通过实际对象获取类型外，也可直接构造一些基础复合类型。

```
func main() {
    a := reflect.ArrayOf(10, reflect.TypeOf(byte(0)))
    m := reflect.MapOf(reflect.TypeOf(""), reflect.TypeOf(0))

    fmt.Println(a, m)
}
```

输出：

```
[10]uint8   map[string]int
```

传入对象应区分基类型和指针类型，因为它们并不属于同一类型。

```
func main() {
    x := 100

    tx, tp := reflect.TypeOf(x), reflect.TypeOf(&x)

    fmt.Println(tx, tp, tx == tp)
```

```
    fmt.Println(tx.Kind(), tp.Kind())
    fmt.Println(tx == tp.Elem())
}
```

输出：

```
int  *int  false
int  ptr
true
```

方法 Elem 返回指针、数组、切片、字典（值）或通道的基类型。

```
func main() {
    fmt.Println(reflect.TypeOf(map[string]int{}).Elem())
    fmt.Println(reflect.TypeOf([]int32{}).Elem())
}
```

输出：

```
int
int32
```

只有在获取结构体指针的基类型后，才能遍历它的字段。

```
type user struct {
    name string
    age  int
}

type manager struct {
    user
    title string
}

func main() {
    var m manager
    t := reflect.TypeOf(&m)

    if t.Kind() == reflect.Ptr {                    // 获取指针的基类型
        t = t.Elem()
    }

    for i := 0; i < t.NumField(); i++ {
        f := t.Field(i)
        fmt.Println(f.Name, f.Type, f.Offset)
```

```
        if f.Anonymous {                                      // 输出匿名字段结构
            for x := 0; x < f.Type.NumField(); x++ {
                af := f.Type.Field(x)
                fmt.Println("  ", af.Name, af.Type)
            }
        }
    }
}
```

输出：

```
user main.user 0
   name string
   age int
title string 24
```

对于匿名字段，可用多级索引（按定义顺序）直接访问。

```
type user struct {
    name string
    age  int
}

type manager struct {
    user
    title string
}

func main() {
    var m manager

    t := reflect.TypeOf(m)

    name, _ := t.FieldByName("name")                  // 按名称查找
    fmt.Println(name.Name, name.Type)

    age := t.FieldByIndex([]int{0, 1})                // 按多级索引查找
    fmt.Println(age.Name, age.Type)
}
```

输出：

```
name string
```

```
age  int
```

FieldByName 不支持多级名称，如有同名遮蔽，须通过匿名字段二次获取。

同样地，输出方法集时，一样区分基类型和指针类型。

```
type A int

type B struct {
    A
}

func (A)  av() {}
func (*A) ap() {}

func (B)  bv() {}
func (*B) bp() {}

func main() {
    var b B

    t := reflect.TypeOf(&b)
    s := []reflect.Type{t, t.Elem()}

    for _, t := range s {
        fmt.Println(t, ":")

        for i := 0; i < t.NumMethod(); i++ {
            fmt.Println("  ", t.Method(i))
        }
    }
}
```

输出：

```
*main.B :
   {ap main func(*main.B) <func(*main.B) Value> 0}
   {av main func(*main.B) <func(*main.B) Value> 1}
   {bp main func(*main.B) <func(*main.B) Value> 2}
   {bv main func(*main.B) <func(*main.B) Value> 3}

main.B :
   {av main func(main.B) <func(main.B) Value> 0}
   {bv main func(main.B) <func(main.B) Value> 1}
```

有一点和想象的不同，反射能探知当前包或外包的非导出结构成员。

```
import (
    "fmt"
    "net/http"
    "reflect"
)

func main() {
    var s http.Server
    t := reflect.TypeOf(s)

    for i := 0; i < t.NumField(); i++ {
        fmt.Println(t.Field(i).Name)
    }
}
```

输出：

```
Addr
Handler
ReadTimeout
WriteTimeout
MaxHeaderBytes
TLSConfig
TLSNextProto
ConnState
ErrorLog
disableKeepAlives
nextProtoOnce
nextProtoErr
```

相对 reflect 而言，当前包和外包都是“外包”。*_*

可用反射提取 struct tag，还能自动分解。其常用于 ORM 映射，或数据格式验证。

```
type user struct {
    name string `field:"name" type:"varchar(50)"`
    age  int    `field:"age" type:"int"`
}

func main() {
    var u user
    t := reflect.TypeOf(u)
```

```
    for i := 0; i < t.NumField(); i++ {
        f := t.Field(i)
        fmt.Printf("%s: %s %s\n", f.Name, f.Tag.Get("field"), f.Tag.Get("type"))
    }
}
```

输出：

```
name: name varchar(50)
age: age int
```

辅助判断方法 Implements、ConvertibleTo、AssignableTo 都是运行期进行动态调用和赋值所必需的。

```
type X int

func (X) String() string {
    return ""
}

func main() {
    var a X
    t := reflect.TypeOf(a)

    // Implements 不能直接使用类型作为参数，导致这种用法非常别扭
    st := reflect.TypeOf((*fmt.Stringer)(nil)).Elem()
    fmt.Println(t.Implements(st))

    it := reflect.TypeOf(0)
    fmt.Println(t.ConvertibleTo(it))

    fmt.Println(t.AssignableTo(st), t.AssignableTo(it))
}
```

输出：

```
true
true
true  false
```

10.2 值

和 Type 获取类型信息不同，Value 专注于对象实例数据读写。

在前面章节曾提到过，接口变量会复制对象，且是 unaddressable 的，所以要想修改目标对象，就必须使用指针。

```
func main() {
    a := 100
    va, vp := reflect.ValueOf(a), reflect.ValueOf(&a).Elem()

    fmt.Println(va.CanAddr(), va.CanSet())
    fmt.Println(vp.CanAddr(), vp.CanSet())
}
```

输出：

```
false  false
true   true
```

就算传入指针，一样需要通过 Elem 获取目标对象。因为被接口存储的指针本身是不能寻址和进行设置操作的。

注意，不能对非导出字段直接进行设置操作，无论是当前包还是外包。

```
type User struct {
    Name string
    code int
}

func main() {
    p := new(User)
    v := reflect.ValueOf(p).Elem()

    name := v.FieldByName("Name")
    code := v.FieldByName("code")

    fmt.Printf("name: canaddr = %v, canset = %v\n", name.CanAddr(), name.CanSet())
    fmt.Printf("code: canaddr = %v, canset = %v\n", code.CanAddr(), code.CanSet())

    if name.CanSet() {
        name.SetString("Tom")
```

```
    }

    if code.CanAddr() {
        *(*int)(unsafe.Pointer(code.UnsafeAddr())) = 100
    }

    fmt.Printf("%+v\n", *p)
}
```

输出：

```
name: canaddr = true, canset = true
code: canaddr = true, canset = false

{Name:Tom code:100}
```

Value.Pointer 和 Value.Int 等方法类似，将 Value.data 存储的数据转换为指针，目标必须是指针类型。而 UnsafeAddr 返回任何 CanAddr Value.data 地址（相当于 & 取地址操作），比如 Elem 后的 Value，以及字段成员地址。

以结构体里的指针类型字段为例，Pointer 返回该字段所保存的地址，而 UnsafeAddr 返回该字段自身的地址（结构对象地址 + 偏移量）。

可通过 Interface 方法进行类型推断和转换。

```
func main() {
    type user struct {
        Name string
        Age  int
    }

    u := user{
        "q.yuhen",
        60,
    }

    v := reflect.ValueOf(&u)

    if !v.CanInterface() {
        println("CanInterface: fail.")
        return
    }

    p, ok := v.Interface().(*user)
```

```
    if !ok {
        println("Interface: fail.")
        return
    }

    p.Age++
    fmt.Printf("%+v\n", u)
}
```

输出：

```
{Name:q.yuhen Age:61}
```

也可直接使用 Value.Int、Bool 等方法进行类型转换，但失败时会引发 panic，且不支持 ok-idiom。

复合类型对象设置示例：

```
func main() {
    c := make(chan int, 4)
    v := reflect.ValueOf(c)

    if v.TrySend(reflect.ValueOf(100)) {
        fmt.Println(v.TryRecv())
    }
}
```

输出：

```
100 true
```

接口有两种 nil 状态，这一直是个潜在麻烦。解决方法是用 IsNil 判断值是否为 nil。

```
func main() {
    var a interface{} = nil
    var b interface{} = (*int)(nil)

    fmt.Println(a == nil)
    fmt.Println(b == nil, reflect.ValueOf(b).IsNil())
}
```

输出：

```
true
```

```
false  true
```

也可用 unsafe 转换后直接判断 iface.data 是否为零值。

```
func main() {
    var b interface{} = (*int)(nil)
    iface := (*[2]uintptr)(unsafe.Pointer(&b))

    fmt.Println(iface, iface[1] == 0)
}
```

输出：

```
&[712160 0] true
```

让人很无奈的是，Value 里的某些方法并未实现 ok-idom 或返回 error，所以得自行判断返回的是否为 Zero Value。

```
func main() {
    v := reflect.ValueOf(struct{ name string }{})

    println(v.FieldByName("name").IsValid())
    println(v.FieldByName("xxx").IsValid())
}
```

输出：

```
true
false
```

10.3 方法

动态调用方法，谈不上有多麻烦。只须按 In 列表准备好所需参数即可。

```
type X struct{}

func (X) Test(x, y int) (int, error) {
    return x + y, fmt.Errorf("err: %d", x+y)
}

func main() {
    var a X
```

```
    v := reflect.ValueOf(&a)
    m := v.MethodByName("Test")

    in := []reflect.Value{
        reflect.ValueOf(1),
        reflect.ValueOf(2),
    }

    out := m.Call(in)
    for _, v := range out {
        fmt.Println(v)
    }
}
```

输出：

```
3
err: 3
```

对于变参来说，用 CallSlice 要更方便一些。

```
type X struct{}

func (X) Format(s string, a ...interface{}) string {
    return fmt.Sprintf(s, a...)
}

func main() {
    var a X

    v := reflect.ValueOf(&a)
    m := v.MethodByName("Format")

    out := m.Call([]reflect.Value{
        reflect.ValueOf("%s = %d"),
        reflect.ValueOf("x"),                          // 所有参数都须处理
        reflect.ValueOf(100),
    })

    fmt.Println(out)

    out = m.CallSlice([]reflect.Value{
        reflect.ValueOf("%s = %d"),
```

```
        reflect.ValueOf([]interface{}{"x", 100}),           // 仅一个 []interface{} 即可
    })

    fmt.Println(out)
}
```

输出：

```
[x = 100]
[x = 100]
```

无法调用非导出方法，甚至无法获取有效地址。

10.4 构建

反射库提供了内置函数 make 和 new 的对应操作，其中最有意思的就是 MakeFunc。可用它实现通用模板，适应不同数据类型。

```
// 通用算法函数
func add(args []reflect.Value) (results []reflect.Value) {
    if len(args) == 0 {
        return nil
    }

    var ret reflect.Value

    switch args[0].Kind() {
    case reflect.Int:
        n := 0
        for _, a := range args {
            n += int(a.Int())
        }

        ret = reflect.ValueOf(n)
    case reflect.String:
        ss := make([]string, 0, len(args))
        for _, s := range args {
            ss = append(ss, s.String())
        }
```

```
        ret = reflect.ValueOf(strings.Join(ss, ""))
    }

    results = append(results, ret)
    return
}

// 将函数指针参数指向通用算法函数
func makeAdd(fptr interface{}) {
    fn := reflect.ValueOf(fptr).Elem()
    v := reflect.MakeFunc(fn.Type(), add)          // 这是关键
    fn.Set(v)                                      // 指向通用算法函数
}

func main() {
    var intAdd func(x, y int) int
    var strAdd func(a, b string) string

    makeAdd(&intAdd)
    makeAdd(&strAdd)

    println(intAdd(100, 200))
    println(strAdd("hello, ", "world!"))
}
```

输出：

```
300
hello, world!
```

如果语言支付泛型，自然不需要这么折腾。

10.5 性能

反射在带来“方便”的同时，也造成了很大的困扰。很多人对反射避之不及，因为它会造成很大的性能损失。但损失到底有多大？我们简单测试一下。

先看看直接赋值和反射赋值的性能差异。

```
type Data struct {
    X int
```

```
}

var d = new(Data)

func set(x int) {
    d.X = x
}

func rset(x int) {
    v := reflect.ValueOf(d).Elem()
    f := v.FieldByName("X")
    f.Set(reflect.ValueOf(x))
}
```

```
func BenchmarkSet(b *testing.B) {
    for i := 0; i < b.N; i++ {
        set(100)
    }
}

func BenchmarkRset(b *testing.B) {
    for i := 0; i < b.N; i++ {
        rset(100)
    }
}
```

输出：

```
$ go test -run None -bench . -benchmem

BenchmarkSet-4   2000000000        0.52 ns/op      0 B/op        0 allocs/op
BenchmarkRset-4  10000000           154 ns/op     16 B/op        2 allocs/op
```

这差距有些吓人。改进一下，将反射数据“缓存”起来。

```
var v = reflect.ValueOf(d).Elem()
var f = v.FieldByName("X")

func rset(x int) {
    f.Set(reflect.ValueOf(x))
}
```

输出：

```
$ go test -run None -bench . -benchmem

BenchmarkSet-4  2000000000        0.54 ns/op     0 B/op        0 allocs/op
BenchmarkRset-4 20000000          55.1 ns/op     8 B/op        1 allocs/op
```

改进后性能有所提升，但差距还是非常大。接下来，试试方法直接调用，和反射调用对比一下性能。

```
type Data struct {
    X int
}

func (x *Data) Inc() {
    x.X++
}

var d = new(Data)
var v = reflect.ValueOf(d)
var m = v.MethodByName("Inc")

func call() {
    d.Inc()
}

func rcall() {
    m.Call(nil)
}
```

输出：

```
$ go test -run None -bench . -benchmem

BenchmarkCall-4     1000000000      2.23 ns/op     0 B/op      0 allocs/op
BenchmarkRcall-4    10000000         167 ns/op     0 B/op      0 allocs/op
```

如对性能要求较高，那么须谨慎使用反射。

第 11 章 测试

11.1 单元测试

单元测试（unit test）除用来测试逻辑算法是否符合预期外，还承担着监控代码质量的责任。任何时候都可用简单的命令来验证全部功能，找出未完成任务（验收）和任何因修改而造成的错误。它与性能测试、代码覆盖率等一起保障了代码总是在可控范围内，这远比形式化的人工检查要有用得多。

单元测试并非要取代人工代码审查（code review），实际上它也无法切入到代码实现层面。但可通过测试结果为审查提供筛选依据，避免因烦琐导致代码审查沦为形式主义。单元测试可自动化进行，能持之以恒。但测试毕竟只是手段，而非目的，所以如何合理安排测试就需要开发人员因地制宜。

可将测试、版本管理工具，以及自动发布（nightly build）整合。编写脚本将测试失败结果与代码提交日志相匹配，最终生成报告发往指定邮箱。

很多人认为单元测试代码不好写，不知道怎么测试。如果非技术原因，那么需要考虑结构设计是否合理，因为可测试性也是代码质量的一个体现。

在我看来，写单元测试本身就是对即将要实现的算法做复核预演。因为无论什么算法都需要输入条件，返回预期结果。这些，加上平时写在 main 里面的临时代码，本就是一个完整的单元测试用例，无非换个地方存放而已。

---

testing

工具链和标准库自带单元测试框架，这让测试工作变得相对容易。

- 测试代码须放在当前包以“_test.go”结尾的文件中。
- 测试函数以 Test 为名称前缀。
- 测试命令（go test）忽略以“_”或“.”开头的测试文件。
- 正常编译操作（go build/install）会忽略测试文件。

main_test.go

```
package main

import (
    "testing"
)

func add(x, y int) int {
    return x + y
}

func TestAdd(t *testing.T) {
    if add(1, 2) != 3 {
        t.FailNow()
    }
}
```

输出：

```
$ go test -v                              # 要测试当前包及所有子包，可用 go test ./...

=== RUN   TestAdd
--- PASS: TestAdd (0.00s)
PASS
ok      test    0.006s
```

标准库 testing 提供了专用类型 T 来控制测试结果和行为。

```
 方法                说明                                相关
------------------+-------------------------------+------------------
 Fail               失败：继续执行当前测试函数
 FailNow            失败：立即终止执行当前测试函数      Failed
 SkipNow            跳过：停止执行当前测试函数          Skip, Skipf, Skipped
```

```
Log                    输出错误信息。仅失败或 -v 时输出          Logf
Parallel               与有同样设置的测试函数并行执行
Error                  Fail + Log                              Errorf
Fatal                  FailNow + Log                           Fatalf
```

使用 Parallel 可有效利用多核并行优势，缩短测试时间。

```
func TestA(t *testing.T) {
    t.Parallel()
    time.Sleep(time.Second * 2)
}

func TestB(t *testing.T) {
    if os.Args[len(os.Args)-1] == "b" {
        t.Parallel()
    }

    time.Sleep(time.Second * 2)
}
```

输出：

```
$ go test -v

--- PASS: TestB (2.00s)
--- PASS: TestA (2.00s)
PASS
ok      test    4.014s


$ go test -v -args "b"

--- PASS: TestA (2.00s)
--- PASS: TestB (2.00s)
PASS
ok      test    2.009s
```

从测试总耗时可以看到并行执行的结果只有 2 秒。

只有一个测试函数调用 Parallel 方法并没有效果，且 go test 执行参数 parallel 必须大于 1。

常用测试参数：

```
参数          说明                                      示例
-----------+------------------------------------+------------------------
```

```
-args          命令行参数
-v             输出详细信息
-parallel      并发执行，默认值为 GOMAXPROCS                      -parallel 2
-run           指定测试函数，正则表达式                           -run "Add"
-timeout       全部测试累计时间超时将引发 panic，默认值为 10ms    -timeout 1m30s
-count         重复测试次数，默认值为 1
```

对于测试是否应该和目标放在同一目录，一直有不同看法。某些人认为应该另建一个专门的包用来存放单元测试，且只测试目标公开接口。好处是，当目标内部发生变化时，无须同步维护测试代码。每个人对于测试都有不同理解，就像覆盖率是否要做到 90% 以上，也是见仁见智。

table driven

单元测试代码一样要写得简洁优雅，要做到这点并不容易。好在多数时候，我们可用一种类似数据表的模式来批量输入条件并依次比对结果。

```
func add(x, y int) int {
    return x + y
}

func TestAdd(t *testing.T) {
    var tests = []struct {
        x       int
        y       int
        expect int
    }{
        {1, 1, 2},
        {2, 2, 4},
        {3, 2, 5},
    }

    for _, tt := range tests {
        actual := add(tt.x, tt.y)
        if actual != tt.expect {
            t.Errorf("add(%d, %d): expect %d, actual %d", tt.x, tt.y, tt.expect, actual)
        }
    }
}
```

这种方式将测试数据和测试逻辑分离，更便于维护。另外，使用 Error 是为了让整个表全部完成测试，以便知道具体是哪组条件出现问题。

test main

某些时候，须为测试用例提供初始化和清理操作，但 testing 并没有 setup/ teardown 机制。解决方法是自定义一个名为 TestMain 的函数，go test 会改为执行该函数，而不再是具体的测试用例。

```
func TestMain(m *testing.M) {
    // setup
    code := m.Run()                          // 调用测试用例函数
    // teardown
    os.Exit(code)                            // 注意：os.Exit 不会执行 defer
}
```

M.Run 会调用具体的测试用例，但麻烦的是不能为每个测试文件写一个 TestMain。

```
multiple definitions of TestMain
```

要实现用例组合套件（suite），须借助 MainStart 自行构建 M 对象。通过与命令行参数相配合，即可实现不同测试组合。

```
func TestMain(m *testing.M) {
    match := func(pat, str string) (bool, error) {       // pat: 命令行参数 -run 提供的过滤条件
        return true, nil                                 // str: InternalTest.Name
    }

    tests := []testing.InternalTest{                     // 用例列表，可排序
        {"b", TestB},
        {"a", TestA},
    }

    benchmarks := []testing.InternalBenchmark{}
    examples := []testing.InternalExample{}

    m = testing.MainStart(match, tests, benchmarks, examples)
    os.Exit(m.Run())
}
```

example

例代码最大的用途不是测试，而是导入到 GoDoc 等工具生成的帮助文档中。它通过比对输出（stdout）结果和内部 output 注释是否一致来判断是否成功。

```
func ExampleAdd() {
    fmt.Println(add(1, 2))
    fmt.Println(add(2, 2))

    // Output:
    // 3
    // 4
}
```

输出：

```
$ go test -v

=== RUN   ExampleAdd
--- PASS: ExampleAdd (0.00s)
PASS

ok      test    0.006s
```

如果没有 output 注释，该示例函数就不会被执行。另外，不能使用内置函数 print/println，因为它们输出到 stderr。

11.2 性能测试

性能测试函数以 Benchmark 为名称前缀，同样保存在“*_test.go”文件里。

```
func add(x, y int) int {
    return x + y
}

func BenchmarkAdd(b *testing.B) {
    for i := 0; i < b.N; i++ {
        _ = add(1, 2)
    }
}
```

输出：

```
$ go test -bench .

BenchmarkAdd-4   2000000000            0.52 ns/op
```

```
ok      test    1.107s
```

测试工具默认不会执行性能测试，须使用 bench 参数。它通过逐步调整 B.N 值，反复执行测试函数，直到能获得准确的测量结果。

```
func BenchmarkAdd(b *testing.B) {
    println("B.N =", b.N)

    for i := 0; i < b.N; i++ {
        _ = add(1, 2)
    }
}
```

输出：

```
$ go test -bench .

BenchmarkAdd-4

B.N = 1
B.N = 100
B.N = 10000
B.N = 1000000
B.N = 100000000
B.N = 2000000000

2000000000          0.55 ns/op
ok      test    1.171s
```

如果希望仅执行性能测试，那么可以用 run=NONE 忽略所有单元测试用例。

默认就以并发方式执行测试，但可用 cpu 参数设定多个并发限制来观察结果。

```
$ go test -bench . -cpu 1,2,4

BenchmarkAdd     2000000000          0.52 ns/op
BenchmarkAdd-2   2000000000          0.51 ns/op
BenchmarkAdd-4   2000000000          0.52 ns/op
ok      test    3.281s
```

某些耗时的目标，默认循环次数过少，取平均值不足以准确计量性能。可用 benchtime 设定最小测试时间来增加循环次数，以便返回更准确的结果。

```
func sleep() {
```

```
	time.Sleep(time.Second)
}

func BenchmarkSleep(b *testing.B) {
	for i := 0; i < b.N; i++ {
		sleep()
	}
}
```

输出：

```
$ go test -bench . -benchtime 5s

BenchmarkAdd-4        2000000000            0.51 ns/op       # 循环次数足够
BenchmarkSleep-4               5      1001927937 ns/op       # 次数不足，延长执行时间
ok      test    7.103s                                       # 同样通过调整 B.N 重新测试
```

timer

如果在测试函数中要执行一些额外操作，那么应该临时阻止计时器工作。

```
func BenchmarkAdd(b *testing.B) {
	time.Sleep(time.Second)
	b.ResetTimer()                          // 重置

	for i := 0; i < b.N; i++ {
		_ = add(1, 2)

		if i == 1 {
			b.StopTimer()                   // 暂停
			time.Sleep(time.Second)
			b.StartTimer()                  // 恢复
		}
	}
}
```

memory

性能测试关心的不仅仅是执行时间，还包括在堆上的内存分配，因为内存分配和垃圾回收的相关操作也应计入消耗成本。

```
func heap() []byte {
```

```
    return make([]byte, 1024*10)
}

func BenchmarkHeap(b *testing.B) {
    for i := 0; i < b.N; i++ {
        _ = heap()
    }
}
```

输出：

```
$ go test -bench . -benchmem -gcflags "-N -l"    # 禁用内联和优化，以便观察结果

BenchmarkHeap-4  1000000     2392 ns/op     10496 B/op      1 allocs/op
ok      test    2.424s
```

输出结果包括单次执行堆内存分配总量和次数。

也可将测试函数设置为总是输出内存分配信息，无论使用 benchmem 参数与否。

```
func BenchmarkHeap(b *testing.B) {
    b.ReportAllocs()
    b.ResetTimer()

    for i := 0; i < b.N; i++ {
        _ = heap()
    }
}
```

11.3 代码覆盖率

如果说单元测试和性能测试关注代码质量，那么代码覆盖率（code coverage）就是度量测试自身完整和有效性的一种手段。

通过覆盖率值，我们可分析出测试代码的编写质量。检测它是否提供了足够的测试条件，是否执行了足够的函数、语句、分支和代码行等，以此来量化测试本身，让白盒测试真正起到应有的质量保障作用。

当然，这并不是说要追求形式上的数字百分比。关键还是为改进测试提供一个可发现缺陷的机会，毕竟只有测试本身的质量得到保障，才能让它免于成为形式主义摆设。

代码覆盖率也常被用来发现死代码（dead code）。

```
func TestAdd(t *testing.T) {
    if add(1, 2) != 3 {
        t.Fatal("xxx")
    }
}
```

输出：

```
$ go test -cover

coverage: 100.0% of statements
ok      test    0.006s
```

为获取更详细的信息，可指定 covermode 和 coverprofile 参数。

- **set**：是否执行。
- **count**：执行次数。
- **atomic**：执行次数，支持并发模式。

```
$ go test -cover -covermode count -coverprofile cover.out

coverage: 100.0% of statements
ok      test    0.007s


$ go tool cover -func=cover.out

main.go:5: add              100.0%
main.go:9: main               0.0%
total:      (statements)     50.0%
```

还可以在浏览器中查看包括具体的执行次数等信息。

```
$ go tool cover -html=cover.out
```

将鼠标移到具体的代码上，会看到次数提示。

11.4 性能监控

引发性能问题的原因无外乎执行时间过长、内存占用过多，以及意外阻塞。通过捕获或监控相关执行状态数据，就可定位引发问题的原因，从而有针对性改进算法。

有两种捕获方式：首先，在测试时输出并保存相关数据，进行初期评估。其次，在运行阶段通过 Web 接口获得实时数据，分析一段时间内的健康状况。除此之外，我们还可使用自定义计数器（expvar）提供更多与逻辑相关的参考数据。

拿标准库现有的 Benchmark 做演示：

```
$ go test -run NONE -bench . -memprofile mem.out -cpuprofile cpu.out net/http

ok      net/http    40.488s
```

分别保存了 CPU 和 Memory Profile 采样数据。

```
 参数                       说明                                 示例
------------------+-----------------------------------+-------------
 -cpuprofile        保存执行时间采样到指定文件            -cpuprofile cpu.out
 -memprofile        保存内存分配采样到指定文件            -memprofile mem.out
 -memprofilerate    内存分配采样起始值，默认为 512KB      -memprofilerate 1
 -blockprofile      保存阻塞时间采样到指定文件            -blockprofile block.out
 -blockprofilerate  阻塞时间采样起始值，单位：ns
```

如果执行性能测试，可能须设置 benchtime 参数，以确保有足够的采样时间。

可使用交互模式查看，或用命令行直接输出单项结果。

```
$ go tool pprof http.test mem.out

Entering interactive mode (type "help" for commands)

(pprof) top5

2128.96kB of 2128.96kB total (  100%)
Dropped 261 nodes (cum <= 10.64kB)
Showing top 5 nodes out of 22 (cum >= 591.75kB)
      flat  flat%   sum%        cum   cum%
 1025.02kB 48.15% 48.15%  1025.02kB 48.15%  net/http2/hpack.addDecoderNode
  591.75kB 27.80% 75.94%   591.75kB 27.80%  crypto/elliptic.initTable
  512.19kB 24.06%   100%   512.19kB 24.06%  runtime.malg
```

```
         0      0%    100%    591.75kB 27.80%  crypto/elliptic.(*p256Point).p256BaseMult
         0      0%    100%    591.75kB 27.80%  crypto/elliptic.GenerateKey
```

- **flat**：仅当前函数，不包括它调用的其他函数。
- **sum**：列表前几行所占百分比的总和。
- **cum**：当前函数调用堆栈累计。

默认输出信息的是 alloc_space，也可以在命令行指定采样参数为 alloc_objects。top 命令可指定排序字段，比如"top5 -cum"。

找出需要进一步查看的目标，使用 peek 命令列出调用来源。

```
(pprof) peek malg

2128.96kB of 2128.96kB total (  100%)
Dropped 261 nodes (cum <= 10.64kB)
------------------------------------------------------+-------------
      flat  flat%   sum%     cum   cum%   calls calls% + context
------------------------------------------------------+-------------
                                     512.19kB   100% | runtime.newproc1
  512.19kB 24.06% 24.06%   512.19kB 24.06%           | runtime.malg
------------------------------------------------------+-------------
```

在目标行上部会列出多个调用该目标的函数名称，以及各自的采样统计结果。

也可用 list 命令输出源码行统计样式，以便更直观地定位。

```
(pprof) list malg

Total: 2.08MB
ROUTINE ======================== runtime.malg in /usr/local/go/src/runtime/proc.go
  512.19kB   512.19kB (flat, cum) 24.06% of Total
         .          .   2633:func malg(stacksize int32) *g {
  512.19kB   512.19kB   2634:   newg := new(g)
         .          .   2635:   if stacksize >= 0 {
         .          .   2636:       stacksize = round2(_StackSystem + stacksize)
```

除文字模式外，还可输出 svg 图形，将其保存或用浏览器查看。

```
(pprof) web                             # 全部
(pprof) web malg                        # 以 malg 为主，精简输出结果
```

在 OS X 下查看 svg 须安装 Graphviz，并将默认打开方式改为"浏览器"。

用命令行方式查看单项统计结果：

```
$ go tool pprof -text -alloc_objects -cum http.test mem.out

64393542 of 68470362 total (94.05%)
Dropped 199 nodes (cum <= 342351)
      flat  flat%   sum%        cum   cum%
         0     0%     0%   68452612   100%  runtime.goexit
   5136307  7.50%  7.50%   42942461 62.72%  net/http.readRequest
         0     0%  7.50%   31091053 45.41%  testing.(*B).launch
         0     0%  7.50%   31091053 45.41%  testing.(*B).runN
```

相关参数，请查看“go tool pprof -h”。

在线采集检测数据须注入 http/pprof 包。

```
import (
    "net/http"
    _ "net/http/pprof"
)

func main() {
    http.ListenAndServe(":8080", http.DefaultServeMux)
}
```

如果使用 ServerMux，可用 mux.HandleFunc 方法调用 pprof 里的相关函数。

用浏览器访问指定路径，就可看到不同的监测项。直接点击查看，或继续用命令行操作。

```
$ go tool pprof http://localhost:8080/debug/pprof/heap?debug=1
```

必要时还可抓取数据，进行离线分析。

```
$ curl http://localhost:8080/debug/pprof/heap?debug=1 > mem.out
$ go tool pprof test mem.out
```

第 12 章 工具链

12.1 安装

可从官网直接下载编译好的开发包，或者按下面介绍的步骤自行编译开发环境。

自 Go 1.5 实现自举（bootstrapping）以后，我们就不得不保留两个版本的 Go 环境。对于初学者而言，建议先下载 C 版本的 1.4，用 GCC 完成编译。

自举是指用编译的目标语言编写其编译器，简单点说就是用 Go 语言编写 Go 编译器。请提前安装 gcc、gdb、binutils 等工具，本书中的很多内容会使用到它们。

```
1. 下载源码
$ wget https://storage.googleapis.com/golang/go1.4.3.src.tar.gz

2. 习惯将其存放于 /usr/local
$ tar xf go1.4.3.src.tar.gz -C /usr/local

3. 因为最终要使用的是 Go 1.6，所以将其改名
$ mv /usr/local/go /usr/local/go1.4.3

4. 进入源码目录，编译（为节约时间，直接用 make.bash）
$ cd /usr/local/go1.4.3/src
$ ./make.bash

5. 测试
$ /usr/local/go1.4.3/bin/go version
go version go1.4.3 linux/amd64
```

接下来，下载 Go 1.6 源码，并用 Go 1.4 进行编译。

```
1. 下载源码
wget https://storage.googleapis.com/golang/go1.6.src.tar.gz

2. 解压缩
$ tar xf go1.6.src.tar.gz -C /usr/local

3. 进入源码目录，使用 1.4 编译
$ cd /usr/local/go/src
$ GOROOT_BOOTSTRAP=/usr/local/go1.4.3 ./make.bash

4. 测试
$ /usr/local/go/bin/go version
go version go1.6 linux/amd64
```

开发包编译和部署完成，剩下的就是创建工作空间，并设置环境变量。

```
1. 回到主目录，或其他习惯路径
$ cd

2. 创建工作空间目录（包括 src、bin、pkg 三个子目录）
$ mkdir -p go.test/src go.test/bin go.test/pkg

3. 添加环境设置，并使其生效
$ echo "export PATH=/usr/local/go/bin:$PATH" >> .bashrc
$ echo "export GOPATH=$HOME/go.test" >> .bashrc
$ source .bashrc

4. 输出环境变量，查看其是否生效
$ go env
GOARCH="amd64"
GOBIN=""
GOEXE=""
GOHOSTARCH="amd64"
GOHOSTOS="linux"
GOOS="linux"
GOPATH="/root/go.test"
GORACE=""
GOROOT="/usr/local/go"
GOTOOLDIR="/usr/local/go/pkg/tool/linux_amd64"
GO15VENDOREXPERIMENT="1"
CC="gcc"
GOGCCFLAGS="-fPIC -m64 -pthread -fmessage-length=0"
CXX="g++"
CGO_ENABLED="1"
```

```
5. 进入工作空间源码目录
$ cd go.test/src

6. 创建用于测试的包目录
$ mkdir demo && cd demo

7. 创建测试源码
$ cat > hello.go << end
> package main
>
> func main() {
>     println("hello, world!")
> }
> end

8. 测试
$ go run hello.go
hello, world!

$ go build
$ go install
```

12.2 工具

本节介绍常用内置工具的使用方法及参数含义。

go build

此命令默认每次都会重新编译除标准库以外的所有依赖包。

```
参数                  说明                                         示例
------------------+---------------------------------------------+--------------
 -o                  可执行文件名（默认与目录同名）
 -a                  强制重新编译所有包（含标准库）
 -p                  并行编译所使用的 CPU 核数量
 -v                  显示待编译包名字
 -n                  仅显示编译命令，但不执行
 -x                  显示正在执行的编译命令
 -work               显示临时工作目录，完成后不删除
```

```
-race               启动数据竞争检查（仅支持 amd64）
-gcflags            编译器参数
-ldflags            链接器参数
```

gcflags：

```
参数                说明                                              示例
------------------+-----------------------------------------------+----------
-B                  禁用越界检查
-N                  禁用优化
-l                  禁用内联
-u                  禁用 unsafe
-S                  输出汇编代码
-m                  输出优化信息
```

ldflags：

```
参数                说明                                              示例
------------------+-----------------------------------------------+----------
-s                  禁用符号表
-w                  禁用 DRAWF 调试信息
-X                  设置字符串全局变量值                              -X ver="0.99"
-H                  设置可执行文件格式                                -H windowsgui
```

更多参数：go tool compile -h ；go tool link -h。或者到 src/cmd/compile 或 link 目录阅读 doc.go。

go install

和 build 参数相同，但会将编译结果安装到 bin、pkg 目录。最关键的是，go install 支持增量编译，在没有修改的情况下，会直接链接 pkg 目录中的静态包。

编译器用 buildid 检查文件清单和导入依赖，对比现有静态库和所有源文件修改时间来判断源码是否变化，以此来决定是否需要对包进行重新编译。至于 buildid 算法，实现起来很简单：将包的全部文件名，运行时版本号，所有导入的第三方包信息（路径、buildid）数据合并后哈希。

算法源码请阅读 src/cmd/go/pkg.go。

go get

将第三方包下载（check out）到 GOPATH 列表的第一个工作空间。默认不会检查更新，须使用“-u”参数。

```
参数                说明                                           示例
------------------+---------------------------------------------+----------
 -d                 仅下载，不安装
 -u                 更新包，包括其依赖项
 -f                 和 -u 配合，强制更新，不检查是否过期
 -t                 下载测试代码所需的依赖包
 -insecure          使用 HTTP 等非安全协议
 -v                 输出详细信息
 -x                 显示正在执行的命令
```

go env

显示全部或指定环境参数。

```
$ go env

GOARCH="amd64"
GOBIN=""
GOEXE=""
GOHOSTARCH="amd64"
GOHOSTOS="darwin"
GOOS="darwin"
GOPATH=""
GORACE=""
GOROOT="/usr/local/go"
GOTOOLDIR="/usr/local/go/pkg/tool/darwin_amd64"
GO15VENDOREXPERIMENT="1"
CC="clang"
GOGCCFLAGS="-fPIC -m64 -pthread -fno-caret-diagnostics -Qunused-arguments"
CXX="clang++"
CGO_ENABLED="1"

$ go env GOROOT
/usr/local/go
```

go clean

清理工作目录，删除编译和安装遗留的目标文件。

```
参数                说明                                           示例
------------------+---------------------------------------------+----------
 -i                 清理 go install 安装的文件
 -r                 递归清理所有依赖包
 -x                 显示正在执行的清理命令
 -n                 仅显示清理命令，但不执行
```

12.3 编译

编译并不仅仅是执行“go build”命令，还有一些须额外注意的内容。

如习惯使用 GDB 这类调试器，建议编译时添加 -gcflags "-N -l" 参数阻止优化和内联，否则调试时会有各种“找不到”的情况。

```
package main

func test(x *int) {
    println(*x)
}

func main() {
    x := 0x100
    test(&x)
}
```

输出：

```
$ go build -gcflags "-N -l -m"

./test.go:3: test x does not escape
./test.go:9: main &x does not escape


$ go tool objdump -s "main\.main" test

TEXT main.main(SB) test.go
    test.go:7     SUBQ $0x10, SP
    test.go:8     MOVQ $0x100, 0x8(SP)
    test.go:9     LEAQ 0x8(SP), BX
    test.go:9     MOVQ BX, 0(SP)
    test.go:9     CALL main.test(SB)
    test.go:10    ADDQ $0x10, SP
    test.go:10    RET


$ ls -lh test
-rwxr-xr-x 1 1000 1000 1.1M Mar 28  2016 test
```

而当发布时，参数 -ldfalgs "-w -s" 会让链接器剔除符号表和调试信息，除能减小可执行文件大小外，还可稍稍增加反汇编的难度。

```
$ go build -gcflags "-m" -ldflags "-w -s"

./test.go:3: can inline test
./test.go:7: can inline main
./test.go:9: inlining call to test
./test.go:3: test x does not escape
./test.go:9: main &x does not escape


$ go tool objdump -s "main\.main" test
objdump: disassemble test: no symbol section


$ ls -lh test
-rwxr-xr-x 1 1000 1000 720K Mar 28  2016 test
```

还可借助更专业的工具，对可执行文件进行减肥。

```
$ upx -9 test


                       Ultimate Packer for eXecutables
                          Copyright (C) 1996 - 2013
UPX 3.91        Markus Oberhumer, Laszlo Molnar & John Reiser   Sep 30th 2013

        File size         Ratio      Format      Name
   --------------------   ------   -----------   -----------
    737024 ->    244876   33.22%   linux/ElfAMD   test

Packed 1 file.
```

交叉编译

所谓交叉编译（cross compile），是指在一个平台下编译出其他平台所需的可执行文件。这对于 UNIX-like 开发人员很重要，因为我们习惯使用 Mac 或其他桌面环境。

自 Go 实现自举后，交叉编译变得更方便。只须使用 GOOS、GOARCH 环境变量指定目标平台和架构就行。

```
$ go env GOOS
darwin
```

```
$ go build && file test
test: Mach-O 64-bit executable x86_64

$ GOOS=linux go build && file test
test: ELF 64-bit LSB executable, x86-64, version 1 (SYSV), statically linked, not stripped

$ GOOS=windows GOARCH=386 go build && file test.exe
test.exe: PE32 executable for MS Windows (console) Intel 80386 32-bit
```

建议用 go install 命令为目标平台预编译好标准库，避免 go build 每次都须完整编译。

```
$ GOOS=linux go install std
$ GOOS=linux go install cmd      # 生成目标平台工具链，可选
```

注意：交叉编译不支持 CGO。

条件编译

除在代码中用 runtime.GOOS 进行判断外，编译器本身就支持文件级别的条件编译。虽说没有 C 预编译指令那么方便，但是基于文件的组织方式更便于维护。

方法一：将平台和架构信息添加到主文件名尾部。

main.go

```go
package main

func main() {
    hello()
}
```

hello_darwin.go

```go
package main

func hello() {
    println("hello, mac.")
}
```

hello_linux.go

```go
package main
```

```
func hello() {
    println("hello, linux.")
}
```

使用 GOOS 交叉编译，看看具体使用哪个文件。

```
$ GOOS=darwin go build -x
compile ... -pack ./hello_darwin.go ./main.go

$ GOOS=linux go build -x
compile ...  -pack ./hello_linux.go ./main.go
```

编译器会选择对应的源码文件进行编译。在标准库里可以看到很多类似的文件名。

```
$ ls /usr/local/go/src/runtime/sys_*

sys_arm.go            sys_darwin_arm64.s     sys_linux_386.s       sys_linux_ppc64x.s
sys_arm64.go          sys_dragonfly_amd64.s  sys_linux_amd64.s     sys_mips64x.go
sys_darwin_386.s      sys_freebsd_386.s      sys_linux_arm.s       sys_nacl_386.s
sys_darwin_amd64.s    sys_freebsd_amd64.s    sys_linux_arm64.s     sys_nacl_amd64p32.s
sys_darwin_arm.s      sys_freebsd_arm.s      sys_linux_mips64x.s   sys_nacl_arm.s
```

文件名中除 GOOS 外，还可以加上 GOARCH，或任选其一。

方法二：使用 build 编译指令。

与用文件名区分多版本类似，build 编译指令告知编译器：当前源码文件只能用于指定环境。它一样可用来区分多版本，且控制指令更加丰富和灵活。

a.go

```
// +build windows
                                                  <-------- 必须有空行
package main

func hello() {
    println("hello, windows.")
}
```

b.go

```
// +build linux darwin

package main
```

```
func hello() {
    println("hello, unix.")
}
```

可添加多条 build 指令，表示多个 AND 条件。在单一指令里，空格表示 OR 条件，逗号表示 AND，感叹号表示 NOT。

```
// +build linux darwin
// +build 386,!cgo

相当于:

(linux OR darwin) AND (386 AND (NOT cgo))
```

除 GOOS、GOARCH 外，可用条件还有编译器、版本号等。

```
// +build ignore
// +build gccgo
// +build go1.5
```

更多详细信息，请阅读标准库 go/build 文档。

方法三：使用自定义 tag 指令。

除预定义 build 指令外，也可通过命令行 tags 参数传递自定义指令。

main.go

```
package main

func main() {
    hello()
}
```

debug.go

```
// +build !release

package main

func hello() {
    println("debug version.")
}
```

release.go

```
// +build release

package main

func hello() {
    println("release version.")
}
```

log.go

```
// +build log

package main

func init() {
    println("logging ...")
}
```

如有多个自定义条件，用空格分开。

```
$ go build && ./test
debug version.

$ go build -tags "release log" && ./test
logging ...
release version.
```

预处理

简单点说，就是用 go generate 命令扫描源码文件，找出所有“go:generate”注释，提取其中的命令并执行。

- 命令必须放在 .go 源文件中。
- 命令必须以“//go:generate”开头（双斜线后不能有空格）。
- 每个文件可有多条 generate 命令。
- 命令支持环境变量。
- 必须显式执行 go generate 命令。
- 按文件名顺序提取命令并执行。
- 串行执行，出错后终止后续命令的执行。

这种设计的初衷是为包开发者准备的，可用其完成一些自动处理命令。比如在发布时，清理掉一些包用户不会使用的测试代码。除此之外，还可用来完成基于模板生成代码（类似泛型功能），或将资源文件转换为源码（.resx 嵌入资源）等工作。

a.go

```
//go:generate echo $GOPATH
//go:generate ls -lh

package main

func hello() {
    println("hello world!")
}
```

b.go

```
//go:generate uname -a

package main

func init() {
}
```

支持以下命令行参数：

```
参数                   说明                                      示例
------------------+---------------------------------------+-----------------
 -v                   显示处理的包及文件名
 -x                   显示准备执行的命令
 -n                   仅显示命令，但不执行
```

```
$ go generate -n

echo /home/yuhen/go/test
ls -lh
uname -a
```

可为当前文件中的命令定义别名（仅当前文件有效），以便多次重复使用。

```
//go:generate -command LX ls -l
//go:generate LX /var
//go:generate LX /usr
```

下卷 源码剖析

基于 Go 1.5.1

第 13 章 准备

《源码剖析》的内容基于 Go 1.5.1，测试环境为 Linux AMD64，且不包含 32 位内容。

> 我觉得是时候抛弃 32 位平台了。除了学习，日常开发和架构都不需要这个东西了。而且运行时内部对 32 位的处理看着就别扭。

本书这部分重点剖析 Go 运行时的内部执行机制，以便能深入了解程序运行期状态。这有助于深入理解语言规则，写出更好的代码——无论是规避 GC 潜在的问题，还是为了节约内存，亦或提升运行性能。

> 为了便于阅读，删减了相关代码，如有疑问请对照原始文件。如果 Go 版本不同，示例代码行号可能会存在差异，请以您实际的测试输出为准。

本书相关环境：

```
$ go version
go version go1.5.1 linux/amd64

$ lsb_release -d
Description:    Ubuntu 14.04.3 LTS

$ gdb --version
GNU gdb (Ubuntu 7.7.1-0ubuntu5~14.04.2) 7.7.1
```

> 本书示例的 go 安装包存放在 /usr/local/go 目录，可能与您的有所不同，不影响测试。

第 14 章 引导

事实上，编译好的可执行文件真正的执行入口并非我们所写的 main.main 函数，因为编译器总是会插入一段引导代码，完成诸如命令行参数、运行时初始化等工作，然后才会进入用户逻辑。

要从 src/runtime 目录下的一堆文件中找到真正的入口，其实很容易。随便准备一个编译好的目标文件，比如“Hello, World!”。

test.go

```
package main

func main() {
    println("hello, world!")
}
```

编译，然后用 GDB 查看。

建议：尽可能使用命令行编译，而不是某些 IDE 的菜单命令，这有助于我们熟悉各种编译开关参数的具体功能。其次，调试程序时，建议使用 -gcflags "-N -l" 参数关闭编译器代码优化和函数内联，避免断点和单步执行无法准确对应源码行，避免小函数和局部变量被优化掉。

```
$ go build -gcflags "-N -l" -o test test.go
```

如果在平台使用交叉编译（Cross Compile），需要设置 GOOS 环境变量。

```
$ gdb test

(gdb) info files
Local exec file:
    Entry point: 0x44dd00
```

```
(gdb) b *0x44dd00
Breakpoint 1 at 0x44dd00: file /usr/local/go/src/runtime/rt0_linux_amd64.s, line 8.
```

很简单，找到真正的入口地址，然后利用断点命令就可以轻松找到目标源文件信息。

在 src/runtime 目录下有很多不同平台的入口文件，都由汇编实现。

```
$ ls rt0_*
rt0_android_arm.s      rt0_dragonfly_amd64.s    rt0_linux_amd64.s     ...
rt0_darwin_386.s       rt0_freebsd_386.s        rt0_linux_arm.s       ...
rt0_darwin_amd64.s     rt0_freebsd_amd64.s      rt0_linux_arm64.s     ...
```

用你习惯的代码编辑器打开源文件，跳转到指定行，查看具体内容。

rt0_linux_amd64.s

```
TEXT _rt0_amd64_linux(SB),NOSPLIT,$-8
     LEAQ     8(SP), SI // argv
     MOVQ     0(SP), DI // argc
     MOVQ     $main(SB), AX
     JMP      AX

TEXT main(SB),NOSPLIT,$-8
     MOVQ     $runtime·rt0_go(SB), AX
     JMP      AX
```

用 GDB 设置断点命令看看这个 rt0_go 在哪儿。

注意：源码文件中的“·”符号编译后变成正常的“.”。

```
(gdb) b runtime.rt0_go
Breakpoint 2 at 0x44a780: file /usr/local/go/src/runtime/asm_amd64.s, line 12.
```

这段汇编代码就是你真正要找的目标，正是它完成了初始化和运行时启动。

asm_amd64.s

```
TEXT runtime·rt0_go(SB),NOSPLIT,$0

    ...

     // 调用初始化函数
    CALL     runtime·args(SB)
    CALL     runtime·osinit(SB)
```

```
    CALL    runtime·schedinit(SB)

    // 创建 main goroutine 用于执行 runtime.main
    MOVQ    $runtime·mainPC(SB), AX
    PUSHQ   AX
    PUSHQ   $0
    CALL    runtime·newproc(SB)
    POPQ    AX
    POPQ    AX

    // 让当前线程开始执行 main goroutine
    CALL    runtime·mstart(SB)

    RET

DATA    runtime·mainPC+0(SB)/8,$runtime·main(SB)
GLOBL   runtime·mainPC(SB),RODATA,$8
```

至此，由汇编语言针对特定平台实现的引导过程就全部完成。后续内容基本上都是由 Go 代码实现的。

```
(gdb) b runtime.main
Breakpoint 3 at 0x423250: file /usr/local/go/src/runtime/proc.go, line 28.
```

第 15 章 初始化

整个初始化过程相当烦琐，要完成诸如命令行参数整理、环境变量设置，以及内存分配器、垃圾回收器和并发调度器的工作现场准备。

依照第 14 章找出的线索，先依次看看几个初始化函数的内容。依旧用设置断点命令确定函数所在的源文件名和代码行号。

```
(gdb) b runtime.args
Breakpoint 7 at 0x42ebf0: file /usr/local/go/src/runtime/runtime1.go, line 48.

(gdb) b runtime.osinit
Breakpoint 8 at 0x41e9d0: file /usr/local/go/src/runtime/os1_linux.go, line 172.

(gdb) b runtime.schedinit
Breakpoint 9 at 0x424590: file /usr/local/go/src/runtime/proc1.go, line 40.
```

函数 args 整理命令行参数，这个没什么需要深究的。

runtime1.go

```
func args(c int32, v **byte) {
    argc = c
    argv = v
    sysargs(c, v)
}
```

函数 osinit 确定 CPU Core 数量。

os1_linux.go

```
func osinit() {
    ncpu = getproccount()
```

```
}
```

最关键的就是 schedinit 这里，几乎我们要关注的所有运行时环境初始化构造都是在这里被调用的。函数头部的注释列举了启动过程，也就是第 14 章的内容，不过信息太过简洁了。

proc1.go

```
// The bootstrap sequence is:
//
//    call osinit
//    call schedinit
//    make & queue new G
//    call runtime·mstart
func schedinit() {
      // 最大系统线程数量限制，参考标准库 runtime/debug.SetMaxThreads
      sched.maxmcount = 10000

      // 栈、内存分配器、调度器相关初始化
      stackinit()
      mallocinit()
      mcommoninit(_g_.m)

      // 处理命令行参数和环境变量
      goargs()
      goenvs()

      // 处理 GODEBUG、GOTRACEBACK 调试相关的环境变量设置
      parsedebugvars()

      // 垃圾回收器初始化
      gcinit()

      // 通过 CPU Core 和 GOMAXPROCS 环境变量确定 P 数量
      procs := int(ncpu)
      if n := atoi(gogetenv("GOMAXPROCS")); n > 0 {
            if n > _MaxGomaxprocs {
                  n = _MaxGomaxprocs
            }
            procs = n
      }

      // 调整 P 数量
```

```
	if procresize(int32(procs)) != nil {
		throw("unknown runnable goroutine during bootstrap")
	}
}
```

内存分配器、垃圾回收器、并发调度器的初始化细节需要涉及很多专属特征，先不去理会，留待后续章节再做详解。

事实上，初始化操作到此并未结束，因为接下来要执行的是 runtime.main，而不是用户逻辑入口函数 main.main。

```
(gdb) b runtime.main
Breakpoint 10 at 0x423250: file /usr/local/go/src/runtime/proc.go, line 28.
```

在这里我们关注的焦点是：包初始化函数 init 的执行。

proc.go

```
// The main goroutine.
func main() {
	// 执行栈的最大限制：1 GB on 64-bit, 250 MB on 32-bit.
	if ptrSize == 8 {
		maxstacksize = 1000000000
	} else {
		maxstacksize = 250000000
	}

	...

	// 启动系统后台监控（定期垃圾回收，以及并发任务调度相关的信息）
	systemstack(func() {
		newm(sysmon, nil)
	})

	...

	// 执行 runtime 包内所有初始化函数 init
	runtime_init()

	...

	// 启动垃圾回收器后台操作
	gcenable()
```

```
        // 执行所有的用户包（包括标准库）初始化函数 init
        main_init()

        ...

        // 执行用户逻辑入口 main.main 函数
        main_main()

        // 执行结束，返回退出状态码
        exit(0)
}
```

与之相关的就是 runtime_init 和 main_init 这两个函数，它们都由编译器动态生成。

proc.go

```
//go:linkname runtime_init runtime.init
func runtime_init()

//go:linkname main_init main.init
func main_init()

//go:linkname main_main main.main
func main_main()
```

注意链接后符号名的变化：runtime_init > runtime.init。

我们准备一个稍微复杂点的示例，看看编译器究竟干了什么。

```
+ <src>
    |
    +- main.go, test.go
    |
    +- <lib>
         |
         +- sum.go
```

lib/sum.go

```
package lib

func init() {
    println("sum.init")
}
```

```
func Sum(x ...int) int {
    n := 0
    for _, i := range x {
        n += i
    }

    return n
}
```

test.go

```
package main

import (
    "lib"
)

func init() {
    println("test.init")
}

func test() {
    println(lib.Sum(1, 2, 3))
}
```

main.go

```
package main

import (
    _ "net/http"                    // 引入一个标准库里的包
)

func init() {
    println("main.init.2")
}

func main() {
    test()
}

func init() {
    println("main.init.1")
```

```
}
```

编译，执行输出：

```
$ go build -gcflags "-N -l" -o test

$ ./test
sum.init
main.init.2
main.init.1
test.init
6
```

接下来我们用反汇编工具，看看最终动态生成代码的真实面目。

```
$ go tool objdump -s "runtime\.init\b" test

TEXT runtime.init.1(SB) /usr/local/go/src/runtime/alg.go
    alg.go:322      ...

TEXT runtime.init.2(SB) /usr/local/go/src/runtime/mstats.go
    mstats.go:148   ...

TEXT runtime.init.3(SB) /usr/local/go/src/runtime/panic.go
    panic.go:154    ...

TEXT runtime.init.4(SB) /usr/local/go/src/runtime/proc.go
    proc.go:140     ...

TEXT runtime.init(SB) /usr/local/go/src/runtime/zversion.go
    zversion.go:9   ...
    panic.go:9      ...
    select.go:45    ...

    zversion.go:9   CALL runtime.init.1(SB)
    zversion.go:9   CALL runtime.init.2(SB)
    zversion.go:9   CALL runtime.init.3(SB)
    zversion.go:9   CALL runtime.init.4(SB)
    zversion.go:9   MOVL $0x2, 0x43f436(IP)
    zversion.go:9   ADDQ $0x58, SP
    zversion.go:9   RET
```

命令行工具 go tool objdump 可用来查看实际生成的汇编代码，参数使用正则表达式。当然如果习惯 Intel 格式，那么还是用 GDB 吧。

很显然，runtime 内相关的多个 init 函数被赋予唯一符号名，然后再由 runtime.init 进行统一调用。注意，zversion.go 也是动态生成的。

zversion.go

```
// auto generated by go tool dist

package runtime

const defaultGoroot = `/usr/local/go`
const theVersion = `go1.5.1`
const goexperiment = ``
const stackGuardMultiplier = 1
var buildVersion = theVersion
```

至于 main.init，情况基本一致。区别在于它负责调用非 runtime 包的初始化函数。

```
$ go tool objdump -s "main\.init\b" test

TEXT main.init.1(SB) src/main.go
    main.go:7   ...

TEXT main.init.2(SB) src/main.go
    main.go:15  ...

TEXT main.init.3(SB) src/test.go
    test.go:7   ...

TEXT main.init(SB) src/test.go
    test.go:13  ...
    test.go:13  CALL net/http.init(SB)
    test.go:13  CALL test/lib.init(SB)
    test.go:13  CALL main.init.1(SB)
    test.go:13  CALL main.init.2(SB)
    test.go:13  CALL main.init.3(SB)
    test.go:13  MOVL $0x2, 0x48d543(IP)
    test.go:13  RET
```

被引用的包，包括 lib 和标准库 net/http 里的 init 函数，都被 main.init 调用。

虽然从当前版本的编译器角度来说，init 的执行顺序和依赖关系、文件名，以及定义顺序有关。但这种次序非常不便于维护和理解，极易造成潜在错误，所以强烈建议让 init 只做该做的事情：局部初始化。

最后需要记住：

- 所有 init 函数都在同一个 goroutine 内执行。
- 所有 init 函数结束后才会执行 main.main 函数。

第 16 章 内存分配

内置运行时的编程语言通常会抛弃传统的内存分配方式，改由自主管理。这样可以完成类似预分配、内存池等操作，以避开系统调用带来的性能问题。当然，有一个重要原因是为了更好地配合垃圾回收。

16.1 概述

在深入内存分配算法细节前，我们需要了解一些基本概念，这有助于建立宏观认识。

基本策略：

1. 每次从操作系统申请一大块内存（比如 1MB），以减少系统调用。
2. 将申请到的大块内存按照特定大小预先切分成小块，构成链表。
3. 为对象分配内存时，只须从大小合适的链表提取一个小块即可。
4. 回收对象内存时，将该小块内存重新归还到原链表，以便复用。
5. 如闲置内存过多，则尝试归还部分内存给操作系统，降低整体开销。

内存分配器只管理内存块，并不关心对象状态。且它不会主动回收内存，垃圾回收器在完成清理操作后，触发内存分配器的回收操作。

内存块

分配器将其管理的内存块分为两种。

- span：由多个地址连续的页（page）组成的大块内存。
- object：将 span 按特定大小切分成多个小块，每个小块可存储一个对象。

按照其用途，span 面向内部管理，object 面向对象分配。

分配器按页数来区分不同大小的 span。比如，以页数为单位将 span 存放到管理数组中，需要时就以页数为索引进行查找。当然，span 大小并非固定不变。在获取闲置 span 时，如果没找到大小合适的，那就返回页数更多的，此时会引发裁剪操作，多余部分将构成新的 span 被放回管理数组。分配器还会尝试将地址相邻的空闲 span 合并，以构建更大的内存块，减少碎片，提供更灵活的分配策略。

malloc.go

```
_PageShift = 13
_PageSize  = 1 << _PageShift   // 8KB
```

mheap.go

```
type mspan struct {
    next      *mspan       // 双向链表
    prev      *mspan
    start     pageID       // 起始序号 = (address >> _PageShift)
    npages    uintptr      // 页数
    freelist gclinkptr     // 待分配的 object 链表
}
```

用于存储对象的 object，按 8 字节倍数分为 n 种。比如说，大小为 24 的 object 可用来存储范围在 17 ~ 24 字节的对象。这种方式虽然会造成一些内存浪费，但分配器只须面对有限几种规格（size class）的小块内存，优化了分配和复用管理策略。

分配器会尝试将多个微小对象组合到一个 object 块内，以节约内存。

malloc.go

```
_NumSizeClasses = 67
```

分配器初始化时，会构建对照表存储大小和规格的对应关系，包括用来切分的 span 页数。

msize.go

```
// Size classes.  Computed and initialized by InitSizes.
```

```
//
// SizeToClass(0 <= n <= MaxSmallSize) returns the size class,
//    1 <= sizeclass < NumSizeClasses, for n.
//    Size class 0 is reserved to mean "not small".
//
// class_to_size[i] = largest size in class i
// class_to_allocnpages[i] = number of pages to allocate when
//    making new objects in class i

var class_to_size [_NumSizeClasses]int32
var class_to_allocnpages [_NumSizeClasses]int32

var size_to_class8 [1024/8 + 1]int8
var size_to_class128 [(_MaxSmallSize-1024)/128 + 1]int8
```

若对象大小超出特定阈值限制，会被当作大对象（large object）特别对待。

malloc.go

```
_MaxSmallSize = 32 << 10    // 32KB
```

管理组件

优秀的内存分配器必须要在性能和内存利用率之间做到平衡。好在 Go 的起点很高，直接采用了 tcmalloc 的成熟架构。

malloc.go

```
// Memory allocator, based on tcmalloc.
// http://goog-perftools.sourceforge.net/doc/tcmalloc.html
```

分配器由三种组件组成。

- cache：每个运行期工作线程都会绑定一个 cache，用于无锁 object 分配。
- central：为所有 cache 提供切分好的后备 span 资源。
- heap：管理闲置 span，需要时向操作系统申请新内存。

mheap.go

```
type mheap struct {
    free      [_MaxMHeapList]mspan    // 页数在 127 以内的闲置 span 链表数组
    freelarge mspan                   // 页数大于 127 (>= 1MB) 的大 span 链表
```

```
        // 每个 central 对应一种 sizeclass
        central [_NumSizeClasses]struct {
                mcentral mcentral
        }
}
```

mcentral.go

```
type mcentral struct {
        sizeclass int32    // 规格
        nonempty  mspan    // 链表：尚有空闲 object 的 span
        empty     mspan    // 链表：没有空闲 object，或已被 cache 取走的 span
}
```

mcache.go

```
type mcache struct {
        alloc [_NumSizeClasses]*mspan  // 以 sizeclass 为索引管理多个用于分配的 span
}
```

分配流程：

1. 计算待分配对象对应的规格（size class）。
2. 从 cache.alloc 数组找到规格相同的 span。
3. 从 span.freelist 链表提取可用 object。
4. 如 span.freelist 为空，从 central 获取新 span。
5. 如 central.nonempty 为空，从 heap.free/freelarge 获取，并切分成 object 链表。
6. 如 heap 没有大小合适的闲置 span，向操作系统申请新内存块。

释放流程：

1. 将标记为可回收的 object 交还给所属 span.freelist。
2. 该 span 被放回 central，可供任意 cache 重新获取使用。
3. 如 span 已收回全部 object，则将其交还给 heap，以便重新切分复用。
4. 定期扫描 heap 里长时间闲置的 span，释放其占用的内存。

注：以上不包括大对象，它直接从 heap 分配和回收。

作为工作线程私有且不被共享的 cache 是实现高性能无锁分配的核心，而 central 的作用是在多个 cache 间提高 object 利用率，避免内存浪费。

> 假如 cache1 获取一个 span 后，仅使用了一部分 object，那么剩余空间就可能会被浪费。而回收操作将该 span 交还给 central 后，该 span 完全可以被 cache2、cacheN 获取使用。此时，cache1 已不再持有该 span，完全不会造成问题。

将 span 归还给 heap，是为了在不同规格 object 需求间平衡。

> 某时段某种规格的 object 需求量可能激增，那么当需求过后，大量被切分成该规格的 span 就会被闲置浪费。将其归还给 heap，就可被其他需求获取，重新切分。

16.2 初始化

因为内存分配器和垃圾回收算法都依赖连续地址，所以在初始化阶段，预先保留了很大的一段虚拟地址空间。

> 注意：保留地址空间，并不会分配内存。

该段空间被划分成三个区域：

```
  页所属 span 指针数组  GC 标记位图           用户内存分配区域
+-------------------+--------------------+--------------------------------------------+
| spans   512MB     | bitmap   32GB      | arena   512GB                              |
+-------------------+--------------------+--------------------------------------------+
  spans_mapped        bitmap_mapped        arena_start      arena_used          arena_end
```

> 可分配区域从 Go 1.4 的 128 GB 提高到 512 GB。

简单点说，就是用三个数组组成一个高性能内存管理结构。

1. 使用 arena 地址向操作系统申请内存，其大小决定了可分配用户内存的上限。
2. 位图 bitmap 为每个对象提供 4 bit 标记位，用以保存指针、GC 标记等信息。
3. 创建 span 时，按页填充对应 spans 空间。在回收 object 时，只须将其地址按页对齐后就可找到所属 span。分配器还用此访问相邻 span，做合并操作。

任何 arena 区域的地址，只要将其偏移量配以不同步幅和起始位置，就可快速访问与之对应的 spans、bitmap 数据。最关键的是，这三个数组可以按需同步线性扩张，无须预先分配内存。

这些区域相关属性被保存在 heap 里，其中包括递进的分配位置 mapped/used。

mheap.go

```
type mheap struct {
	spans           **mspan
	spans_mapped    uintptr

	bitmap          uintptr
	bitmap_mapped   uintptr

	arena_start     uintptr
	arena_used      uintptr
	arena_end       uintptr
	arena_reserved  bool
}
```

初始化工作很简单：

1. 创建对象规格大小对照表。
2. 计算相关区域大小，并尝试从某个指定位置开始保留地址空间。
3. 在 heap 里保存区域信息，包括起始位置和大小。
4. 初始化 heap 其他属性。

malloc.go

```
func mallocinit() {
	// 初始化规格对照表
	initSizes()

	...

	// 64 位系统
	if ptrSize == 8 && (limit == 0 || limit > 1<<30) {
		// 计算相关区域大小
		arenaSize := round(_MaxMem, _PageSize)
		bitmapSize = arenaSize / (ptrSize * 8 / 4)
		spansSize = arenaSize / _PageSize * ptrSize
```

```
		spansSize = round(spansSize, _PageSize)

		// 尝试从 0xc000000000 开始设置保留地址
		// 如果失败，则尝试 0x1c000000000 ~ 0x7fc000000000
		for i := 0; i <= 0x7f; i++ {
			switch {
			case GOARCH == "arm64" && GOOS == "darwin":
				p = uintptr(i)<<40 | uintptrMask&(0x0013<<28)
			case GOARCH == "arm64":
				p = uintptr(i)<<40 | uintptrMask&(0x0040<<32)
			default:
				p = uintptr(i)<<40 | uintptrMask&(0x00c0<<32)
			}

			// 计算整个区域大小，并从指定位置开始保留地址空间
			pSize = bitmapSize + spansSize + arenaSize + _PageSize
			p = uintptr(sysReserve(unsafe.Pointer(p), pSize, &reserved))
			if p != 0 {
				break
			}
		}
	}

	// 按页对齐
	p1 := round(p, _PageSize)

	// 保存相关属性
	mheap_.spans = (**mspan)(unsafe.Pointer(p1))
	mheap_.bitmap = p1 + spansSize
	mheap_.arena_start = p1 + (spansSize + bitmapSize)
	mheap_.arena_used = mheap_.arena_start
	mheap_.arena_end = p + pSize
	mheap_.arena_reserved = reserved  // 非指定起始地址，备用地址标记

	...

	// 初始化 heap
	mHeap_Init(&mheap_, spansSize)

	// 为当前线程绑定 cache 对象
	_g_ := getg()
	_g_.m.mcache = allocmcache()
}
```

区域所指定的起始位置，在不同平台会有一些差异。这个无关紧要，实际上我们关心的是保留地址操作细节。

mem_linux.go

```
func sysReserve(v unsafe.Pointer, n uintptr, reserved *bool) unsafe.Pointer {
	if ptrSize == 8 && uint64(n) > 1<<32 {
		p := mmap_fixed(v, 64<<10, _PROT_NONE, _MAP_ANON|_MAP_PRIVATE, -1, 0)
		if p != v {
			if uintptr(p) >= 4096 {
				munmap(p, 64<<10)
			}
			return nil
		}
		munmap(p, 64<<10)
		*reserved = false
		return v
	}
}

func mmap_fixed(v unsafe.Pointer, n uintptr, prot, flags, fd int32, offset uint32) ... {
	p := mmap(v, n, prot, flags, fd, offset)
	if p != v && addrspace_free(v, n) {
		if uintptr(p) > 4096 {
			munmap(p, n)
		}
		p = mmap(v, n, prot, flags|_MAP_FIXED, fd, offset)
	}
	return p
}
```

对系统编程稍有了解的都知道 mmap 的用途。

函数 mmap 要求操作系统内核创建新的虚拟存储器区域，可指定起始地址和长度。Windows 没有此函数，对应 API 是 VirtualAlloc。

PORT_NONE：页面无法访问。

MAP_FIXED：必须使用指定起始地址。

另外，作为内存管理的全局根对象 heap， 其相关属性也必须初始化。

mheap.go

```
func mHeap_Init(h *mheap, spans_size uintptr) {
```

```
        // 初始化几个用于管理用途的固定分配器（参见本章后续内容）

        // 初始化相关属性
        for i := range h.free {
                mSpanList_Init(&h.free[i])
                mSpanList_Init(&h.busy[i])
        }

        mSpanList_Init(&h.freelarge)
        mSpanList_Init(&h.busylarge)

        // 创建 central
        for i := range h.central {
                mCentral_Init(&h.central[i].mcentral, int32(i))
        }

        // 将全局变量 h_spans 指向 heap.spans
        sp := (*slice)(unsafe.Pointer(&h_spans))
        sp.array = unsafe.Pointer(h.spans)
        sp.len = int(spans_size / ptrSize)
        sp.cap = int(spans_size / ptrSize)
}
```

强烈建议所有程序员都学习一下虚拟存储器的相关知识（推荐《深入理解计算机系统》），很多误解都源自对系统层面的认知匮乏。下面，我们用一个简单示例来澄清有关内存分配的几个常见误解。

test.go

```
package main

import (
    "fmt"
    "os"
    "github.com/shirou/gopsutil/process"
)

var ps *process.Process

// 输出内存状态信息
func mem(n int) {
    if ps == nil {
        p, err := process.NewProcess(int32(os.Getpid()))
```

```
        if err != nil {
            panic(err)
        }

        ps = p
    }

    mem, _ := ps.MemoryInfoEx()
    fmt.Printf("%d. VMS: %d MB, RSS: %d MB\n", n, mem.VMS>>20, mem.RSS>>20)
}

func main() {
    // 1. 初始化结束后的内存状态
    mem(1)

    // 2. 创建一个 10 * 1MB 数组后的内存状态
    data := new([10][1024 * 1024]byte)
    mem(2)

    // 3. 填充该数组过程中的内存状态
    for i := range data {
        for x, n := 0, len(data[i]); x < n; x++ {
            data[i][x] = 1
        }

        mem(3)
    }
}
```

编译后执行：

```
1. VMS:  5 MB, RSS: 1 MB
2. VMS: 15 MB, RSS: 1 MB
3. VMS: 15 MB, RSS: 2 MB
3. VMS: 15 MB, RSS: 3 MB
3. VMS: 15 MB, RSS: 4 MB
3. VMS: 15 MB, RSS: 5 MB
3. VMS: 15 MB, RSS: 6 MB
3. VMS: 15 MB, RSS: 7 MB
3. VMS: 15 MB, RSS: 8 MB
3. VMS: 15 MB, RSS: 9 MB
3. VMS: 15 MB, RSS: 10 MB
3. VMS: 15 MB, RSS: 11 MB
```

按序号对照输出结果：

1. 尽管初始化时预留了 544 GB 的虚拟地址空间，但并没有分配内存。
2. 操作系统大多采取机会主义分配策略，申请内存时，仅承诺但不立即分配物理内存。
3. 物理内存分配在写操作导致缺页异常调度时发生，而且是按页提供的。

注意：不同操作系统，可能会存在一些差异。

16.3 分配

为对象分配内存须区分是在栈还是堆上完成。通常情况下，编译器有责任尽可能使用寄存器和栈来存储对象，这有助于提升性能，减少垃圾回收器的压力。

但千万不要以为用了 new 函数就一定会分配在堆上，即便是相同的源码也有不同的结果。

test.go

```
package main

import ()

func test() *int {
    x := new(int)
    *x = 0xAABB
    return x
}

func main() {
    println(*test())
}
```

当编译器禁用内联优化时，所生成代码和我们的源码表面上预期一致。

```
$ go build -gcflags "-l" -o test test.go      // 关闭内联优化

$ go tool objdump -s "main\.test" test
```

```
TEXT main.test(SB) test.go
    test.go:5   SUBQ $0x10, SP
    test.go:6   LEAQ 0x56d46(IP), BX
    test.go:6   MOVQ BX, 0(SP)
    test.go:6   CALL runtime.newobject(SB)    // 在堆上分配
    test.go:6   MOVQ 0x8(SP), AX
    test.go:7   MOVQ $0xaabb, 0(AX)
    test.go:8   MOVQ AX, 0x18(SP)
    test.go:8   ADDQ $0x10, SP
    test.go:8   RET
```

但当使用默认参数时，函数 test 会被 main 内联，此时结果就变得不同了。

```
$ go build -o test test.go                    // 默认优化

$ go tool objdump -s "main\.main" test

TEXT main.main(SB) test.go
    test.go:11  SUBQ $0x18, SP
    test.go:12  MOVQ $0x0, 0x10(SP)
    test.go:12  LEAQ 0x10(SP), BX
    test.go:12  MOVQ $0xaabb, 0(BX)
    test.go:12  MOVQ 0(BX), BP
    test.go:12  MOVQ BP, 0x8(SP)
    test.go:12  CALL runtime.printlock(SB)
    test.go:12  MOVQ 0x8(SP), BX
    test.go:12  MOVQ BX, 0(SP)
    test.go:12  CALL runtime.printint(SB)
    test.go:12  CALL runtime.printnl(SB)
    test.go:12  CALL runtime.printunlock(SB)
    test.go:13  ADDQ $0x18, SP
    test.go:13  RET
```

看不懂汇编没关系，但显然内联优化后的代码没有调用 newobject 在堆上分配内存。

编译器这么做，道理很简单。没有内联时，需要在两个栈帧间传递对象，因此会在堆上分配而不是返回一个失效栈帧里的数据。而当内联后，它实际上就成了 main 栈帧内的局部变量，无须去堆上操作。

Go 编译器支持逃逸分析（escape analysis），它会在编译期通过构建调用图来分析局部变量是否会被外部引用，从而决定是否可直接分配在栈上。

编译参数 -gcflags "-m" 可输出编译优化信息，其中包括内联和逃逸分析。

你或许见过“Zero Garbage”这个说法，其目的就是避免在堆上的分配行为，从而减小垃圾回收压力，提升性能。另外，做性能测试时使用 go test -benchmem 参数可以输出堆分配次数统计。

好了，本章要关注的是内存分配器，而非编译器。借着上面这个例子，我们开始深入挖掘 newobject 具体是如何为对象分配内存的。

mcache.go

```
type mcache struct {
	// Allocator cache for tiny objects w/o pointers.
	tiny            unsafe.Pointer
	tinyoffset      uintptr

	alloc [_NumSizeClasses]*mspan
}
```

malloc.go

```
// 内置函数 new 实现
func newobject(typ *_type) unsafe.Pointer {
	return mallocgc(uintptr(typ.size), typ, flags)
}

func mallocgc(size uintptr, typ *_type, flags uint32) unsafe.Pointer {
	// 当前线程所绑定的 cache
	c := gomcache()

	// 小对象
	if size <= maxSmallSize {
		// 无须扫描非指针微小对象（小于 16）
		if flags&flagNoScan != 0 && size < maxTinySize {
			off := c.tinyoffset

			// 对齐，调整偏移量
			if size&7 == 0 {
				off = round(off, 8)
			} else if size&3 == 0 {
				off = round(off, 4)
			} else if size&1 == 0 {
				off = round(off, 2)
			}

			// 如果剩余空间足够...
```

```
        if off+size <= maxTinySize && c.tiny != nil {
                // 返回指针，调整偏移量为下次分配做好准备
                x = add(c.tiny, off)
                c.tinyoffset = off + size
                return x
        }

        // 获取新的 tiny 块
        // 就是从 sizeclass = 2 的 span.freelist 获取一个 16 字节 object
        s = c.alloc[tinySizeClass]
        v := s.freelist

        // 如果没有可用的 object，那么需要从 central 获取新的 span
        if v.ptr() == nil {
                systemstack(func() {
                        mCache_Refill(c, tinySizeClass)
                })

                // 重新提取 tiny 块
                s = c.alloc[tinySizeClass]
                v = s.freelist
        }

        // 提取 object 后，调整 span.freelist 链表，增加使用计数
        s.freelist = v.ptr().next
        s.ref++

        // 初始化（零值）tiny 块
        x = unsafe.Pointer(v)
        (*[2]uint64)(x)[0] = 0
        (*[2]uint64)(x)[1] = 0

        // 对比新旧两个 tiny 块的剩余空间
        // 新块分配后，其 tinyoffset = size，因此比对偏移量即可
        if size < c.tinyoffset {
                // 用新块替换
                c.tiny = x
                c.tinyoffset = size
        }

        // 消费一个新的完整 tiny 块
        size = maxTinySize
} else {
```

```
                // 普通小对象

                // 查表，以确定 sizeclass
                var sizeclass int8
                if size <= 1024-8 {
                        sizeclass = size_to_class8[(size+7)>>3]
                } else {
                        sizeclass = size_to_class128[(size-1024+127)>>7]
                }
                size = uintptr(class_to_size[sizeclass])

                // 从对应规格的 span.freelist 提取 object
                s = c.alloc[sizeclass]
                v := s.freelist

                // 没有可用的 object，从 central 获取新的 span
                if v.ptr() == nil {
                        systemstack(func() {
                                mCache_Refill(c, int32(sizeclass))
                        })

                        // 重新提取 object
                        s = c.alloc[sizeclass]
                        v = s.freelist
                }

                // 调整 span.freelist 链表，增加使用计数
                s.freelist = v.ptr().next
                s.ref++

                // 清零（变量默认总是初始化为零值）
                x = unsafe.Pointer(v)
                if flags&flagNoZero == 0 {
                        v.ptr().next = 0
                        if size > 2*ptrSize && ((*[2]uintptr)(x))[1] != 0 {
                                memclr(unsafe.Pointer(v), size)
                        }
                }
        }
} else {
        // 大对象直接从 heap 分配 span
        var s *mspan
        systemstack(func() {
```

```
                s = largeAlloc(size, uint32(flags))
            })

            // span.start 实际由 address >> pageShift 生成
            x = unsafe.Pointer(uintptr(s.start << pageShift))
            size = uintptr(s.elemsize)
    }

    // 在 bitmap 做标记 ...
    // 检查触发条件，启动垃圾回收 ...

    return x
}
```

整理一下这段代码的基本思路：

- 大对象直接从 heap 获取 span。
- 小对象从 cache.alloc[sizeclass].freelist 获取 object。
- 微小对象组合使用 cache.tiny object。

对微小对象的处理很有意思。首先，它不能是指针，因为多个小对象被组合到一个 object 里，显然无法应对垃圾扫描。其次，它从 span.freelist 获取一个 16 字节的 object，然后利用偏移量来记录下一次分配的位置。

这里有个小细节，体现了作者的细心。当 tiny 因剩余空间不足而使用新 object 时，会比较新旧两个 tiny object 的剩余空间，而非粗暴地喜新厌旧。

分配算法本身并不复杂，没什么好说的，接下来要关注的自然是资源不足时如何扩张。考虑到大对象分配过程没有 central 这个中间环节，所以我们先跳 largeAlloc 这个坑。

malloc.go

```
func largeAlloc(size uintptr, flag uint32) *mspan {
    // 计算所需页数
    npages := size >> _PageShift
    if size&_PageMask != 0 {
            npages++
    }

    // 清理(sweep)垃圾 ...

    // 从 heap 获取 span，并重置在 bitmap 里的标记
```

```
	s := mHeap_Alloc(&mheap_, npages, 0, true, flag&_FlagNoZero == 0)
	heapBitsForSpan(s.base()).initSpan(s.layout())

	return s
}
```

先不用跟过去看 mHeap_Alloc，因为小对象扩张函数 mCache_Refill 最终也会调用它。

mcache.go

```
func mCache_Refill(c *mcache, sizeclass int32) *mspan {
	// 放弃当前正在使用的 span（尚在 central.empty 里）
	s := c.alloc[sizeclass]
	if s != &emptymspan {
		s.incache = false  // 取消"正在使用"标志
	}

	// 从 central 获取 span 进行替换
	s = mCentral_CacheSpan(&mheap_.central[sizeclass].mcentral)
	c.alloc[sizeclass] = s
	return s
}
```

在跳转到 central 之前，先得了解 sweepgen 这个概念。垃圾回收每次都会累加这个类似代龄的计数值，而每个等待处理的 span 也有该属性。

mheap.go

```
type mheap struct {
	sweepgen  uint32   // sweep generation, see comment in mspan
	sweepdone uint32   // all spans are swept
}

type mspan struct {
	// if sweepgen == h->sweepgen - 2, the span needs sweeping
	// if sweepgen == h->sweepgen - 1, the span is currently being swept
	// if sweepgen == h->sweepgen,     the span is swept and ready to use
	// h->sweepgen is incremented by 2 after every GC
	sweepgen    uint32
}
```

在 heap 里闲置的 span 不会被垃圾回收器关注，但 central 里的 span 却有可能正在被清理。所以当 cache 从 central 提取 span 时，该属性值就非常重要。

mcentral.go

```
type mcentral struct {
    nonempty  mspan    // 链表：span 尚有空闲 object 可用
    empty     mspan    // 链表：span 没有空闲 object 可用，或已被 cache 取走
}

func mCentral_CacheSpan(c *mcentral) *mspan {
    // 清理（sweep）垃圾 ...

    sg := mheap_.sweepgen

retry:
    // 遍历 nonempty 链表
    for s = c.nonempty.next; s != &c.nonempty; s = s.next {
        // 需要清理的 span
        if s.sweepgen == sg-2 && cas(&s.sweepgen, sg-2, sg-1) {
            // 因为要交给 cache 使用，所以转移到 empty 链表
            mSpanList_Remove(s)
            mSpanList_InsertBack(&c.empty, s)

            // 垃圾清理
            mSpan_Sweep(s, true)
            goto havespan
        }

        // 忽略正在清理的 span
        if s.sweepgen == sg-1 {
            continue
        }

        // 已清理过的 span
        mSpanList_Remove(s)
        mSpanList_InsertBack(&c.empty, s)

        goto havespan
    }

    // 遍历 empty 链表
    for s = c.empty.next; s != &c.empty; s = s.next {
        // 需要清理的 span
        if s.sweepgen == sg-2 && cas(&s.sweepgen, sg-2, sg-1) {
            mSpanList_Remove(s)
```

```
				mSpanList_InsertBack(&c.empty, s)
				mSpan_Sweep(s, true)

				// 清理后有可用的 object
				if s.freelist.ptr() != nil {
					goto havespan
				}

				// 清理后依然没可用的 object，重试
				goto retry
			}

			// 忽略正在清理的 span
			if s.sweepgen == sg-1 {
				continue
			}

			// 已清理过，且不为空的 span 都被转移到 noempty 链表
			// 这里剩下的自然都是全空或正在被 cache 使用的，继续循环已没有意义
			break
		}

	// 如果两个链表里都没 span 可用，扩张
	s = mCentral_Grow(c)

	// 新 span 将被 cache 使用，所以放到 empty 链表尾部
	mSpanList_InsertBack(&c.empty, s)

havespan:
	// 设置被 cache 使用标志
	s.incache = true

	return s
}
```

可以看出，从 central 里获取 span 时，优先取用已有资源，哪怕是要执行清理操作。只有当现有资源都无法满足时，才去 heap 获取 span，并重新切分成 object 链表。

mcentral.go

```
func mCentral_Grow(c *mcentral) *mspan {
	// 查表获取所需页数
	npages := uintptr(class_to_allocnpages[c.sizeclass])
```

```
        size := uintptr(class_to_size[c.sizeclass])

        // 计算切分 object 数量
        n := (npages << _PageShift) / size

        // 从 heap 获取 span
        s := mHeap_Alloc(&mheap_, npages, c.sizeclass, false, true)

        // 切分成 object 链表
        p := uintptr(s.start << _PageShift)  // 内存地址
        head := gclinkptr(p)
        tail := gclinkptr(p)
        for i := uintptr(1); i < n; i++ {
                p += size
                tail.ptr().next = gclinkptr(p)
                tail = gclinkptr(p)
        }
        tail.ptr().next = 0
        s.freelist = head

        // 重置在 bitmap 里的标记
        heapBitsForSpan(s.base()).initSpan(s.layout())

        return s
}
```

好了，现在大小对象殊途同归，都到了 mHeap_Alloc 这里。

mheap.go

```
type mheap struct {
        busy        [_MaxMHeapList]mspan    // 链表数组：已分配大对象 span，127 页以内
        busylarge mspan                     // 链表：已分配超过 127 页大对象 span
}

func mHeap_Alloc(h *mheap, npage uintptr, sizeclass int32, large bool, needzero bool) *mspan {
        systemstack(func() {
                s = mHeap_Alloc_m(h, npage, sizeclass, large)
        })

        // 对 span 清零

        return s
}
```

```
func mHeap_Alloc_m(h *mheap, npage uintptr, sizeclass int32, large bool) *mspan {
    // 清理（sweep）垃圾 ...

    // 从 heap 获取指定页数的 span
    s := mHeap_AllocSpanLocked(h, npage)
    if s != nil {
        // 重置 span 状态
        atomicstore(&s.sweepgen, h.sweepgen)
        s.state = _MSpanInUse
        s.freelist = 0
        s.ref = 0
        s.sizeclass = uint8(sizeclass)
        ...

        // 小对象取用的 span 被存放到 central.empty 链表
        // 而大对象所取用的 span 则放在 heap.busy 链表
        if large {
            // 根据页数来判断将其放到 busy 还是 busylarge 链表
            // 数组 free 使用页数作为索引，那么 len(free)就是最大页数边界
            if s.npages < uintptr(len(h.free)) {
                mSpanList_InsertBack(&h.busy[s.npages], s)
            } else {
                mSpanList_InsertBack(&h.busylarge, s)
            }
        }
    }

    return s
}
```

从 heap 获取 span 的算法核心是找到大小最合适的块。首先从页数相同的链表查找，如没有结果，再从页数更多的链表提取，直至超大块或申请新块。

如返回更大的 span，为避免浪费，会将多余部分切出来重新放回 heap 链表。同时还尝试合并相邻的闲置 span 空间，减少碎片。

mheap.go

```
type mheap struct {
    free      [_MaxMHeapList]mspan    // 链表数组：页数 127 以内的闲置 span
    freelarge mspan                   // 链表：页数大于 127 的闲置 span
```

```
}

func mHeap_AllocSpanLocked(h *mheap, npage uintptr) *mspan {
	// 先尝试获取指定页数的 span，不行就试页数更多的
	for i := int(npage); i < len(h.free); i++ {
		// 从链表取 span
		if !mSpanList_IsEmpty(&h.free[i]) {
			s = h.free[i].next
			goto HaveSpan
		}
	}

	// 再不行，就试一试页数超过 127 的超大 span
	s = mHeap_AllocLarge(h, npage)

	// 还没有，就得从操作系统申请新的了
	if s == nil {
		if !mHeap_Grow(h, npage) {
			return nil
		}

		// 因为每次申请最小 1MB/128Pages，所以被放到 freelarge 链表，再试
		s = mHeap_AllocLarge(h, npage)
		if s == nil {
			return nil
		}
	}

HaveSpan:
	// 从 free 链表移除
	mSpanList_Remove(s)

	// 如果该 span 曾被释放物理内存，重新映射补回 ...

	// 如果该 span 页数多于预期 ...
	if s.npages > npage {
		// 创建新 span 用来管理多余的内存
		t := (*mspan)(fixAlloc_Alloc(&h.spanalloc))
		mSpan_Init(t, s.start+pageID(npage), s.npages-npage)

		// 调整切割后的页数
		s.npages = npage
```

```
            // 将新建 span 放回 heap
            mHeap_FreeSpanLocked(h, t, false, false, s.unusedsince)
    }

    // 在 spans 填充全部指针
    p := uintptr(s.start)
    p -= (uintptr(unsafe.Pointer(h.arena_start)) >> _PageShift)
    for n := uintptr(0); n < npage; n++ {
            h_spans[p+n] = s
    }

    return s
}
```

因为 freelarge 只是一个简单链表，没有页数做索引，也不曾按大小排序，所以只能遍历整个链表，然后选出最小、地址最靠前的块。

mheap.go

```
func mHeap_AllocLarge(h *mheap, npage uintptr) *mspan {
    return bestFit(&h.freelarge, npage, nil)
}

func bestFit(list *mspan, npage uintptr, best *mspan) *mspan {
    for s := list.next; s != list; s = s.next {
            if s.npages < npage {
                    continue
            }
            if best == nil || s.npages < best.npages ||
               (s.npages == best.npages && s.start < best.start) {
                    best = s
            }
    }
    return best
}
```

至于将 span 放回 heap 的 mHeap_FreeSpanLocked 操作，将在内存回收章节再做详述。而在内存分配阶段，也只剩向操作系统申请新内存块了。

mheap.go

```
func mHeap_Grow(h *mheap, npage uintptr) bool {
    // 大小总是 64KB 的倍数，最少 1MB
```

```
	npage = round(npage, (64<<10)/_PageSize)
	ask := npage << _PageShift
	if ask < _HeapAllocChunk {
		ask = _HeapAllocChunk
	}

	// 向操作系统申请内存
	v := mHeap_SysAlloc(h, ask)

	// 创建 span 用来管理刚申请的内存
	s := (*mspan)(fixAlloc_Alloc(&h.spanalloc))
	mSpan_Init(s, pageID(uintptr(v)>>_PageShift), ask>>_PageShift)

	// 填充在 spans 区域的信息
	p := uintptr(s.start)
	p -= (uintptr(unsafe.Pointer(h.arena_start)) >> _PageShift)
	for i := p; i < p+s.npages; i++ {
		h_spans[i] = s
	}

	// 放到 heap 相关链表中
	mHeap_FreeSpanLocked(h, s, false, true, 0)

	return true
}
```

依然是用 mmap 从指定位置申请内存。最重要的是同步扩张 bitmap 和 spans 区域，以及调整 arena_used 这个位置指示器。

malloc.go

```
func mHeap_SysAlloc(h *mheap, n uintptr) unsafe.Pointer {
	// 不能超出 arena 大小限制
	if n <= uintptr(h.arena_end)-uintptr(h.arena_used) {
		// 从指定位置申请内存
		p := h.arena_used
		sysMap((unsafe.Pointer)(p), n, h.arena_reserved, &memstats.heap_sys)

		// 同步扩张 bitmap 和 spans 内存
		mHeap_MapBits(h, p+n)
		mHeap_MapSpans(h, p+n)

		// 调整下一次申请地址
```

```
            h.arena_used = p + n

            return (unsafe.Pointer)(p)
    }
}
```

mem_linux.go

```
func sysMap(v unsafe.Pointer, n uintptr, reserved bool, sysStat *uint64) {
    if !reserved {
            p := mmap_fixed(v, n, _PROT_READ|_PROT_WRITE, _MAP_ANON|_MAP_PRIVATE, -1, 0)
            return
    }

    p := mmap(v, n, _PROT_READ|_PROT_WRITE, _MAP_ANON|_MAP_FIXED|_MAP_PRIVATE, -1, 0)
}
```

至此，内存分配操作流程正式结束。

16.4 回收

内存回收的源头是垃圾清理操作。

之所以说回收而非释放，是因为整个内存分配器的核心是内存复用，不再使用的内存会被放回合适位置，等下次分配时再次使用。只有当空闲内存资源过多时，才会考虑释放。

基于效率考虑，回收操作自然不会直接盯着单个对象，而是以 span 为基本单位。通过比对 bitmap 里的扫描标记，逐步将 object 收归原 span，最终上交 central 或 heap 复用。

清理函数 sweepone 调用 mSpan_Sweep 来引发内存分配器回收流程。

mgcsweep.go

```
func sweepone() uintptr {
    if !mSpan_Sweep(s, false) {
            ...
    }
}
```

```go
func mSpan_Sweep(s *mspan, preserve bool) bool {
    var head, end gclinkptr

    // 为 span 中的空闲 object 设置标记，无须再次扫描
    for link := s.freelist; link.ptr() != nil; link = link.ptr().next {
        heapBitsForAddr(uintptr(link)).setMarkedNonAtomic()
    }

    // 遍历 span，收集未标记的不可达 object（不包括 freelist，它们已被标记）
    heapBitsSweepSpan(s.base(), size, n, func(p uintptr) {
        if cl == 0 {
            // 大对象：重置 bitmap，更新 sweepgen
            heapBitsForSpan(p).initSpan(s.layout())
            atomicstore(&s.sweepgen, sweepgen)
            freeToHeap = true
        } else {
            // 使用 head、end 构建链表，收集不可达 object
            if head.ptr() == nil {
                head = gclinkptr(p)
            } else {
                end.ptr().next = gclinkptr(p)
            }
            end = gclinkptr(p)
            end.ptr().next = gclinkptr(0x0bade5)

            // 收集计数
            nfree++
        }
    })

    // 回收内存
    // 小对象：如果没有可回收 object，那么维持原状态，根本无须处理
    // 大对象：整个 span 就是一个 object，直接交还 heap
    if nfree > 0 {
        mCentral_FreeSpan(&mheap_.central[cl].mcentral, s, int32(nfree), head, end, ...)
    } else if freeToHeap {
        mHeap_Free(&mheap_, s, 1)
    }
}
```

遍历 span，将收集到的不可达 object 合并到 freelist 链表。如该 span 已收回全部 object，那么就将这块完全自由的内存还给 heap，以便后续复用。

mcentral.go

```
func mCentral_FreeSpan(c *mcentral, s *mspan, n int32, start, end gclinkptr ...) bool {
    // 判断 span 是否为空（没有空闲 object）
    wasempty := s.freelist.ptr() == nil

    // 将收集到链表合并到 freelist
    end.ptr().next = s.freelist
    s.freelist = start
    s.ref -= uint16(n)

    // 阻止进一步回收
    if preserve {
            atomicstore(&s.sweepgen, mheap_.sweepgen)
            return false
    }

    // 将原本为空的 span 转移到 central.nonempty 链表
    if wasempty {
            mSpanList_Remove(s)
            mSpanList_Insert(&c.nonempty, s)
    }

    // 如果还有 object 被使用，那么终止
    if s.ref != 0 {
            return false
    }

    // 如果收回全部 object，就从 central 交还给 heap
    mSpanList_Remove(s)
    heapBitsForSpan(s.base()).initSpan(s.layout())
    mHeap_Free(&mheap_, s, 0)

    return true
}
```

无论是向操作系统申请内存，还是清理回收内存，只要往 heap 里放 span，都会尝试合并左右相邻的闲置 span，以构成更大的自由块。

mheap.go

```
func mHeap_Free(h *mheap, s *mspan, acct int32) {
    systemstack(func() {
```

```
            mHeap_FreeSpanLocked(h, s, true, true, 0)
      })
}

func mHeap_FreeSpanLocked(h *mheap, s *mspan, acctinuse, acctidle bool, unusedsince int64) {
      // 从现有链表移除
      mSpanList_Remove(s)

      // 计算偏移量
      p := uintptr(s.start)
      p -= uintptr(unsafe.Pointer(h.arena_start)) >> _PageShift

      if p > 0 {
            // 通过 spans 数组访问左侧相邻 span
            t := h_spans[p-1]

            // 检查合并条件
            if t != nil && t.state != _MSpanInUse && t.state != _MSpanStack {
                  // 合并，更新属性
                  s.start = t.start
                  s.npages += t.npages

                  // 更新 spans 里的信息
                  p -= t.npages
                  h_spans[p] = s

                  // 释放原左侧 span 对象
                  mSpanList_Remove(t)
                  fixAlloc_Free(&h.spanalloc, (unsafe.Pointer)(t))
            }
      }

      // 检查右侧 span
      if (p+s.npages)*ptrSize < h.spans_mapped {
            t := h_spans[p+s.npages]
            if t != nil && t.state != _MSpanInUse && t.state != _MSpanStack {
                  // 合并右侧 span，更新属性
                  s.npages += t.npages

                  // 更新 spans 信息
                  h_spans[p+s.npages-1] = s

                  // 释放原右侧 span 对象
```

```
                mSpanList_Remove(t)
                fixAlloc_Free(&h.spanalloc, (unsafe.Pointer)(t))
            }
        }

        // 根据页数插入 free/freelarge 链表
        if s.npages < uintptr(len(h.free)) {
            mSpanList_Insert(&h.free[s.npages], s)
        } else {
            mSpanList_Insert(&h.freelarge, s)
        }
    }
```

回收操作至此结束。这些被收回的 span 并不会被释放，而是等待复用。

16.5 释放

在运行时入口函数 main.main 里，会专门启动一个监控任务 sysmon，它每隔一段时间就会检查 heap 里的闲置内存块。

proc.go

```
func sysmon() {
    scavengelimit := int64(5 * 60 * 1e9)

    for {
        usleep(delay)

        if lastscavenge+scavengelimit/2 < now {
            mHeap_Scavenge(int32(nscavenge), uint64(now), uint64(scavengelimit))
            lastscavenge = now
        }
    }
}
```

遍历 free、freelarge 里的所有 span，如闲置时间超过阈值，则释放其关联的物理内存。

mheap.go

```
func mHeap_Scavenge(k int32, now, limit uint64) {
    h := &mheap_
```

```
	// 遍历 free 数组里的所有链表
	for i := 0; i < len(h.free); i++ {
		sumreleased += scavengelist(&h.free[i], now, limit)
	}

	// 遍历 freelarge 链表
	sumreleased += scavengelist(&h.freelarge, now, limit)
}

func scavengelist(list *mspan, now, limit uint64) uintptr {
	var sumreleased uintptr

	// 遍历链表
	for s := list.next; s != list; s = s.next {
		// 检查闲置时间是否超出限制，而且内存没有全部被释放过
		// 因为存在 span 合并的情况，所以有局部释放很正常
		if (now-uint64(s.unusedsince)) > limit && s.npreleased != s.npages {
			// 更新释放计数属性
			released := (s.npages - s.npreleased) << _PageShift
			sumreleased += released
			s.npreleased = s.npages

			// 释放内存
			sysUnused((unsafe.Pointer)(s.start<<_PageShift), s.npages<<_PageShift)
		}
	}
	return sumreleased
}
```

所谓物理内存释放，另有玄虚。

mem_linux.go

```
func sysUnused(v unsafe.Pointer, n uintptr) {
	madvise(v, n, _MADV_DONTNEED)
}
```

系统调用 madvise 告知操作系统某段内存暂不使用，建议内核收回对应物理内存。当然，这只是一个建议，是否回收由内核决定。如物理内存资源充足，该建议可能会被忽略，以避免无谓的损耗。而当再次使用该内存块时，会引发缺页异常，内核会自动重新关联物理内存页。

分配器面对的是虚拟内存，所以在地址空间充足的情况下，根本无须放弃这段虚拟内存，无须收回 mspan 等管理对象，这也是 arena 能线性扩张的根本原因。

Microsoft Windows 并不支持类似 madvise 的机制，须在获取 span 时主动补上被 VirtualFree 掉的内存。

mem_windows.go

```
func sysUnused(v unsafe.Pointer, n uintptr) {
	r := stdcall3(_VirtualFree, uintptr(v), n, _MEM_DECOMMIT)
}

func sysUsed(v unsafe.Pointer, n uintptr) {
	r := stdcall4(_VirtualAlloc, uintptr(v), n, _MEM_COMMIT, _PAGE_READWRITE)
}
```

mheap.go

```
func mHeap_AllocSpanLocked(h *mheap, npage uintptr) *mspan {
	...

HaveSpan:
	// 如果被释放过物理内存，重新补上
	if s.npreleased > 0 {
		sysUsed((unsafe.Pointer)(s.start<<_PageShift), s.npages<<_PageShift)
		s.npreleased = 0
	}

	return s
}
```

多数 UNIX-Like 系统都支持 madvise，所以它们的 sysUsed 函数大多什么都不做。

除周期性自动处理外，也可以调用 runtime/debug.FreeOSMemory 函数主动释放。

16.6 其他

从运行时的角度，整个进程内的对象可分为两类：一种，自然是从 arena 区域分配的用户对象；另一种，则是运行时自身运行和管理所需的对象，比如管理 arena 内存片段的 mspan，提供无锁分配的 mcache 等等。

管理对象的生命周期并不像用户对象那样复杂，且类型和长度都相对固定，所以算法策略显然不用那么复杂。还有，它们相对较长的生命周期也不适合占用 arena 区域，否则会导致更多碎片。为此，运行时专门设计了 FixAlloc 固定分配器来为管理对象分配内存。

固定分配器使用相同的算法框架，只有相应参数不同。

mfixalloc.go

```
type fixalloc struct {
    size   uintptr          // 固定分配长度
    first  unsafe.Pointer   // 关联函数
    arg    unsafe.Pointer   // 关联函数调用参数
    list   *mlink           // 复用链表
    chunk  *byte            // 内存块指针
    nchunk uint32           // 内存块长度
    inuse  uintptr          // 内存块已用长度
}
```

当运行时在初始化 heap 时，一共构建了 4 种固定分配器。

mheap.go

```
func mHeap_Init(h *mheap, spans_size uintptr) {
    fixAlloc_Init(&h.spanalloc, unsafe.Sizeof(mspan{}), recordspan, ...)
    fixAlloc_Init(&h.cachealloc, unsafe.Sizeof(mcache{}), nil, nil, ...)
    fixAlloc_Init(&h.specialfinalizeralloc, unsafe.Sizeof(specialfinalizer{}), nil, ...)
    fixAlloc_Init(&h.specialprofilealloc, unsafe.Sizeof(specialprofile{}), nil, ...)
}
```

mfixalloc.go

```
func fixAlloc_Init(f *fixalloc, size uintptr, first ..., arg unsafe.Pointer, stat *uint64) {
    f.size = size
    f.first = *(*unsafe.Pointer)(unsafe.Pointer(&first))
    f.arg = arg
    f.list = nil
    f.chunk = nil
    f.nchunk = 0
    f.inuse = 0
    f.stat = stat
}
```

分配算法优先从复用链表获取内存，只在获取失败，或剩余空间不足时才获取新内存块。

mfixalloc.go

```
func fixAlloc_Alloc(f *fixalloc) unsafe.Pointer {
	// 尝试从可用链表提取
	if f.list != nil {
		v := unsafe.Pointer(f.list)
		f.list = f.list.next
		f.inuse += f.size
		return v
	}

	// 如果剩余内存块已不足分配，则获取新内存块（16KB）
	if uintptr(f.nchunk) < f.size {
		f.chunk = (*uint8)(persistentalloc(_FixAllocChunk, 0, f.stat))
		f.nchunk = _FixAllocChunk
	}

	// 获取新内存块时执行关联函数（通常用作初始化和拷贝数据）
	v := (unsafe.Pointer)(f.chunk)
	if f.first != nil {
		fn := *(*func(unsafe.Pointer, unsafe.Pointer))(unsafe.Pointer(&f.first))
		fn(f.arg, v)
	}

	// 更新属性
	f.chunk = (*byte)(add(unsafe.Pointer(f.chunk), f.size))
	f.nchunk -= uint32(f.size)
	f.inuse += f.size

	return v
}
```

固定分配器持有的这个 16 KB 内存块分自 persistent 区域。该区域在很多地方为运行时提供后备内存，目的同样是为了减少并发锁，减少内存申请系统调用。

malloc.go

```
type persistentAlloc struct {
	base unsafe.Pointer
	off  uintptr
```

```
}

var globalAlloc struct {
	persistentAlloc
}

func persistentalloc(size, align uintptr, sysStat *uint64) unsafe.Pointer {
	systemstack(func() {
		p = persistentalloc1(size, align, sysStat)
	})
	return p
}

func persistentalloc1(size, align uintptr, sysStat *uint64) unsafe.Pointer {
	const (
		chunk    = 256 << 10
		maxBlock = 64 << 10   // VM reservation granularity is 64K on windows
	)

	// 直接分配大于 64KB 的内存块
	if size >= maxBlock {
		return sysAlloc(size, sysStat)
	}

	// 后备内存块存放位置（本地或全局）
	var persistent *persistentAlloc
	if mp != nil && mp.p != 0 {
		persistent = &mp.p.ptr().palloc
	} else {
		persistent = &globalAlloc.persistentAlloc
	}

	// 偏移位置对齐
	persistent.off = round(persistent.off, align)

	// 如果后备块空间不足，则重新申请
	if persistent.off+size > chunk || persistent.base == nil {
		// 申请新 256KB 后备内存
		persistent.base = sysAlloc(chunk, &memstats.other_sys)
		persistent.off = 0
	}

	// 截取所需内存块
```

```
        p := add(persistent.base, persistent.off)
        persistent.off += size
        return p
}
```

至于释放过程，只简单地放回复用链表即可。

mfixalloc.go

```
func fixAlloc_Free(f *fixalloc, p unsafe.Pointer) {
        f.inuse -= f.size
        v := (*mlink)(p)
        v.next = f.list
        f.list = v
}
```

recordspan

四个 FixAlloc，只有 mspan 指定了关联函数 recordspan，其作用是按需扩张 h_allspans 存储空间。h_allspans 保存了所有 span 对象指针，供垃圾回收时遍历。

内存分配器 spans 区域虽然保存了 page/span 映射关系，但有很多重复，基于效率考虑，并不适合用来作为遍历对象。

mheap.go

```
var h_allspans []*mspan

func mHeap_Init(h *mheap, spans_size uintptr) {
        fixAlloc_Init(&h.spanalloc, unsafe.Sizeof(mspan{}), recordspan, ...)
}

func recordspan(vh unsafe.Pointer, p unsafe.Pointer) {
        h := (*mheap)(vh)
        s := (*mspan)(p)

        // 如果空间已满 ...
        if len(h_allspans) >= cap(h_allspans) {
                // 计算新容量
                n := 64 * 1024 / ptrSize
                if n < cap(h_allspans)*3/2 {
                        n = cap(h_allspans) * 3 / 2
                }
```

```
        // 申请新内存空间（直接用指针写 slice 内部属性）
        var new []*mspan
        sp := (*slice)(unsafe.Pointer(&new))
        sp.array = sysAlloc(uintptr(n)*ptrSize, &memstats.other_sys)
        sp.len = len(h_allspans)
        sp.cap = n

        // 如果原空间有数据，则复制后释放
        if len(h_allspans) > 0 {
            // 拷贝数据
            copy(new, h_allspans)

            // 释放旧内存块
            // 或由 gcSweep -> gcCopySpans 释放
            if h.allspans != mheap_.gcspans {
                sysFree(unsafe.Pointer(h.allspans), ...)
            }
        }

        // 指向新空间
        h_allspans = new
        h.allspans = (**mspan)(unsafe.Pointer(sp.array))
    }

    // 注意:
    //      上面的扩张直接用 mmap 在 arena 以外申请空间
    //      而 append 引发的扩张是在 arena 区域
    //      基于管理目的的 h_allspans 不适合用于 arena 区域

    h_allspans = append(h_allspans, s)
    h.nspan = uint32(len(h_allspans))
}
```

第 17 章 垃圾回收

垃圾回收器一直是被诟病最多，也是整个运行时中改进最努力的部分。所有变化都是为了缩短 STW 时间，提高程序实时性。

大事记：

- 2014/06，Go 1.3：并发清理。
- 2015/08，Go 1.5：三色并发标记。

注意：此处所说并发，是指垃圾回收和用户逻辑并发执行。

17.1 概述

按官方说法，Go GC 的基本特征是“非分代、非紧缩、写屏障、并发标记清理”。

mgc.go

```
The GC runs concurrently with mutator threads, is type accurate (aka precise), allows multiple
GC thread to run in parallel. It is a concurrent mark and sweep that uses a write barrier. It is
non-generational and non-compacting. Allocation is done using size segregated per P allocation
areas to minimize fragmentation while eliminating locks in the common case.

The algorithm decomposes into several steps.
```

该文件头部有 GC 的详细说明，只有个别地方和源码有些出入，但不影响对算法和过程的理解。

与之前版本在 STW 状态下完成标记不同，并发标记和用户代码同时执行让一切都处于不稳定状态。用户代码随时可能修改已经被扫描过的区域，在标记过程中还会不断分配新对象，这让垃圾回收变得很麻烦。

究竟什么时候启动垃圾回收？过早会严重浪费 CPU 资源，影响用户代码执行性能。而太晚，会导致堆内存恶性膨胀。如何正确平衡这些问题就是个巨大的挑战。

所有问题的核心：抑制堆增长，充分利用 CPU 资源。为此，Go 引入一系列举措。

三色标记和写屏障

这是让标记和用户代码并发的基本保障，基本原理：

- 起初所有对象都是白色。
- 扫描找出所有可达对象，标记为灰色，放入待处理队列。
- 从队列提取灰色对象，将其引用对象标记为灰色放入队列，自身标记为黑色。
- 写屏障监视对象内存修改，重新标色或放回队列。

当完成全部扫描和标记工作后，剩余的不是白色就是黑色，分别代表待回收和活跃对象，清理操作只须将白色对象内存收回即可。

控制器

控制器全程参与并发回收任务，记录相关状态数据，动态调整运行策略，影响并发标记单元的工作模式和数量，平衡 CPU 资源占用。当回收结束时，参与 next_gc 回收阈值设置，调整垃圾回收触发频率。

mgc.go

```
gcController implements the GC pacing controller that determines when to trigger concurrent
garbage collection and how much marking work to do in mutator assists and background marking.

It uses a feedback control algorithm to adjust the memstats.next_gc trigger based on the heap
growth and GC CPU utilization each cycle.

This algorithm optimizes for heap growth to match GOGC and for CPU utilization between assist
and background marking to be 25% of GOMAXPROCS.

The high-level design of this algorithm is documented at https://golang.org/s/go15gcpacing.
```

辅助回收

某些时候，对象分配速度可能远快于后台标记。这会引发一系列恶果，比如堆恶性扩张，甚至让垃圾回收永远无法完成。

此时，让用户代码线程参与后台回收标记就非常有必要。在为对象分配堆内存时，通过相关策略去执行一定限度的回收操作，平衡分配和回收操作，让进程处于良性状态。

17.2 初始化

初始化过程非常简单，重点是设置 gcpercent 和 next_gc 阈值。

mgc.go

```
func gcinit() {
	// 并发执行器
	work.markfor = parforalloc(_MaxGcproc)

	// 设置 GOGC
	_ = setGCPercent(readgogc())

	// 初始启动阈值（4MB）
	memstats.next_gc = heapminimum
}

func readgogc() int32 {
	p := gogetenv("GOGC")
	if p == "" {
		return 100
	}
	if p == "off" {
		return -1
	}
	return int32(atoi(p))
}

func setGCPercent(in int32) (out int32) {
	out = gcpercent
	if in < 0 {
		in = -1
```

```
	}
	gcpercent = in
	heapminimum = defaultHeapMinimum * uint64(gcpercent) / 100
	return out
}
```

17.3 启动

在为对象分配堆内存后，mallocgc 函数会检查垃圾回收触发条件，并依照相关状态启动或参与辅助回收。

malloc.go

```
func mallocgc(size uintptr, typ *_type, flags uint32) unsafe.Pointer {
	...

	// 直接分配黑色对象
	if gcphase == _GCmarktermination || gcBlackenPromptly {
		systemstack(func() {
			gcmarknewobject_m(uintptr(x), size)
		})
	}

	// 检查垃圾回收触发条件
	if shouldhelpgc && shouldtriggergc() {
		// 启动并发垃圾回收
		startGC(gcBackgroundMode, false)
	} else if gcBlackenEnabled != 0 {
		// 辅助参与回收任务
		gcAssistAlloc(size, shouldhelpgc)
	} else if shouldhelpgc && bggc.working != 0 {
		// 让出资源
		gp := getg()
		if gp != gp.m.g0 && gp.m.locks == 0 && gp.m.preemptoff == "" {
			Gosched()
		}
	}
}

func shouldtriggergc() bool {
```

```
	return memstats.heap_live >= memstats.next_gc && atomicloaduint(&bggc.working) == 0
}
```

heap_live 是活跃对象总量，不包括那些尚未被清理的白色对象。

垃圾回收默认以全并发模式运行，但可以用环境变量或参数禁用并发标记和并发清理。GC goroutine 一直循环，直到符合触发条件时被唤醒。

mgc.go

```
func startGC(mode int, forceTrigger bool) {
	// 判断 GODEBUG 环境变量
	// 1: 禁用并发标记
	// 2: 禁用并发标记和并发清理
	if debug.gcstoptheworld == 1 {
		mode = gcForceMode
	} else if debug.gcstoptheworld == 2 {
		mode = gcForceBlockMode
	}

	// 同步阻塞模式
	if mode != gcBackgroundMode {
		gc(mode)
		return
	}

	// 检查触发条件
	if !(forceTrigger || shouldtriggergc()) {
		return
	}

	// 全局变量 bggc 保存 GC 状态
	// 创建或唤醒 GC goroutine
	if !bggc.started {
		bggc.working = 1
		bggc.started = true
		go backgroundgc()
	} else if bggc.working == 0 {
		bggc.working = 1

		// 唤醒
		ready(bggc.g, 0)
	}
```

```
}

var bggc struct {
	g       *g       // GC goroutine
	working uint     // 是否正处于工作状态
	started bool     // 是否已创建
}

func backgroundgc() {
	bggc.g = getg()
	for {
		gc(gcBackgroundMode)
		bggc.working = 0

		// 休眠，等待再次被唤醒
		goparkunlock(&bggc.lock, "Concurrent GC wait", traceEvGoBlock, 1)
	}
}
```

经过种种手段的优化调整，在整个回收周期，STW 被缩短到有限的几个片段，这让程序实时响应有了很大改善。

新 GC 的表现虽说不上惊艳，但足以让人相当惊喜。它代表了 Go 不断进化，以及开发团队追求卓越的精神，这让我对其前景更为看好。不过，当前版本有很多过渡痕迹，甚至代码和文档有对不上的地方。这种情形曾出现在 1.3 里，或许下一个版本才是最佳选择。

是否完全去掉 STW？是否能优化写屏障的性能？Go 还有很多问题尚待解决。

并发模式（Background Mode）垃圾回收过程示意图：

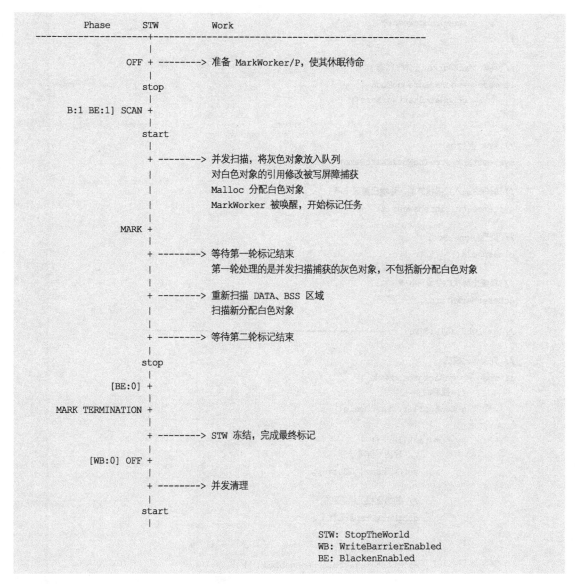

```
           Phase       STW          Work
---------------------+-------------------------------------------------
                     |
                 OFF + --------> 准备 MarkWorker/P，使其休眠待命
                     |
                    stop
                     |
      B:1 BE:1] SCAN +
                     |
                    start
                     |
                     + --------> 并发扫描，将灰色对象放入队列
                     |           对白色对象的引用修改被写屏障捕获
                     |           Malloc 分配白色对象
                     |           MarkWorker 被唤醒，开始标记任务
                     |
                MARK +
                     |
                     + --------> 等待第一轮标记结束
                     |           第一轮处理的是并发扫描捕获的灰色对象，不包括新分配白色对象
                     |
                     + --------> 重新扫描 DATA、BSS 区域
                     |           扫描新分配白色对象
                     |
                     + --------> 等待第二轮标记结束
                     |
                    stop
                     |
              [BE:0] +
                     |
    MARK TERMINATION +
                     |
                     + --------> STW 冻结，完成最终标记
                     |
          [WB:0] OFF +
                     |
                     + --------> 并发清理
                     |
                    start
                     |
                                               STW: StopTheWorld
                                               WB: WriteBarrierEnabled
                                               BE: BlackenEnabled
```

整个过程被封装在有些庞大的 gc 函数里。

mgc.go

```
func gc(mode int) {
    // 清理掉意外遗留的 span
    for gosweepone() != ^uintptr(0) {
```

```
        sweep.nbgsweep++
}

// 创建 MarkWorker（休眠状态）
if mode == gcBackgroundMode {
        gcBgMarkStartWorkers()
}

// STW : STOP
systemstack(stopTheWorldWithSema)

// 确保在进入扫描状态前，环境已清理干净
systemstack(finishsweep_m)

// 处理 sync.Pool
clearpools()

// 重置全局状态变量 work
gcResetMarkState()

// --- OFF (STW:STOP) -----------------------------------------------

// 并发标记模式
if mode == gcBackgroundMode {
        // 控制器
        gcController.startCycle()

        systemstack(func() {
                // 启用写屏障
                setGCPhase(_GCscan)

                // 初始化相关状态和信号
                gcBgMarkPrepare()

                // 允许黑色对象标记
                atomicstore(&gcBlackenEnabled, 1)

                // STW : START
                startTheWorldWithSema()

                // --- SCAN (STW:START) ------------------------------

                // 并发扫描
```

```
				gcscan_m()

				setGCPhase(_GCmark)
			})

			// --- MARK (STW:START) -------------------------------------

			// 等待 MarkWorker 发回第一轮任务结束信号
			work.bgMark1.clear()
			work.bgMark1.wait()

			// 第二轮扫描，目标新增白色对象和剩余区段
			systemstack(func() {
				// DATA、BSS 保存全局变量
				markroot(nil, _RootData)
				markroot(nil, _RootBss)

				gcBlackenPromptly = true
				forEachP(func(_p_ *p) {
					_p_.gcw.dispose()
				})
			})

			// 等待 MarkWorker 发回第二轮任务结束信号
			work.bgMark2.clear()
			work.bgMark2.wait()

			// STW : STOP
			systemstack(stopTheWorldWithSema)

			// 将所有 P.gcw 上交全局队列
			gcFlushGCWork()

			gcController.endCycle()
		} else {
			// 阻塞模式（mode != gcBackgroundMode）
			gcResetGState()
		}

		// --- MARK TERMINATION (STW:STOP) -------------------------------------

		// 禁用黑色标记操作（MarkWorker 停止工作）
		atomicstore(&gcBlackenEnabled, 0)
```

```
	gcBlackenPromptly = false
	setGCPhase(_GCmarktermination)

	// 完成最终标记工作
	// 如果是阻塞模式，因为没有前期的扫描和标记操作，那么此处完成全部标记
	systemstack(func() {
		gcMark(startTime)
	})

	// --- OFF (STW:STOP) ----------------------------------------------

	systemstack(func() {
		// 关闭写屏障
		setGCPhase(_GCoff)

		// 开启清理操作（并发或阻塞）
		gcSweep(mode)
	})

	// 全部工作完成
	// STW : START
	systemstack(startTheWorldWithSema)
}
```

17.4 标记

并发标记分为两个步骤。

- 扫描：遍历相关内存区域，依照指针标记找出灰色可达对象，加入队列。
- 标记：将灰色对象从队列取出，将其引用对象标记为灰色，自身标记为黑色。

扫描

扫描函数 gcscan_m 启动时，用户代码和 MarkWorker 都在运行。

mgcmark.go

```
func gcscan_m() {
	// 重置扫描标志，返回所有 goroutine 数量
	local_allglen := gcResetGState()
```

```
        // 并发执行扫描任务，不过此处仅使用当前线程执行（避免抢占用户代码和 MarkWorker 资源？）
        // 任务单元包括所有 Root 和 goroutine stack
        useOneP := uint32(1)
        parforsetup(work.markfor, useOneP, uint32(_RootCount+local_allglen), false, markroot)
        parfordo(work.markfor)
}

const (
        _RootData         = 0
        _RootBss          = 1
        _RootFinalizers   = 2
        _RootSpans        = 3
        _RootFlushCaches  = 4
        _RootCount        = 5
)

func gcResetGState() (numgs int) {
        // 初始化所有 goroutine 相关标志
        // 这些标志对于避免重复扫描很重要
        for _, gp := range allgs {
                gp.gcscandone = false    // set to true in gcphasework
                gp.gcscanvalid = false   // stack has not been scanned
                gp.gcalloc = 0
                gp.gcscanwork = 0
        }
        numgs = len(allgs)
        return
}
```

parfor 是一个并行任务框架（详见 17.7 节），其功能就是将任务平分，让多个线程各领一份并发执行。为保证整个任务组能尽快完成，它允许从执行较慢的线程偷取任务。

不过扫描函数仅使用了当前线程，并未启用并发方式执行，似乎后续版本另有变化。扫描目标包括多个 ROOT 区域，还有全部 goroutine 栈。

mgcmark.go

```
func markroot(desc *parfor, i uint32) {
        var gcw gcWork

        switch i {
        case _RootData:
```

```
            ...
        case _RootBss:
            ...
        case _RootFinalizers:
            ...
        case _RootSpans:
            ...
        case _RootFlushCaches:
            if gcphase != _GCscan {
                // 将正在被 cache 使用的所有 span 全部上交 central
                // 将缓存在 cache 的 stack 归还给所属 span.freelist
                flushallmcaches()
            }

        default:
            // parfor 按顺序为每个任务提供一个 Id，所以访问 allgs 数组时需要去掉 Root
            gp := allgs[i-_RootCount]

            // 收缩栈空间（此时不能执行用户代码，必须 STW）
            if gcphase == _GCmarktermination {
                shrinkstack(gp)
            }

            // 调用 scanstack -> scanblock
            // scanstack 会设置和检查 gcscanvalid 标志，避免重复扫描
            scang(gp)
        }

        // 将当前队列上交给全局队列
        gcw.dispose()
}
```

所有这些扫描过程，最终通过 scanblock 比对 bitmap 区域信息找出合法指针，将其目标当作灰色可达对象添加到待处理队列。

mgcmark.go

```
func scanblock(b0, n0 uintptr, ptrmask *uint8, gcw *gcWork) {
    // 遍历
    for i := uintptr(0); i < n; {
        bits := uint32(*addb(ptrmask, i/(ptrSize*8)))

        // 没有标记，跳过
```

```
            if bits == 0 {
                i += ptrSize * 8
                continue
            }

            for j := 0; j < 8 && i < n; j++ {
                // 有 bitPointer 标记
                if bits&1 != 0 {
                    // 读取指针内容，目标对象地址
                    obj := *(*uintptr)(unsafe.Pointer(b + i))

                    // 确认指针合法
                    if obj != 0 && arena_start <= obj && obj < arena_used {
                        if obj, hbits, span := heapBitsForObject(obj); obj != 0 {
                            // 标记为灰色对象
                            greyobject(obj, b, i, hbits, span, gcw)
                        }
                    }
                }
                bits >>= 1
                i += ptrSize
            }
        }
}

// 将尚未标记的对象标记为灰色，并放入队列
func greyobject(obj, base, off uintptr, hbits heapBits, span *mspan, gcw *gcWork) {
    if hbits.isMarked() {
        return
    }

    hbits.setMarked()
    gcw.put(obj)
}
```

此处的 gcWork 是专门设计的高性能队列，它允许局部队列和全局队列 work.full/partial 协同工作，平衡任务分配（详见 17.7 节）。

mgc.go

```
var work struct {
    full    uint64      // lock-free list of full blocks workbuf
    empty   uint64      // lock-free list of empty blocks workbuf
```

```
	partial uint64     // lock-free list of partially filled blocks workbuf
}
```

在 markroot 的最后，所有扫描到的灰色对象都被提交给了 work.full 全局队列。

标记

并发标记由多个 MarkWorker goroutine 共同完成，它们在回收任务开始前被绑定到 P，然后进入休眠状态，直到被调度器唤醒。

mgc.go

```
func gcBgMarkStartWorkers() {
	// 为每个 P 绑定一个 Worker
	for _, p := range &allp {
		if p.gcBgMarkWorker == nil {
			go gcBgMarkWorker(p)

			// 暂停，确保该 Worker 绑定到 P 后再继续
			notetsleepg(&work.bgMarkReady, -1)
			noteclear(&work.bgMarkReady)
		}
	}
}
```

调度函数 schedule 从控制器 gcController 获取 MarkWorker goroutine 并执行。

proc1.go

```
func schedule() {
	if gp == nil && gcBlackenEnabled != 0 {
		gp = gcController.findRunnableGCWorker(_g_.m.p.ptr())
	}

	execute(gp, inheritTime)
}
```

控制器方法 findRunnableGCWorker 在返回当前 P 所绑定的 MarkWorker 时，会依据当前运行状态和相关策略设置工作模式，最后还负责将其唤醒。

MarkWorker 有 3 种工作模式。

- gcMarkWorkerDedicatedMode：全力运行，直到并发标记任务结束。

- gcMarkWorkerFractionalMode：参与标记任务，但可被抢占和调度。
- gcMarkWorkerIdleMode：仅在空闲时参与标记任务。

在了解基本运作流程后，我们去看看标记工作的具体内容。

mgc.go

```
func gcBgMarkWorker(p *p) {
    // 将当前 goroutine 绑定到 P
    gp := getg()
    p.gcBgMarkWorker = gp

    // 唤醒外层创建循环
    notewakeup(&work.bgMarkReady)

    for {
        // 休眠，直到被 gcContoller.findRunnable 唤醒
        gopark(..., "mark worker (idle)", ..., 0)

        // 只能在进入黑化阶段才能运行
        if gcBlackenEnabled == 0 {
            throw("gcBgMarkWorker: blackening not enabled")
        }

        decnwait := xadd(&work.nwait, -1)
        done := false

        // 工作模式
        switch p.gcMarkWorkerMode {
        case gcMarkWorkerDedicatedMode:
            // 全力工作，直到全部任务结束
            gcDrain(&p.gcw, gcBgCreditSlack)

            done = true
            if !p.gcw.empty() {
                throw("gcDrain returned with buffer")
            }
        case gcMarkWorkerFractionalMode, gcMarkWorkerIdleMode:
            // 在抢占或无法获取任务时退出
            gcDrainUntilPreempt(&p.gcw, gcBgCreditSlack)

            // 立即上交剩余缓存队列
            if gcBlackenPromptly {
```

```
                p.gcw.dispose()
            }

            incnwait := xadd(&work.nwait, +1)
            done = incnwait == work.nproc && work.full == 0 && work.partial == 0
        }

        // 如果标记任务全部完成，则发送信号
        if done {
            // 该标志在截获 bgMark1 后才被设置，确保 bgMark2 在 bgMark1 之后发送
            if gcBlackenPromptly {
                if work.bgMark1.done == 0 {
                    throw("completing mark 2, but bgMark1.done == 0")
                }
                work.bgMark2.complete()
            } else {
                work.bgMark1.complete()
            }
        }
    }
}
```

不同模式的 MarkWorker 对待工作的态度完全不同。

mgcmark.go

```
func gcDrain(gcw *gcWork, flushScanCredit int64) {
    for {
        // 如果全局队列已空，且有等待的 Worker，那么分出一部分任务
        if work.nwait > 0 && work.full == 0 {
            gcw.balance()
        }

        // 反复尝试从本地或全局队列获取任务，直到所有 Worker 完成任务
        b := gcw.get()
        if b == 0 {
            break
        }

        scanobject(b, gcw)
    }
}

func gcDrainUntilPreempt(gcw *gcWork, flushScanCredit int64) {
```

```
	gp := getg()

	// 检查抢占标志
	for !gp.preempt {
		// 只要全局队列为空，就立即分出一部分任务，不关心是否有 Worker 进入等待状态
		if work.full == 0 && work.partial == 0 {
			gcw.balance()
		}

		// 尝试从本地或全局获取任务，失败则放弃。不关心其他 Worker 是否完成任务
		b := gcw.tryGet()
		if b == 0 {
			break
		}

		scanobject(b, gcw)
	}
}
```

处理灰色对象时，无须知道其真实大小，只当作内存分配器提供的 object 块即可。按指针类型长度对齐，配合 bitmap 标记进行遍历，就可找出所有引用成员，将其作为灰色对象压入队列。当然，当前对象自然成为黑色对象，从队列移除。

mgcmark.go

```
func scanobject(b uintptr, gcw *gcWork) {
	hbits := heapBitsForAddr(b)
	s := spanOfUnchecked(b)
	n := s.elemsize

	for i = 0; i < n; i += ptrSize {
		bits := hbits.bits()

		// 标记位检查
		if i >= 2*ptrSize && bits&bitMarked == 0 {
			break   // no more pointers in this object
		}
		if bits&bitPointer == 0 {
			continue   // not a pointer
		}

		// 读取指针内容，成员所引用对象地址
		obj := *(*uintptr)(unsafe.Pointer(b + i))
```

```
                // 确认指针合法
                if obj != 0 && arena_start <= obj && obj < arena_used && obj-b >= n {
                        // 将引用对象标记为灰色
                        if obj, hbits, span := heapBitsForObject(obj); obj != 0 {
                                greyobject(obj, b, i, hbits, span, gcw)
                        }
                }
        }
}
```

在 STW 启动后，承担最终收尾工作的 gcMark 有点特殊。如果并发标记被禁用，那么它就需要完成全部的标记任务，回退到 Go 1.4 的阻塞工作模式。

mgc.go

```
func gcMark(start_time int64) {
        // 确保所有任务都上交到全局队列
        gcFlushGCWork()

        work.nproc = uint32(gcprocs())

        // 并发执行扫描任务（这次不是单个线程了）
        // 因为已经 STW，所以这次需要做 flushallmcaches、shrinkstack 操作
        parforsetup(work.markfor, work.nproc, uint32(_RootCount+allglen), false, markroot)
        if work.nproc > 1 {
                // 重置休眠标志
                noteclear(&work.alldone)

                // parfor 并发执行的关键
                helpgc(int32(work.nproc))
        }

        // 当前线程一起参加 mark+drain 任务
        gchelperstart()
        parfordo(work.markfor)
        var gcw gcWork
        gcDrain(&gcw, -1)
        gcw.dispose()

        // 休眠，等待 gchelper 任务结束后被唤醒
        if work.nproc > 1 {
                notesleep(&work.alldone)
```

```
	}

	// 释放不再使用的 stack 缓存对象
	freeStackSpans()

	// 更新 cache 状态 (被 markroot 处理过)
	cachestats()

	// 计算下次回收阈值
	memstats.next_gc = ...(memstats.heap_reachable) * (1 + gcController.triggerRatio))

	// 不能小于最低阈值 4 MB
	if memstats.next_gc < heapminimum {
		memstats.next_gc = heapminimum
	}

	minNextGC := memstats.heap_live + sweepMinHeapDistance*uint64(gcpercent)/100
	if memstats.next_gc < minNextGC {
		memstats.next_gc = minNextGC
	}
}
```

因为有 gcController 决策算法的参与，垃圾回收阈值 next_gc 变得更加灵活。

相比 gcscan_m + MarkWorker，gcMark 显然简单得多，关键问题就是 gchelper 如何执行。

1. 函数 helpgc 唤醒足够数量的线程 M 用于执行 parfordo 任务。
2. 被唤醒的 M 检查 helpgc 标志，执行 gchelper 函数完成 mark + drain 任务。

有关 M 执行方式，请参考本书后续“并发调度”相关内容。

proc1.go

```
func helpgc(nproc int32) {
	pos := 0

	// 从 1 开始，因为当前线程 (M) 也参加并发任务
	for n := int32(1); n < nproc; n++ {
		// 跳过当前 M 正在使用的 P
		if allp[pos].mcache == _g_.m.mcache {
			pos++
```

```
            }

            // 获取并设置 M 参数
            mp := mget()
            mp.helpgc = n        // 关键
            mp.p.set(allp[pos])
            mp.mcache = allp[pos].mcache

            pos++

            // 唤醒 M 去执行任务
            notewakeup(&mp.park)
        }
}
```

proc1.go

```
func stopm() {
        _g_ := getg()

retry:
        mput(_g_.m)

        // 休眠
        notesleep(&_g_.m.park)
        noteclear(&_g_.m.park)

        // 被唤醒后，检查 helpgc 标志
        if _g_.m.helpgc != 0 {
                // 执行 gchelper 函数
                gchelper()
        }
}
```

mgc.go

```
func gchelper() {
        _g_ := getg()
        gchelperstart()

        // 执行 mark + drain 任务
        parfordo(work.markfor)
        if gcphase != _GCscan {
                var gcw gcWork
```

```
            gcDrain(&gcw, -1) // blocks in getfull
            gcw.dispose()
        }

        nproc := work.nproc
        // 如果全部任务（注意 -1）完成，那么唤醒 GC 线程
        if xadd(&work.ndone, +1) == nproc-1 {
            notewakeup(&work.alldone)
        }
    }
```

17.5 清理

与复杂的标记过程不同，清理操作要简单得多。此时，所有未被标记的白色对象都不再被引用，可简单地将其内存回收。

mgc.go

```
func gcSweep(mode int) {
    // 设置 work.spans = h_allspans
    // 还记得 FixAlloc 里面的 recordspan 么?
    gcCopySpans()

    // 更新代龄
    mheap_.sweepgen += 2
    mheap_.sweepdone = 0
    sweep.spanidx = 0

    // 阻塞模式
    if !_ConcurrentSweep || mode == gcForceBlockMode {
        for sweepone() != ^uintptr(0) {
            sweep.npausesweep++
        }

        return
    }

    // 并发模式
    if sweep.parked {
```

```
                sweep.parked = false
                ready(sweep.g, 0)
        }
}
```

并发清理同样由一个专门的 goroutine 完成，它在 runtime.main 调用 gcenable 时被创建。

mgc.go

```
func gcenable() {
        c := make(chan int, 1)
        go bgsweep(c)
        <-c
        memstats.enablegc = true  // now that runtime is initialized, GC is okay
}
```

并发清理本质上就是一个死循环，被唤醒后开始执行清理任务。通过遍历所有 span 对象，触发内存分配器的回收操作。任务完成后，再次休眠，等待下次任务。

mgcsweep.go

```
var sweep sweepdata

// 并发清理状态
type sweepdata struct {
        g       *g
        parked  bool
}

func bgsweep(c chan int) {
        // 当前 goroutine
        sweep.g = getg()
        sweep.parked = true

        // 让 gcenable 退出
        c <- 1

        // 休眠，等待 gcSweep 唤醒
        goparkunlock(&sweep.lock, "GC sweep wait", traceEvGoBlock, 1)

        for {
                // 循环清理所有 span
                for gosweepone() != ^uintptr(0) {
```

```
            // 并发调度，避免长时间占用 CPU
            Gosched()
        }

        if !gosweepdone() {
            continue
        }

        // 清理结束，休眠直到再次被唤醒
        sweep.parked = true
        goparkunlock(&sweep.lock, "GC sweep wait", traceEvGoBlock, 1)
    }
}

func sweepone() uintptr {
    _g_ := getg()
    sg := mheap_.sweepgen

    for {
        // 从 0 开始的 work.spans (h_allspans) 索引号
        idx := xadd(&sweep.spanidx, 1) - 1
        // 全部完成
        if idx >= uint32(len(work.spans)) {
            mheap_.sweepdone = 1
            return ^uintptr(0)
        }

        s := work.spans[idx]

        // 跳过闲置的 span，直接更新代龄
        if s.state != mSpanInUse {
            s.sweepgen = sg
            continue
        }

        // 跳过已经或者正在被清理的 span
        if s.sweepgen != sg-2 || !cas(&s.sweepgen, sg-2, sg-1) {
            continue
        }

        // 调用内存分配器回收方法
        npages := s.npages
```

```
                if !mSpan_Sweep(s, false) {
                        npages = 0
                }

                return npages
        }
}
```

内存回收操作 mSpan_Sweep，请参考第 16 章的相关章节。

17.6 监控

尽管有控制器、三色标记等一系列措施，但垃圾回收器依然有问题需要解决。

模拟场景：服务重启，海量客户端重新接入，瞬间分配大量对象，这会将垃圾回收的触发条件 next_gc 推到一个很大值。而当服务正常后，因活跃对象远小于该阈值，造成垃圾回收久久无法触发，服务进程内就会有大量白色对象无法被回收，造成隐性内存泄漏。同样的情形也可能是因为某个算法在短期内大量使用临时对象造成的。

用示例来模拟一下：

test.go

```
package main

import (
    "fmt"
    "runtime"
    "time"
)

func test() {
    type M [1 << 10]byte
    data := make([]*M, 1024*20)

    // 申请 20MB 内存分配。超出初始阈值，将 next_gc 推高
    for i := range data {
        data[i] = new(M)
    }
```

```
    // 解除引用，预防内联导致 data 生命周期变长
    for i := range data {
        data[i] = nil
    }
}

func main() {
    test()

    for {
        var ms runtime.MemStats
        runtime.ReadMemStats(&ms)
        fmt.Printf("%s %d MB\n", time.Now().Format("15:04:05"), ms.NextGC>>20)

        time.Sleep(time.Second * 30)
    }
}
```

编译执行：

```
$ go build -gcflags "-l" -o test test.go

$ GODEBUG="gctrace=1" ./test

gc 1 @0.005s 15%: ..., 6->6->6 MB, 4 MB goal, 2 P
gc 2 @0.016s  8%: ..., 8->8->8 MB, 13 MB goal, 2 P
gc 3 @0.022s  9%: ..., 14->14->14 MB, 17 MB goal, 2 P
09:36:01 26 MB
09:36:31 26 MB
09:37:01 26 MB
09:37:31 26 MB
09:38:01 26 MB
GC forced
gc 4 @120.037s 0%: ..., 20->20->0 MB, 29 MB goal, 2 P
scvg0: inuse: 0, idle: 20, sys: 21, released: 0, consumed: 21 (MB)
09:38:31 4 MB
09:39:01 4 MB
```

我们用 test 函数来模拟短期内大量分配对象的行为。输出结果表明，在其结束后的相当长时间内都没有触发垃圾回收。直到 forcegc 介入，才将 next_gc 恢复正常。

这就是垃圾回收器最后的一道保险措施。监控服务 sysmon 每隔 2 分钟就会检查一次垃

圾回收状态，如超出 2 分钟未曾触发，那就强制执行。

proc1.go

```
func sysmon() {
    // 如果超过 2 分钟未曾做垃圾回收，那么强制执行
    forcegcperiod := int64(2 * 60 * 1e9)

    for {
        ...

        // 最后一次回收时间
        lastgc := int64(atomicload64(&memstats.last_gc))

        if lastgc != 0 && unixnow-lastgc > forcegcperiod &&
         atomicload(&forcegc.idle) != 0 && atomicloaduint(&bggc.working) == 0 {
            // 将 forcegc goroutine 放到待运行队列
            injectglist(forcegc.g)
        }
    }
}
```

和前文 bgsweep goroutine 一样，forcegc goroutine 也是死循环、休眠、等待唤醒模式。

proc.go

```
func init() {
    go forcegchelper()
}

func forcegchelper() {
    forcegc.g = getg()
    for {
        atomicstore(&forcegc.idle, 1)

        // 休眠待唤醒
        goparkunlock(&forcegc.lock, "force gc (idle)", traceEvGoBlock, 1)

        // 参数 forceTrigger = true，让 gc 不检查 next_gc 值，直接执行
        startGC(gcBackgroundMode, true)
    }
}
```

17.7 其他

本节介绍垃圾回收过程中使用的几种辅助结构。

并行任务框架

parfor 关注的是任务分配和调度，其自身不具备执行能力。它将多个任务分组交给多个执行线程，然后在执行过程中重新平衡线程的任务分配，确保整个任务在最短时间内完成。

设置函数 parforsetup 用相关参数初始化 desc 状态，并完成任务分组。

parfor.go

```
func parforsetup(desc *parfor, nthr, n uint32, wait bool, body func(*parfor, uint32)) {
	desc.body = body            // 任务函数
	desc.nthr = nthr            // 任务线程数量
	desc.cnt = n                // 任务数量
	...

	// 任务分组
	for i := range desc.thr {
		begin := uint32(uint64(n) * uint64(i) / uint64(nthr))
		end := uint32(uint64(n) * uint64(i+1) / uint64(nthr))
		desc.thr[i].pos = uint64(begin) | uint64(end)<<32
	}
}
```

最后的循环语句将 *n* 个任务编号平分成 nthr 份，并将开始和结束位置保存到 pos 的高低位。以 10 任务 5 线程为例，thr[0] 分到的任务单元就是 [0, 2)。

线程须主动调用 parfordo 来获取任务组，执行 body 任务函数。

parfor.go

```
func parfordo(desc *parfor) {
	// 为每个线程分配一个唯一序号
	tid := xadd(&desc.thrseq, 1) - 1

	// 任务函数
	body := desc.body
```

```
// 如果只有单个线程，直接按顺序执行
if desc.nthr == 1 {
        for i := uint32(0); i < desc.cnt; i++ {
                body(desc, i)
        }
        return
}

// 用线程序号提取任务组
me := &desc.thr[tid]
mypos := &me.pos
for {
        // 先完成自身任务
        for {
                // 任务进度：直接累加 pos 低位的起始位置
                pos := xadd64(mypos, 1)

                // 未超出任务组边界，执行
                begin := uint32(pos) - 1
                end := uint32(pos >> 32)
                if begin < end {
                        body(desc, begin)
                        continue
                }
                break
        }

        // 提前完成工作，尝试从其他线程偷取任务
        idle := false
        for try := uint32(0); ; try++ {
                // 如多次行窃未果，那么准备打卡下班
                if try > desc.nthr*4 && !idle {
                        idle = true
                        xadd(&desc.done, 1)
                }

                // 如果其他线程都已完成工作，结束
                extra := uint32(0)
                if !idle {
                        extra = 1
                }
                if desc.done+extra == desc.nthr {
```

```
        if !idle {
            xadd(&desc.done, 1)
        }
        goto exit
    }

    // 随机挑选一个线程
    var begin, end uint32
    victim := fastrand1() % (desc.nthr - 1)
    if victim >= tid {
        victim++
    }
    victimpos := &desc.thr[victim].pos
    for {
        // 检查目标线程的当前任务进度
        pos := atomicload64(victimpos)
        begin = uint32(pos)
        end = uint32(pos >> 32)
        if begin+1 >= end {
            end = 0
            begin = end
            break
        }

        // 有任务可偷，要忙起来了
        if idle {
            xadd(&desc.done, -1)
            idle = false
        }

        // 将剩余任务偷一半（后半截）
        begin2 := begin + (end-begin)/2

        // 记得修改原主的任务结束值
        newpos := uint64(begin) | uint64(begin2)<<32
        if cas64(victimpos, pos, newpos) {
            begin = begin2
            break
        }
    }

    // 将偷来的任务编号保存到自己 pos 里
    if begin < end {
```

```
                    atomicstore64(mypos, uint64(begin)|uint64(end)<<32)
                    me.nsteal++
                    me.nstealcnt += uint64(end) - uint64(begin)

                    // 跳出偷窃循环，进入外层循环重新执行自己的任务（尽管是偷来的）
                    break
                }

                // 没偷到任务，就暂停或退出 ...
            }
        }
exit: ...
}
```

缓存队列

gcWork 被设计来保存灰色对象，必须在保证并发安全的前提下，拥有足够高的性能。

mgcwork.go

```
type gcWork struct {
    wbuf  wbufptr
}
```

该结构的真正核心是 workbuf，gcWork 不过是外层包装。workbuf 作为无锁栈节点，其自身就是一个缓存容器（数组成员）。

mgcwork.go

```
type workbufhdr struct {
    node  lfnode
    nobj  int
}

type workbuf struct {
    workbufhdr
    obj [(_WorkbufSize - unsafe.Sizeof(workbufhdr{})) / ptrSize]uintptr
}
```

透过 gcWork 相关方法，我们可以观察 workbuf 是如何工作的。

mgc.go

```
var work struct {
```

```
	full    uint64    // lock-free list of full blocks workbuf
	empty   uint64    // lock-free list of empty blocks workbuf
	partial uint64    // lock-free list of partially filled blocks workbuf
}
```

mgcwork.go

```
func (ww *gcWork) put(obj uintptr) {
	w := (*gcWork)(noescape(unsafe.Pointer(ww)))

	// 从 work.empty 获取一个 workbuf 复用
	wbuf := w.wbuf.ptr()
	if wbuf == nil {
		wbuf = getpartialorempty(42)
		w.wbuf = wbufptrOf(wbuf)
	}

	// 直接将 obj 保存在 workbuf.obj 数组
	wbuf.obj[wbuf.nobj] = obj
	wbuf.nobj++

	// 如果数组填满，则将该数组移交给 work.full
	// 本地 obj = nil，下次 put 时获取一个复用对象填充
	if wbuf.nobj == len(wbuf.obj) {
		putfull(wbuf, 50)
		w.wbuf = 0
	}
}

func putfull(b *workbuf, entry int) {
	lfstackpush(&work.full, &b.node)
}
```

这种做法有点像内存分配器的 cache，优先操作本地缓存，直到满足某个阈值再与全局交换。这么做，可以保证性能，避免直接操作全局队列；另一方面，从全局获取任务时，总是能一次性拿到一组。

就算是无锁数据结构，使用原子操作也会有性能损耗，尤其是在多核环境下。

这段代码，包括 work 全局变量，有很多 C 的影子，看上去有些别扭，完全不是 Go 的风格。如果是自动代码转换，那么下个版本是不是要对 runtime 里面很多违和的地方清理一下。

消费完毕的 workbuf 对象会被放回 work.empty，以供复用。

mgcwork.go

```
func (ww *gcWork) get() uintptr {
	w := (*gcWork)(noescape(unsafe.Pointer(ww)))

	// 从 work.full 获取一个 workbuf 对象
	wbuf := w.wbuf.ptr()
	if wbuf == nil {
		wbuf = getfull(103)
		if wbuf == nil {
			return 0
		}
		w.wbuf = wbufptrOf(wbuf)
	}

	// 直接从本地 workbuf 提取
	wbuf.nobj--
	obj := wbuf.obj[wbuf.nobj]

	// 本地 workbuf 已空，将其放回 work.empty 供复用
	if wbuf.nobj == 0 {
		putempty(wbuf, 115)
		w.wbuf = 0
	}

	return obj
}

func putempty(b *workbuf, entry int) {
	lfstackpush(&work.empty, &b.node)
}
```

至于 Free-Lock Stack 的实现，也很简单利用 CAS（Compare & Swap）指令来实现原子替换操作。这里用 Node Pointer + Node.PushCount 实现了 Double-CAS。

lfstack.go

```
func lfstackpush(head *uint64, node *lfnode) {
	// 累加计数器
	node.pushcnt++

	// 利用 pointer + pushcnt 获得唯一流水号
	new := lfstackPack(node, node.pushcnt)
```

```
    // 逆向展开流水号，进行错误检查
    if node1, _ := lfstackUnpack(new); node1 != node {
        throw("lfstackpush")
    }

    // 类似自旋，重试直到成功
    for {
        // 原子读取原 head node 流水号（多核）
        old := atomicload64(head)

        // 将当前 node 作为 head
        // 未成功前，这个操作并不影响原 stack
        node.next = old

        // 利用 CAS 指令替换原 head
        // 如替换失败，则循环重试
        if cas64(head, old, new) {
            break
        }
    }
}

func lfstackpop(head *uint64) unsafe.Pointer {
    for {
        // 原子读取 stack head
        old := atomicload64(head)
        if old == 0 {
            return nil
        }

        // 展开流水号，获取 pointer
        node, _ := lfstackUnpack(old)

        // 利用 CAS 指令修改 stack head
        next := atomicload64(&node.next)
        if cas64(head, old, next) {
            return unsafe.Pointer(node)
        }
    }
}
```

如果 CAS 指令判断的仅是 old 指针地址，而该地址又被意外重用，那就会造成错误结果，这就是所谓的 ABA 问题。利用“指针地址+计数器”生成唯一流水号，实现 Double-CAS，就能避开。

lfstack_amd64.go

```
func lfstackPack(node *lfnode, cnt uintptr) uint64 {
    return uint64(uintptr(unsafe.Pointer(node)))<<16 | uint64(cnt&(1<<19-1))
}
```

内存状态统计

除了用 GODEBUG="gctrace=1" 输出垃圾回收状态信息外，某些时候我们还需要自行获取内存相关统计数据。

与之相关的数据结构，分别是运行时内部使用的 mstats 和面向用户的 MemStats。两者大部分结构相同，只是在输出结果上有细微调整。

mstats.go

```
type mstats struct {
    alloc           uint64         // 当前分配的 object 内存（含未回收的白色对象）
    total_alloc     uint64         // 历史累计分配内存（当前正在使用和历次回收释放）
    sys             uint64         // 当前从操作系统获取的内存（所有分配总和，不包括已释放）
    nmalloc         uint64         // 分配次数累计
    nfree           uint64         // 释放次数累计

    heap_alloc      uint64         // 同 alloc
    heap_sys        uint64         // 从操作系统获取的内存（不包括已释放）
    heap_idle       uint64         // 闲置 span 内存
    heap_inuse      uint64         // 正在使用 span 内存（从 heap 提取，包括 stack）
    heap_released   uint64         // 当前已归还操作系统的内存
    heap_objects    uint64         // 正在使用 object 数量（不含闲置链表）

    stacks_inuse    uint64         // 正在使用 stack 内存（含 stackpool）
    mspan_inuse     uint64         // 正在使用 mspan 内存
    mcache_inuse    uint64         // 正在使用 mcache 内存

    next_gc         uint64         // 下次垃圾回收阈值
    last_gc         uint64         // 上次垃圾回收结束时间（UnixNano，不包括并发清理）
    pause_total_ns  uint64         // 累计 STW 暂停时间
    pause_ns        [256]uint64 // 最近垃圾回收周期里 STW 暂停时间（循环缓冲区）
    pause_end       [256]uint64 // 最近垃圾回收周期里 STW 暂停结束时间（UnixNano）
```

```
    numgc           uint32      // 垃圾回收次数
    gc_cpu_fraction float64     // GC 所耗 CPU 时间比例（f*100 %）

    heap_live       uint64      // 自上次回收后堆使用内存（黑色+新分配，不包括白色对象）
}
```

object 特指 cache 分配的小块内存，以及 large object，而非实际用户对象。

用户通过 runtime.ReadMemStats 函数来获取统计数据。

mstats.go

```
func ReadMemStats(m *MemStats) {
    stopTheWorld("read mem stats")

    systemstack(func() {
        readmemstats_m(m)
    })

    startTheWorld()
}

func readmemstats_m(stats *MemStats) {
    updatememstats(nil)

    // 前面部分数据结构相同，直接拷贝
    memmove(unsafe.Pointer(stats), unsafe.Pointer(&memstats), sizeof_C_MStats)

    // 将栈内存从统计数据剔除，仅显示用户逻辑消耗
    stats.StackSys += stats.StackInuse
    stats.HeapInuse -= stats.StackInuse
    stats.HeapSys -= stats.StackInuse
}
```

注意：ReadMemStats 会进行 STW 操作，应控制调用时间和次数。

监控输出示例。

```
                     heap_idle            heap_released
                     |                    |
scvg0: inuse: 3, idle: 1, sys: 5, released: 0, consumed: 5 (MB)
              |                |                   |
              heap_inuse       heap_sys            heap_sys - heap_released
```

第 18 章 并发调度

因为 Goroutine，Go 才与众不同。

你所看到的和产出的一切都在以并发方式运行，垃圾回收、系统监控、网络通信、文件读写，还有用户并发任务等等，所有这些都需要一个高效且聪明的调度器来指挥协调。

18.1 概述

内置运行时，在进程和线程的基础上做更高层次的抽象是现代语言最流行的做法。虽然算不上激进，但 Go 也设计了全新的架构模型，将一切都基于并发体系之上，以适应多核时代。它刻意模糊线程或协程概念，通过三种基本对象相互协作，来实现在用户空间管理和调度并发任务。

基本关系示意图：

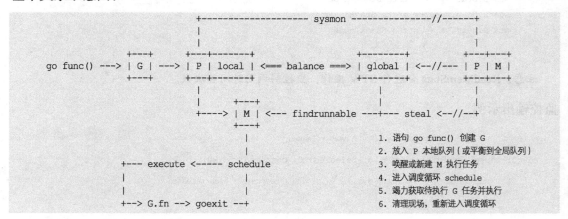

```
                    +-------------------- sysmon ---------------//------+
                    |                                                   |
                    |                                                   |
            +---+   +---+-------+                +--------+         +---+---+
go func() --->| G | --->| P | local | <=== balance ===> | global | <--//--- | P | M |
            +---+   +---+-------+                +--------+         +---+---+
                    |                                  |                |
                    |      +---+                       |                |
                    +----->| M | <--- findrunnable ---+--- steal <--//--+
                           +---+
                             |                          1. 语句 go func() 创建 G
                             |                          2. 放入 P 本地队列（或平衡到全局队列）
          +--- execute <----- schedule                  3. 唤醒或新建 M 执行任务
          |                  |                          4. 进入调度循环 schedule
          |                  |                          5. 竭力获取待执行 G 任务并执行
          +--> G.fn --> goexit --+                      6. 清理现场，重新进入调度循环
```

首先是 Processor（简称 P），其作用类似 CPU 核，用来控制可同时并发执行的任务数量。每个工作线程都必须绑定一个有效 P 才被允许执行任务，否则只能休眠，直到有空闲 P 时被唤醒。P 还为线程提供执行资源，比如对象分配内存、本地任务队列等。线程独享所绑定的 P 资源，可在无锁状态下执行高效操作。

基本上，进程内的一切都在以 goroutine（简称 G）方式运行，包括运行时相关服务，以及 main.main 入口函数。需要指出，G 并非执行体，它仅仅保存并发任务状态，为任务执行提供所需栈内存空间。G 任务创建后被放置在 P 本地队列或全局队列，等待工作线程调度执行。

实际执行体是系统线程（简称 M），它和 P 绑定，以调度循环方式不停执行 G 并发任务。M 通过修改寄存器，将执行栈指向 G 自带的栈内存，并在此空间内分配堆栈帧，执行任务函数。当需要中途切换时，只要将相关寄存器值保存回 G 空间即可维持状态，任何 M 都可据此恢复执行。线程仅负责执行，不再持有状态，这是并发任务跨线程调度，实现多路复用的根本所在。

尽管 P/M 构成执行组合体，但两者数量并非一一对应。通常情况下，P 的数量相对恒定，默认与 CPU 核数量相同，但也可能更多或更少，而 M 则是由调度器按需创建的。举例来说，当 M 因陷入系统调用而长时间阻塞时，P 就会被监控线程抢回，去新建（或唤醒）一个 M 执行其他任务，这样 M 的数量就会增长。

因为 G 初始栈仅有 2 KB，且创建操作只是在用户空间简单地分配对象，远比进入内核态分配线程要简单得多。调度器让多个 M 进入调度循环，不停获取并执行任务，所以我们才能创建成千上万个并发任务。

18.2 初始化

调度器初始化函数 schedinit 在前面已多次提及，除去内存分配、垃圾回收等操作外，针对自身的初始化无非是 MaxMcount、GOMAXPROCS。

proc1.go

```
func schedinit() {
    // 设置最大 M 数量
    sched.maxmcount = 10000
```

```
    // 初始化栈空间复用管理链表
    stackinit()

    // 初始化当前 M
    mcommoninit(_g_.m)

    // 默认值总算从 1 调整为 CPU Core 数量了
    procs := int(ncpu)
    if n := atoi(gogetenv("GOMAXPROCS")); n > 0 {
        if n > _MaxGomaxprocs {
            n = _MaxGomaxprocs
        }
        procs = n
    }

    // 调整 P 数量
    // 注意：此刻所有 P 都是新建的，所以不可能返回有本地任务的 P
    if procresize(int32(procs)) != nil {
        throw("unknown runnable goroutine during bootstrap")
    }
}
```

GOMAXPROCS 默认值总算从 1 改为 CPU Cores 了。

因为 P 的数量有最大限制，所以用一个足够大的数组存储才是最正确的做法。虽然浪费点空间，但省去很多内存增减的麻烦。

runtime2.go

```
var allp [_MaxGomaxprocs + 1]*p

type schedt struct {
    pidle     puintptr      // 空闲 P 链表
    npidle    uint32        // 空闲 P 数量
}
```

调整 P 的数量并不意味着全部分配新对象，仅仅做去余补缺即可。

proc1.go

```
func procresize(nprocs int32) *p {
    old := gomaxprocs
```

```
// 新增
for i := int32(0); i < nprocs; i++ {
        pp := allp[i]

        // 申请新 P 对象
        if pp == nil {
                pp = new(p)
                pp.id = i
                pp.status = _Pgcstop

                // 保存到 allp
                atomicstorep(unsafe.Pointer(&allp[i]), unsafe.Pointer(pp))
        }

        // 为 P 分配 cache 对象
        if pp.mcache == nil {
                if old == 0 && i == 0 {
                        // bootstrap
                        pp.mcache = getg().m.mcache
                } else {
                        // 创建 cache
                        pp.mcache = allocmcache()
                }
        }
}

// 释放多余的 P
for i := nprocs; i < old; i++ {
        p := allp[i]

        // 将本地任务转移到全局队列
        for p.runqhead != p.runqtail {
                p.runqtail--
                gp := p.runq[p.runqtail%uint32(len(p.runq))]
                globrunqputhead(gp)
        }
        if p.runnext != 0 {
                globrunqputhead(p.runnext.ptr())
                p.runnext = 0
        }

        // 释放当前 P 绑定的 cache
        freemcache(p.mcache)
```

```
			p.mcache = nil

			// 将当前 P 的 G 复用链转移到全局
			gfpurge(p)

			// 似乎就丢在那里不管了，反正也没剩下啥
			p.status = _Pdead
			// can't free P itself because it can be referenced by an M in syscall
	}

	_g_ := getg()

	// 如果当前正在用的 P 属于被释放的那拨，那就换成 allp[0]
	// 调度器初始化阶段，根本没有 P，那就绑定 allp[0]
	if _g_.m.p != 0 && _g_.m.p.ptr().id < nprocs {
			// 继续使用当前 P
			_g_.m.p.ptr().status = _Prunning
	} else {
			// 释放当前 P，因为它已经失效
			if _g_.m.p != 0 {
					_g_.m.p.ptr().m = 0
			}
			_g_.m.p = 0
			_g_.m.mcache = nil

			// 换成 allp[0]
			p := allp[0]
			p.m = 0
			p.status = _Pidle
			acquirep(p)
	}

	// 将没有本地任务的 P 放到空闲链表
	var runnablePs *p
	for i := nprocs - 1; i >= 0; i-- {
			p := allp[i]

			// 确保不是当前正在用的 P
			if _g_.m.p.ptr() == p {
					continue
			}

			p.status = _Pidle
```

```
            if runqempty(p) {
                    // 放入空闲链表
                    pidleput(p)
            } else {
                    // 有本地任务，构建链表
                    p.m.set(mget())
                    p.link.set(runnablePs)
                    runnablePs = p
            }
    }

    // 返回有本地任务的 P (链表)
    return runnablePs
}

// 将 P 放入空闲链表
func pidleput(_p_ *p) {
    _p_.link = sched.pidle
    sched.pidle.set(_p_)
    xadd(&sched.npidle, 1)
}
```

默认只有 schedinit 和 startTheWorld 会调用 procresize 函数。在调度器初始化阶段，所有 P 对象都是新建的。除分配给当前主线程的外，其他都被放入空闲链表。而 startTheWorld 会激活全部有本地任务的 P 对象（详见后文）。

在完成调度器初始化后，引导过程才创建并运行 main goroutine。

asm_amd64.s

```
TEXT runtime·rt0_go(SB),NOSPLIT,$0
    // save m->g0 = g0
    MOVQ    CX, m_g0(AX)
    // save m0 to g0->m
    MOVQ    AX, g_m(CX)

    CALL    runtime·schedinit(SB)

    // 创建 main goroutine，并将其放入当前 P 本地队列
    MOVQ    $runtime·mainPC(SB), AX
    PUSHQ   AX
    PUSHQ   $0
    CALL    runtime·newproc(SB)
```

```
	POPQ	AX
	POPQ	AX

	// 让当前 M0 进入调度，执行 main goroutine
	CALL	runtime·mstart(SB)

	// M0 永远不会执行这条崩溃测试指令
	MOVL	$0xf1, 0xf1  // crash
	RET
```

虽然可在运行期用 runtime.GOMAXPROCS 函数修改 P 的数量，但须付出极大代价。

debug.go

```
func GOMAXPROCS(n int) int {
	if n > _MaxGomaxprocs {
		n = _MaxGomaxprocs
	}

	// 返回当前值（这个才是最常用的做法）
	ret := int(gomaxprocs)
	if n <= 0 || n == ret {
		return ret
	}

	// STW !!!
	stopTheWorld("GOMAXPROCS")

	newprocs = int32(n)

	// 调用 procresize，并激活有任务的 P
	startTheWorld()

	return ret
}
```

18.3 任务

我们已经知道编译器会将“go func(...)”语句翻译成 newproc 调用，但这中间究竟有什么不为人知的秘密？

test.go

```
package main

import ()

func add(x, y int) int {
    z := x + y
    return z
}

func main() {
    x := 0x100
    y := 0x200
    go add(x, y)
}
```

尽管这个示例有些简陋，但这不重要，重要的是编译器要做什么。

```
$ go build -o test test.go

$ go tool objdump -s "main\.main" test

TEXT main.main(SB) test.go
    test.go:10  SUBQ $0x28, SP
    test.go:11  MOVQ $0x100, CX
    test.go:12  MOVQ $0x200, AX
    test.go:13  MOVQ CX, 0x10(SP)                 // 实参 x 入栈
    test.go:13  MOVQ AX, 0x18(SP)                 // 实参 y 入栈
    test.go:13  MOVL $0x18, 0(SP)                 // 参数长度入栈
    test.go:13  LEAQ 0x879ff(IP), AX              // 将函数 add 地址存入 AX 寄存器
    test.go:13  MOVQ AX, 0x8(SP)                  // 地址入栈
    test.go:13  CALL runtime.newproc(SB)
    test.go:14  ADDQ $0x28, SP
    test.go:14  RET
```

从反汇编代码可以看出，Go 采用了类似 C/cdecl 的调用约定。由调用方负责提供参数空间，并从右往左入栈。

proc1.go

```
func newproc(siz int32, fn *funcval) {
     // 获取第一参数地址
     argp := add(unsafe.Pointer(&fn), ptrSize)
```

```
    // 获取调用方 PC/IP 寄存器值
    pc := getcallerpc(unsafe.Pointer(&siz))

    // 用 g0 栈创建 G/goroutine 对象
    systemstack(func() {
        newproc1(fn, (*uint8)(argp), siz, 0, pc)
    })
}
```

目标函数 newproc 只有两个参数，但 main 却向栈压入了四个值。按照顺序，后三个值应该会被合并成 funcval。还有，add 返回值会被忽略。

runtime2.go

```
type funcval struct {
    fn uintptr
    // variable-size, fn-specific data here
}
```

果然是变长结构类型（目标函数参数不定），此处其补全状态应该是：

```
type struct {
    fn uintptr
    x  int
    y  int
}
```

如此一来，关于"go 语句会复制参数值"的规则就很好理解了。站在 newproc 角度，我们可以画出执行栈的状态示意图。

```
  lower        SP +------------+
                  |            |
    ^             +------------+  <----  newproc frame
    .             | pc/ip      |
    .             +------------+
    .             | siz        |
 address          +------------+  ---+
    .             | add        |     |
    .             +------------+     |
    .             | x          |     >  fn
    .             +------------+     |
                  | y          |     |
  higher          +------------+  ---+
```

用"fn + ptrsize"跳过 add 获得第一个参数 x 的地址，getcallerpc 用"siz - 8"读取

CALL 指令压入的 main PC/IP 寄存器值，这就是 newproc 为 newproc1 准备的相关参数值。

asm_amd64.s

```
TEXT runtime·getcallerpc(SB),NOSPLIT,$8-16
	MOVQ	argp+0(FP),AX		// addr of first arg
	MOVQ	-8(AX),AX		// get calling pc
	CMPQ	AX, runtime·stackBarrierPC(SB)
	JNE	nobar
	CALL	runtime·nextBarrierPC(SB)	// Get original return PC.
	MOVQ	0(SP), AX
nobar:
	MOVQ	AX, ret+8(FP)
	RET
```

至此，我们大概知道 go 语句编译后的真实模样。接下来，就转到 newproc1 看看如何创建并发任务单元 G。

runtime2.go

```
type g struct {
	stack    stack      // 执行栈
	sched    gobuf      // 用于保存执行现场
	goid     int64      // 唯一序号
	gopc     uintptr    // 调用者 PC/IP
	startpc  uintptr    // 任务函数
}
```

proc1.go

```
func newproc1(fn *funcval, argp *uint8, narg int32, nret int32, callerpc uintptr) *g {
	_g_ := getg()

	// "参数 + 返回值"所需空间（对齐）
	siz := narg + nret
	siz = (siz + 7) &^ 7

	// 从当前 P 复用链表获取空闲的 G 对象
	_p_ := _g_.m.p.ptr()
	newg := gfget(_p_)

	// 获取失败，新建
```

```
if newg == nil {
        newg = malg(_StackMin)
        casgstatus(newg, _Gidle, _Gdead)
        allgadd(newg)
}

// 测试 G stack
if newg.stack.hi == 0 {
        throw("newproc1: newg missing stack")
}

// 测试 G status
if readgstatus(newg) != _Gdead {
        throw("newproc1: new g is not Gdead")
}

// 计算所需空间大小，并对齐
totalSize := 4*regSize + uintptr(siz)
totalSize += -totalSize & (spAlign - 1)

// 确定 SP 和参数入栈位置
sp := newg.stack.hi - totalSize
spArg := sp

// 将执行参数拷贝入栈
memmove(unsafe.Pointer(spArg), unsafe.Pointer(argp), uintptr(narg))

// 初始化用于保存执行现场的区域
memclr(unsafe.Pointer(&newg.sched), unsafe.Sizeof(newg.sched))
newg.sched.sp = sp
newg.sched.pc = funcPC(goexit) + _PCQuantum
newg.sched.g = guintptr(unsafe.Pointer(newg))
gostartcallfn(&newg.sched, fn)

// 初始化基本状态
newg.gopc = callerpc
newg.startpc = fn.fn
casgstatus(newg, _Gdead, _Grunnable)

// 设置唯一 id
if _p_.goidcache == _p_.goidcacheend {
        // sched.goidgen 是一个全局计数器
        // 每次取回一段有效区间，然后在该区间分配，避免频繁地去全局操作
```

```
                // [sched.goidgen+1, sched.goidgen+GoidCacheBatch]
                _p_.goidcache = xadd64(&sched.goidgen, _GoidCacheBatch)
                _p_.goidcache -= _GoidCacheBatch - 1
                _p_.goidcacheend = _p_.goidcache + _GoidCacheBatch
        }
        newg.goid = int64(_p_.goidcache)
        _p_.goidcache++

        // 将 G 放入待运行队列
        runqput(_p_, newg, true)

        // 如果有其他空闲 P，则尝试唤醒某个 M 出来执行任务
        // 如果有 M 处于自旋等待 P 或 G 状态，放弃
        // 如果当前创建的是 main goroutine (runtime.main)，那么还没有其他任务需要执行，放弃
        if atomicload(&sched.npidle) != 0 &&
           atomicload(&sched.nmspinning) == 0 &&
           unsafe.Pointer(fn.fn) != unsafe.Pointer(funcPC(main)) {
                wakep()
        }

        return newg
}
```

整个创建过程中，有一系列问题需要分开细说。

首先，G 对象默认会复用，这看上去有点像 cache/object 做法。除 P 本地的复用链表外，还有全局链表在多个 P 之间共享。

runtime2.go

```
type p struct {
        gfree     *g
        gfreecnt int32
}

type schedt struct {
        gfree  *g
        ngfree int32
}
```

proc1.go

```
func gfget(_p_ *p) *g {
retry:
```

```
    // 从 P 本地队列提取复用对象
    gp := _p_.gfree

    // 如果提取失败，尝试从全局链表转移一批到 P 本地
    if gp == nil && sched.gfree != nil {
        // 最多转移 32 个
        for _p_.gfreecnt < 32 && sched.gfree != nil {
            _p_.gfreecnt++
            gp = sched.gfree
            sched.gfree = gp.schedlink.ptr()
            sched.ngfree--
            gp.schedlink.set(_p_.gfree)
            _p_.gfree = gp
        }

        // 再试
        goto retry
    }

    // 如果成功获取复用对象
    if gp != nil {
        // 调整 P 复用链表
        _p_.gfree = gp.schedlink.ptr()
        _p_.gfreecnt--

        // 检查 G stack
        if gp.stack.lo == 0 {
            // 分配新栈
            systemstack(func() {
                gp.stack, gp.stkbar = stackalloc(_FixedStack)
            })
            gp.stackguard0 = gp.stack.lo + _StackGuard
            gp.stackAlloc = _FixedStack
        } else {
        }
    }

    return gp
}
```

而当 goroutine 执行完毕，调度器相关函数会将 G 对象放回 P 复用链表。

proc1.go

```
func gfput(_p_ *p, gp *g) {
	// 如果栈发生过扩张，则释放
	stksize := gp.stackAlloc
	if stksize != _FixedStack {
		// non-standard stack size - free it.
		stackfree(gp.stack, gp.stackAlloc)
		gp.stack.lo = 0
		gp.stack.hi = 0
		gp.stackguard0 = 0
		gp.stkbar = nil
		gp.stkbarPos = 0
	} else {
		// Reset stack barriers.
		gp.stkbar = gp.stkbar[:0]
		gp.stkbarPos = 0
	}

	// 放回 P 本地复用链表
	gp.schedlink.set(_p_.gfree)
	_p_.gfree = gp
	_p_.gfreecnt++

	// 如果本地复用对象过多，则转移一批到全局链表
	if _p_.gfreecnt >= 64 {
		// 本地仅保留 32 个
		for _p_.gfreecnt >= 32 {
			_p_.gfreecnt--
			gp = _p_.gfree
			_p_.gfree = gp.schedlink.ptr()
			gp.schedlink.set(sched.gfree)
			sched.gfree = gp
			sched.ngfree++
		}
	}
}
```

最初，G 对象都是由 malg 创建的。

stack2.go

```
_StackMin = 2048
```

proc1.go

```
func malg(stacksize int32) *g {
	newg := new(g)
	if stacksize >= 0 {
		stacksize = round2(_StackSystem + stacksize)
		systemstack(func() {
			newg.stack, newg.stkbar = stackalloc(uint32(stacksize))
		})
		newg.stackguard0 = newg.stack.lo + _StackGuard
		newg.stackguard1 = ^uintptr(0)
		newg.stackAlloc = uintptr(stacksize)
	}
	return newg
}
```

默认采用 2KB 栈空间，并且都被 allg 引用。这是垃圾回收遍历扫描的需要，以便获取指针引用，收缩栈空间。

proc1.go

```
var (
	allg     **g
	allglen  uintptr
	allgs    []*g
)

func allgadd(gp *g) {
	allgs = append(allgs, gp)
	allg = &allgs[0]
	allglen = uintptr(len(allgs))
}
```

现在我们知道 G 的由来，以及复用方式。只是有个小问题，G 似乎从来不被释放，会不会有存留过多的问题？不过好在垃圾回收会调用 shrinkstack 将其栈空间回收。有关栈的相关细节，留待后文再说。

在获取 G 对象后，newproc1 会进行一系列初始化操作，毕竟不管新建还是复用，这些参数都必须正确地设置。同时，相关执行参数会被拷贝到 G 的栈空间，因为它和当前任务不再有任何关系，各自使用独立的栈空间。毕竟，“go func(...)”语句仅创建并发任务，当前流程会继续自己的逻辑。

创建完毕的 G 任务被优先放入 P 本地队列等待执行，这属于无锁操作。

proc1.go

```
func runqput(_p_ *p, gp *g, next bool) {
	if randomizeScheduler && next && fastrand1()%2 == 0 {
		next = false
	}

	// 如果可能，将 G 直接保存在 P.runnext，作为下一个优先执行任务
	if next {
	retryNext:
		oldnext := _p_.runnext
		if !_p_.runnext.cas(oldnext, guintptr(unsafe.Pointer(gp))) {
			goto retryNext
		}
		if oldnext == 0 {
			return
		}

		// 原本的 next G 会被放回本地队列
		gp = oldnext.ptr()
	}

retry:
	// runqhead 是一个数组实现的循环队列
	// head、tail 累加，通过取模即可获得索引位置，很典型的算法
	h := atomicload(&_p_.runqhead)
	t := _p_.runqtail

	// 如果本地队列未满，直接放到尾部
	if t-h < uint32(len(_p_.runq)) {
		_p_.runq[t%uint32(len(_p_.runq))] = gp
		atomicstore(&_p_.runqtail, t+1)
		return
	}

	// 放入全局队列
	// 因为需要加锁，所以 slow
	if runqputslow(_p_, gp, h, t) {
		return
	}
```

```
        goto retry
    }
```

任务队列分为三级，按优先级从高到低分别是 P.runnext、P.runq、Sched.runq，很有些 CPU 多级缓存的意思。

runtime2.go

```
type schedt struct {
    runqhead guintptr
    runqtail guintptr
    runqsize int32
}

type p struct {
    runqhead uint32
    runqtail uint32
    runq     [256]*g      // 本地队列，访问时无须加锁
    runnext  guintptr     // 优先执行
}

type g struct {
    schedlink guintptr    // 链表
}
```

往全局队列添加任务，显然需要加锁，只是专门取名为 runqputslow 就很有说法了。去看看到底怎么个慢法。

proc1.go

```
func runqputslow(_p_ *p, gp *g, h, t uint32) bool {
    // 这意思显然是要从 P 本地转移一半任务到全局队列
    // "+1" 是别忘了当前这个 gp
    var batch [len(_p_.runq)/2 + 1]*g

    // 计算一半的实际数量
    n := t - h
    n = n / 2

    // 从队列头部提取
    for i := uint32(0); i < n; i++ {
        batch[i] = _p_.runq[(h+i)%uint32(len(_p_.runq))]
    }
```

```
    // 调整 P 队列头部位置
    if !cas(&_p_.runqhead, h, h+n) {
        return false
    }

    // 加上当前 gp 这家伙
    batch[n] = gp

    // 对顺序进行洗牌
    if randomizeScheduler {
        for i := uint32(1); i <= n; i++ {
            j := fastrand1() % (i + 1)
            batch[i], batch[j] = batch[j], batch[i]
        }
    }

    // 串成链表
    for i := uint32(0); i < n; i++ {
        batch[i].schedlink.set(batch[i+1])
    }

    // 添加到全局队列尾部
    globrunqputbatch(batch[0], batch[n], int32(n+1))
    return true
}

func globrunqputbatch(ghead *g, gtail *g, n int32) {
    gtail.schedlink = 0
    if sched.runqtail != 0 {
        sched.runqtail.ptr().schedlink.set(ghead)
    } else {
        sched.runqhead.set(ghead)
    }
    sched.runqtail.set(gtail)
    sched.runqsize += n
}
```

若本地队列已满，一次性转移半数到全局队列。这个好理解，因为其他 P 可能正饿着呢。这也正好解释了 newproc1 最后尝试用 wakep 唤醒其他 M/P 去执行任务的意图，毕竟充分发挥多核优势才是正途。

最后标记一下 G 的状态切换过程。

```
-- gfree -----+
              |
--> IDLE --> DEAD --> RUNNABLE ---> RUNNING ---> DEAD --- ... --> gfree -->
     新建      初始化前     初始化后          调度执行        执行完毕
```

18.4 线程

当 newproc1 成功创建 G 任务后，会尝试用 wakep 唤醒 M 执行任务。

proc1.go

```
func wakep() {
    // 被唤醒的线程需要绑定 P，累加自旋计数，避免 newproc1 唤醒过多线程
    if !cas(&sched.nmspinning, 0, 1) {
            return
    }
    startm(nil, true)
}

func startm(_p_ *p, spinning bool) {
    // 如果没有指定 P，尝试获取空闲 P
    if _p_ == nil {
            _p_ = pidleget()

            // 获取失败，终止
            if _p_ == nil {
                    // 递减自旋计数
                    if spinning {
                            xadd(&sched.nmspinning, -1)
                    }
                    return
            }
    }

    // 获取休眠的闲置 M
    mp := mget()

    // 如没有闲置 M，新建
    if mp == nil {
```

```
            // 默认启动函数
            // 主要是判断 M.nextp 是否有暂存的 P，以此调整自旋计数
            var fn func()
            if spinning {
                fn = mspinning
            }
            newm(fn, _p_)
            return
        }

        // 设置自旋状态和暂存 P
        mp.spinning = spinning
        mp.nextp.set(_p_)

        // 唤醒 M
        notewakeup(&mp.park)
}
```

notewakeup/notesleep 实现细节参见后文。

和前文 G 对象复用类似，这个过程同样有闲置获取和新建两种方式。先不去理会闲置列表，看看 M 究竟如何创建，如何包装系统线程。

runtime2.go

```
type m struct {
    g0          *g              // 提供系统栈空间
    mstartfn    func()          // 启动函数
    curg        *g              // 当前运行 G
    p           puintptr        // 绑定 P
    nextp       puintptr        // 临时存放 P
    spinning    bool            // 自旋状态
    park        note            // 休眠锁
    schedlink   muintptr        // 链表
}
```

proc1.go

```
func newm(fn func(), _p_ *p) {
    // 创建 M 对象
    mp := allocm(_p_, fn)

    // 暂存 P
```

```
	mp.nextp.set(_p_)

	// 创建系统线程
	newosproc(mp, unsafe.Pointer(mp.g0.stack.hi))
}

func allocm(_p_ *p, fn func()) *m {
	mp := new(m)
	mp.mstartfn = fn  // 启动函数
	mcommoninit(mp)   // 初始化

	// 创建 g0
	// In case of cgo or Solaris, pthread_create will make us a stack.
	// Windows and Plan 9 will layout sched stack on OS stack.
	if iscgo || GOOS == "solaris" || GOOS == "windows" || GOOS == "plan9" {
		mp.g0 = malg(-1)
	} else {
		mp.g0 = malg(8192 * stackGuardMultiplier)
	}
	mp.g0.m = mp

	return mp
}
```

M 最特别的就是自带一个名为 g0，默认 8 KB 栈内存的 G 对象属性。它的栈内存地址被传给 newosproc 函数，作为系统线程的默认堆栈空间（并非所有系统都支持）。

os1_linux.go

```
const cloneFlags =      _CLONE_VM |            /* share memory */
                        _CLONE_FS |            /* share cwd, etc */
                        _CLONE_FILES |         /* share fd table */
                        _CLONE_SIGHAND |       /* share sig handler table */
                        _CLONE_THREAD          /* revisit - okay for now */

func newosproc(mp *m, stk unsafe.Pointer) {
	ret := clone(cloneFlags, stk, unsafe.Pointer(mp), unsafe.Pointer(mp.g0),
		unsafe.Pointer(funcPC(mstart)))
}
```

关于系统调用 clone 的更多信息，请参考 man 2 手册。

os1_windows.go

```
func newosproc(mp *m, stk unsafe.Pointer) {
	const _STACK_SIZE_PARAM_IS_A_RESERVATION = 0x00010000
	thandle := stdcall6(_CreateThread, 0, 0x20000,
			funcPC(tstart_stdcall), uintptr(unsafe.Pointer(mp)),
			_STACK_SIZE_PARAM_IS_A_RESERVATION, 0)
	if thandle == 0 {
			print("runtime: failed to create new OS thread (have ",
					mcount(), " already; errno=", getlasterror(), ")\n")
			throw("runtime.newosproc")
	}
}
```

Windows API CreateThread 不支持自定义线程堆栈。

在进程执行过程中，有两类代码需要运行。一类自然是用户逻辑，直接使用 G 栈内存；另一类是运行时管理指令，它并不便于直接在用户栈上执行，因为这需要处理与用户逻辑现场有关的一大堆事务。

举例来说，G 任务可在中途暂停，放回队列后由其他 M 获取执行。如果不更改执行栈，可能会造成多个线程共享内存，从而引发混乱。另外，在执行垃圾回收操作时，如何收缩依旧被线程持有的 G 栈空间？因此，当需要执行管理指令时，会将线程栈临时切换到 g0，与用户逻辑彻底隔离。

其实，在前文就经常看到 systemstack 这种执行方式，它就是切换到 g0 栈后再执行运行时相关管理操作的。

proc1.go

```
func newproc(siz int32, fn *funcval) {
	systemstack(func() {
			newproc1(fn, (*uint8)(argp), siz, 0, pc)
	})
}
```

asm_amd64.s

```
TEXT runtime·systemstack(SB), NOSPLIT, $0-8
	MOVQ	fn+0(FP), DI			// DI = fn
	MOVQ	g(CX), AX			// AX = g
	MOVQ	g_m(AX), BX			// BX = m
```

```
	MOVQ	m_g0(BX), DX				// DX = g0
	CMPQ	AX, DX					// 如果当前g已经是 g0，那么无须切换
	JEQ	noswitch

	MOVQ	m_curg(BX), R8				// 当前 g
	CMPQ	AX, R8					// 如果是用户逻辑 g，切换
	JEQ	switch

	// Bad: g is not gsignal, not g0, not curg. What is it?
	MOVQ	$runtime·badsystemstack(SB), AX
	CALL	AX

switch:
	// 将 G 状态保存到 sched
	MOVQ	$runtime·systemstack_switch(SB), SI
	MOVQ	SI, (g_sched+gobuf_pc)(AX)
	MOVQ	SP, (g_sched+gobuf_sp)(AX)
	MOVQ	AX, (g_sched+gobuf_g)(AX)
	MOVQ	BP, (g_sched+gobuf_bp)(AX)

	// 切换到 g0.stack
	MOVQ	DX, g(CX)				// DX = g0
	MOVQ	(g_sched+gobuf_sp)(DX), BX // 从 g0.sched 获取 SP
	SUBQ	$8, BX					// 调整 SP
	MOVQ	$runtime·mstart(SB), DX
	MOVQ	DX, 0(BX)
	MOVQ	BX, SP					// 通过调整 SP 寄存器值来切换栈内存

	// 执行系统管理函数
	MOVQ	DI, DX					// DI = fn
	MOVQ	0(DI), DI
	CALL	DI

	// 切换回 G，恢复执行现场
	MOVQ	g(CX), AX
	MOVQ	g_m(AX), BX
	MOVQ	m_curg(BX), AX
	MOVQ	AX, g(CX)
	MOVQ	(g_sched+gobuf_sp)(AX), SP
	MOVQ	$0, (g_sched+gobuf_sp)(AX)
	RET
```

```
noswitch:
	// already on m stack, just call directly
	MOVQ	DI, DX
	MOVQ	0(DI), DI
	CALL	DI
	RET
```

从这段代码，我们可以看出 g0 为什么同样是 G 对象，而不直接用 stack 的原因。

M 初始化操作会检查已有的 M 数量，如超出最大限制（默认为 10,000）会导致进程崩溃。所有 M 被添加到 allm 链表，且不被释放。

runtime2.go

```
var allm *m
```

proc1.go

```
func mcommoninit(mp *m) {
	mp.id = sched.mcount
	sched.mcount++
	checkmcount()
	mpreinit(mp)

	mp.alllink = allm
	atomicstorep(unsafe.Pointer(&allm), unsafe.Pointer(mp))
}

func checkmcount() {
	if sched.mcount > sched.maxmcount {
		throw("thread exhaustion")
	}
}
```

可用 runtime/debug.SetMaxThreads 修改最大线程数量限制，但仅建议在测试阶段通过设置较小值作为错误触发条件。

回到 wakep/startm 流程，默认优先选用闲置 M，只是这个闲置的 M 从何而来？

runtime2.go

```
type schedt struct {
	midle		muintptr	// 闲置 M 链表
```

```
	nmidle       int32      // 闲置的 M 数量
	mcount       int32      // 已创建的 M 总数
	maxmcount    int32      // M 最大闲置数
}
```

proc1.go

```
// 从空闲链表获取 M
func mget() *m {
	mp := sched.midle.ptr()
	if mp != nil {
		sched.midle = mp.schedlink
		sched.nmidle--
	}
	return mp
}
```

被唤醒而进入工作状态的 M，会陷入调度循环，从各种可能场所获取并执行 G 任务。只有当彻底找不到可执行任务，或因任务用时过长、系统调用阻塞等原因被剥夺 P 时，M 才会进入休眠状态。

proc1.go

```
// 停止 M，使其休眠
func stopm() {
	_g_ := getg()

	// 取消自旋状态
	if _g_.m.spinning {
		_g_.m.spinning = false
		xadd(&sched.nmspinning, -1)
	}

retry:
	// 放回闲置队列
	mput(_g_.m)

	// 休眠，等待被唤醒
	notesleep(&_g_.m.park)
	noteclear(&_g_.m.park)

	// 绑定 P
	acquirep(_g_.m.nextp.ptr())
```

```
        _g_.m.nextp = 0
    }

    // 将 M 放入闲置链表
    func mput(mp *m) {
        mp.schedlink = sched.midle
        sched.midle.set(mp)
        sched.nmidle++
    }
```

我们允许进程里有成千上万的并发任务 G，但最好不要有太多的 M。且不说通过系统调用创建线程本身就有很大的性能损耗，大量闲置且不被回收的线程、M 对象、g0 栈空间都是资源浪费。好在这种情形极少出现，不过还是建议在生产部署前进行严格的测试。

下面是利用 cgo 调用 sleep syscall 来生成大量 M 的示例。

test.go

```
package main

import (
    "sync"
    "time"
)

// #include <unistd.h>
import "C"

func main() {
    var wg sync.WaitGroup
    wg.Add(1000)

    for i := 0; i < 1000; i++ {
        go func() {
            C.sleep(1)
            wg.Done()
        }()
    }

    wg.Wait()
    println("done!")
    time.Sleep(time.Second * 5)
}
```

利用 GODEBUG 输出调度器状态，你会看到大量闲置线程。

```
$ go build -o test test

$ GODEBUG="schedtrace=1000" ./test

SCHED    0ms: gomaxprocs=2 idleprocs=1 threads=3   spinningthreads=0 idlethreads=0   runqueue=0 [0 0]
SCHED 1006ms: gomaxprocs=2 idleprocs=0 threads=728 spinningthreads=0 idlethreads=0   runqueue=125 [113 33]
SCHED 2009ms: gomaxprocs=2 idleprocs=2 threads=858 spinningthreads=0 idlethreads=590 runqueue=0 [0 0]
done!
SCHED 3019ms: gomaxprocs=2 idleprocs=2 threads=858 spinningthreads=0 idlethreads=855 runqueue=0 [0 0]
SCHED 4029ms: gomaxprocs=2 idleprocs=2 threads=858 spinningthreads=0 idlethreads=855 runqueue=0 [0 0]
SCHED 5038ms: gomaxprocs=2 idleprocs=2 threads=858 spinningthreads=0 idlethreads=855 runqueue=0 [0 0]
SCHED 6048ms: gomaxprocs=2 idleprocs=2 threads=858 spinningthreads=0 idlethreads=855 runqueue=0 [0 0]
```

runqueue 输出全局队列，以及 P 本地队列的 G 任务数量。

可将 done 后的等待时间修改得更长（比如 10 分钟），用来观察垃圾回收和系统监控等机制是否会影响 idlethreads 数量。

```
$ GODEBUG="gctrace=1,schedtrace=1000" ./test
```

除线程数量外，程序执行时间（user、sys）也有很大差别，可以简单对比一下。

```
func main() {
    var wg sync.WaitGroup
    wg.Add(1000)

    for i := 0; i < 1000; i++ {
        go func() {
            C.sleep(1)                      // 测试 1
            // time.Sleep(time.Second)      // 测试 2

            wg.Done()
        }()
    }

    wg.Wait()
}
```

```
$ go build -o test1 test.go && time ./test1

real    0m1.159s
```

```
user    0m0.056s
sys     0m0.105s

$ go build -o test2 test.go && time ./test2

real    0m1.022s
user    0m0.006s
sys     0m0.006s
```

输出结果中 user 和 sys 分别表示用户态和内核态执行时间，多核累加。

标准库封装的 time.Sleep 针对 goroutine 进行了改进，并未使用 syscall。当然，这个示例和测试结果也仅用于演示，具体问题还须具体分析。

18.5 执行

M 执行 G 并发任务有两个起点：线程启动函数 mstart，还有就是 stopm 休眠唤醒后再度恢复调度循环。

让我们从头开始。

proc1.go

```go
func mstart() {
	_g_ := getg()

	// 确定栈边界
	if _g_.stack.lo == 0 {
		// 对于无法使用 g0 stack 的系统，直接在系统堆栈上划出所需空间
		size := _g_.stack.hi
		if size == 0 {
			size = 8192 * stackGuardMultiplier
		}
		// 通过取 size 变量指针来确定高位地址
		_g_.stack.hi = uintptr(noescape(unsafe.Pointer(&size)))
		_g_.stack.lo = _g_.stack.hi - size + 1024
	}
	_g_.stackguard0 = _g_.stack.lo + _StackGuard
	_g_.stackguard1 = _g_.stackguard0
```

```
    mstart1()
}

func mstart1() {
    _g_ := getg()

    if _g_ != _g_.m.g0 {
        throw("bad runtime·mstart")
    }

    // 初始化 g0 执行现场
    gosave(&_g_.m.g0.sched)
    _g_.m.g0.sched.pc = ^uintptr(0) // make sure it is never used

    // 执行启动函数
    if fn := _g_.m.mstartfn; fn != nil {
        fn()
    }

    // 在 GC startTheWorld 时，会检查闲置 M 是否少于并发标记需求（needaddgcproc）
    // 新建 M，设置 m.helpgc = -1，加入闲置队列等待唤醒
    if _g_.m.helpgc != 0 {
        _g_.m.helpgc = 0
        stopm()
    } else if _g_.m != &m0 {
        // 绑定 P
        acquirep(_g_.m.nextp.ptr())
        _g_.m.nextp = 0
    }

    // 进入任务调度循环（不再返回）
    schedule()
}
```

准备进入工作状态的 M 必须绑定一个有效 P，nextp 临时持有待绑定的 P 对象。因为在未正式执行前，并不适合直接设置相关属性。P 为 M 提供 cache，以便为工作线程提供对象内存分配。

proc1.go

```
func acquirep(_p_ *p) {
    acquirep1(_p_)
```

```
	// 绑定 mcache
	_g_ := getg()
	_g_.m.mcache = _p_.mcache
}

func acquirep1(_p_ *p) {
	_g_ := getg()
	_g_.m.p.set(_p_)
	_p_.m.set(_g_.m)
	_p_.status = _Prunning
}
```

一切就绪后，M 进入核心调度循环，这是一个由 schedule、execute、goroutine fn、goexit 函数构成的逻辑循环。就算 M 在休眠唤醒后，也只是从"断点"恢复。

proc1.go

```
func schedule() {
	_g_ := getg()

top:
	// 准备进入 GC STW，休眠
	if sched.gcwaiting != 0 {
		gcstopm()
		goto top
	}

	var gp *g

	// 当从 P.next 提取 G 时，inheritTime = true
	// 不累加 P.schedtick 计数，使得它延长本地队列处理时间
	var inheritTime bool

	// 进入 GC MarkWorker 工作模式
	if gp == nil && gcBlackenEnabled != 0 {
		gp = gcController.findRunnableGCWorker(_g_.m.p.ptr())
		if gp != nil {
			resetspinning()
		}
	}

	// 每处理 n 个任务后就去全局队列获取 G 任务，以确保公平
	if gp == nil {
```

```
			if _g_.m.p.ptr().schedtick%61 == 0 && sched.runqsize > 0 {
				lock(&sched.lock)
				gp = globrunqget(_g_.m.p.ptr(), 1)
				unlock(&sched.lock)
				if gp != nil {
					resetspinning()
				}
			}
		}

		// 从 P 本地队列获取 G 任务
		if gp == nil {
			gp, inheritTime = runqget(_g_.m.p.ptr())
			if gp != nil && _g_.m.spinning {
				throw("schedule: spinning with local work")
			}
		}

		// 从其他可能的地方获取 G 任务
		// 如果获取失败，会让 M 进入休眠状态，被唤醒后重试
		if gp == nil {
			gp, inheritTime = findrunnable() // blocks until work is available
			resetspinning()
		}

		// 执行 goroutine 任务函数
		execute(gp, inheritTime)
	}
```

有关 lockedg 的细节，参见后文。

调度函数获取可用的 G 后，交由 execute 去执行。同时，它还检查环境开关来决定是否参与垃圾回收。

把相关细节放下，先走完整个调度循环再说。

proc1.go

```
func execute(gp *g, inheritTime bool) {
	_g_ := getg()

	casgstatus(gp, _Grunnable, _Grunning)
	gp.waitsince = 0
```

```
        gp.preempt = false
        gp.stackguard0 = gp.stack.lo + _StackGuard

        _g_.m.curg = gp
        gp.m = _g_.m

        gogo(&gp.sched)
}
```

真正关键的就是汇编实现的 gogo 函数。它从 g0 栈切换到 G 栈，然后用一个 JMP 指令进入 G 任务函数代码。

asm_amd64.s

```
TEXT runtime·gogo(SB), NOSPLIT, $0-8
        MOVQ    buf+0(FP), BX               // gobuf
        MOVQ    gobuf_g(BX), DX             // G
        MOVQ    0(DX), CX                   // make sure g != nil
        get_tls(CX)
        MOVQ    DX, g(CX)                   // g = G
        MOVQ    gobuf_sp(BX), SP            // 通过恢复 SP 寄存器值切换到 G 栈
        MOVQ    gobuf_ret(BX), AX
        MOVQ    gobuf_ctxt(BX), DX
        MOVQ    gobuf_bp(BX), BP
        MOVQ    $0, gobuf_sp(BX)            // clear to help garbage collector
        MOVQ    $0, gobuf_ret(BX)
        MOVQ    $0, gobuf_ctxt(BX)
        MOVQ    $0, gobuf_bp(BX)
        MOVQ    gobuf_pc(BX), BX            // 获取 G 任务函数地址
        JMP     BX                          // 执行
```

这里有个细节，JMP 并不是 CALL，也就是说不会将 PC/IP 入栈，那么执行完任务函数后，RET 指令恢复的 PC/IP 值是什么？我们在 schedule、execute 里也没看到 goexit 调用，究竟如何再次进入调度循环呢？

在 newproc1 创建 G 任务时，我们曾忽略了一个细节。

proc1.go

```
func newproc1(fn *funcval, argp *uint8, narg int32, nret int32, callerpc uintptr) *g {
        newg.sched.sp = sp

        // 此处保存的是 goexit 地址
```

```
        newg.sched.pc = funcPC(goexit) + _PCQuantum
        newg.sched.g = guintptr(unsafe.Pointer(newg))

        // 此处的调用是关键所在
        gostartcallfn(&newg.sched, fn)

        newg.gopc = callerpc
        newg.startpc = fn.fn
}
```

在初始化 G.sched 时，pc 保存的是 goexit 而非 fn。关键秘密就是随后调用的 gostartcallfn 函数。

stack1.go

```
func gostartcallfn(gobuf *gobuf, fv *funcval) {
        gostartcall(gobuf, fn, (unsafe.Pointer)(fv))
}
```

sys_x86.go

```
func gostartcall(buf *gobuf, fn, ctxt unsafe.Pointer) {
        // 调整 sp
        sp := buf.sp
        if regSize > ptrSize {
                sp -= ptrSize
                *(*uintptr)(unsafe.Pointer(sp)) = 0
        }
        sp -= ptrSize

        // 将 buf.pc 也就是 goexit 入栈
        *(*uintptr)(unsafe.Pointer(sp)) = buf.pc

        // 然后再次设置 sp 和 pc，此时 pc 才是 G 任务函数
        buf.sp = sp
        buf.pc = uintptr(fn)
        buf.ctxt = ctxt
}
```

ARM 使用 LR 寄存器存储 PC 值，而非保存在栈上。

很显然，在初始化完成后，G 栈顶端被压入了 goexit 地址。汇编函数 gogo JMP 跳转执行 G 任务，那么函数尾部的 RET 指令必然是将 goexit 地址恢复到 PC/IP，从而实现任

务结束清理操作和再次进入调度循环。

asm_amd64.s

```
TEXT runtime·goexit(SB),NOSPLIT,$0-0
    CALL    runtime·goexit1(SB)         // does not return
```

proc1.go

```
func goexit1() {
    // 切换到 g0 执行 goexit0
    mcall(goexit0)
}

// goexit continuation on g0
func goexit0(gp *g) {
    _g_ := getg()

    // 清理 G 状态
    casgstatus(gp, _Grunning, _Gdead)
    gp.m = nil
    gp.lockedm = nil
    _g_.m.lockedg = nil
    gp.paniconfault = false
    gp._defer = nil
    gp._panic = nil
    gp.writebuf = nil
    gp.waitreason = ""
    gp.param = nil

    dropg()

    _g_.m.locked = 0

    // 将 G 放回复用链表
    gfput(_g_.m.p.ptr(), gp)

    // 重新进入调度循环
    schedule()
}
```

无论是 mcall、systemstack，还是 gogo 都不会更新 g0.sched 栈现场。需要切换到 g0 栈时，直接从“g_sched+gobuf_sp”读取地址恢复 SP。所以调用 goexit0/schedule 时，g0

栈又从头开始，原调用堆栈全部失效，就算不返回也无所谓。

在 mstart1 里调用 gosave 初始化了 g0.sched.sp 等数据，

proc1.go

```
func mstart1() {
	// Record top of stack for use by mcall.
	// Once we call schedule we're never coming back,
	// so other calls can reuse this stack space.
	gosave(&_g_.m.g0.sched)
	_g_.m.g0.sched.pc = ^uintptr(0) // make sure it is never used
}
```

asm_amd64.s

```
// save state in Gobuf; setjmp
TEXT runtime·gosave(SB), NOSPLIT, $0-8
	MOVQ	buf+0(FP), AX		// gobuf
	LEAQ	buf+0(FP), BX		// caller's SP
	MOVQ	BX, gobuf_sp(AX)
	MOVQ	0(SP), BX		// caller's PC
	MOVQ	BX, gobuf_pc(AX)
	MOVQ	$0, gobuf_ret(AX)
	MOVQ	$0, gobuf_ctxt(AX)
	MOVQ	BP, gobuf_bp(AX)
	MOVQ	g(CX), BX
	MOVQ	BX, gobuf_g(AX)
	RET
```

至此，单次任务完整结束，又回到查找待运行 G 任务的状态，循环往复。

findrunnable

为了找到可以运行的 G 任务，findrunnable 可谓费尽心机。本地队列、全局队列、网络任务（netpoll），甚至是从其他 P 任务队列偷窃。所有的目的都是为了尽快完成所有任务，充分发挥多核并行能力。

proc1.go

```
func findrunnable() (gp *g, inheritTime bool) {
	_g_ := getg()
```

```
top:
	// 垃圾回收
	if sched.gcwaiting != 0 {
		gcstopm()
		goto top
	}

	// fing 是用来执行 finalizer 的 goroutine
	if fingwait && fingwake {
		if gp := wakefing(); gp != nil {
			ready(gp, 0)
		}
	}

	// 从本地队列获取
	if gp, inheritTime := runqget(_g_.m.p.ptr()); gp != nil {
		return gp, inheritTime
	}

	// 从全局队列获取
	if sched.runqsize != 0 {
		gp := globrunqget(_g_.m.p.ptr(), 0)
		if gp != nil {
			return gp, false
		}
	}

	// 检查 netpoll 任务
	if netpollinited() && sched.lastpoll != 0 {
		if gp := netpoll(false); gp != nil { // non-blocking
			// 返回的是多任务链表，将其他任务放回全局队列
			// gp.schedlink 链表结构
			injectglist(gp.schedlink.ptr())
			casgstatus(gp, _Gwaiting, _Grunnable)
			return gp, false
		}
	}

	// 随机挑一个 P，偷些任务
	for i := 0; i < int(4*gomaxprocs); i++ {
		if sched.gcwaiting != 0 {
			goto top
		}
```

```
            // 随机数取模确定目标 P
            _p_ := allp[fastrand1()%uint32(gomaxprocs)]
            var gp *g
            if _p_ == _g_.m.p.ptr() {
                  // 本地队列
                  gp, _ = runqget(_p_)
            } else {
                  // 如果尝试次数太多，连目标 P.runnext 都偷，这是饿得狠了
                  stealRunNextG := i > 2*int(gomaxprocs)
                  gp = runqsteal(_g_.m.p.ptr(), _p_, stealRunNextG)
            }
            if gp != nil {
                  return gp, false
            }
      }

stop:

      // 检查 GC MarkWorker
      if _p_ := _g_.m.p.ptr(); gcBlackenEnabled != 0 && _p_.gcBgMarkWorker != nil &&
            gcMarkWorkAvailable(_p_) {
            _p_.gcMarkWorkerMode = gcMarkWorkerIdleMode
            gp := _p_.gcBgMarkWorker
            casgstatus(gp, _Gwaiting, _Grunnable)
            return gp, false
      }

      // 再次检查垃圾回收状态
      if sched.gcwaiting != 0 || _g_.m.p.ptr().runSafePointFn != 0 {
            goto top
      }

      // 再次尝试全局队列
      if sched.runqsize != 0 {
            gp := globrunqget(_g_.m.p.ptr(), 0)
            return gp, false
      }

      // 释放当前 P，取消自旋状态
      _p_ := releasep()
      pidleput(_p_)
      if _g_.m.spinning {
            _g_.m.spinning = false
```

```
            xadd(&sched.nmspinning, -1)
        }

        // 再次检查所有 P 任务队列
        for i := 0; i < int(gomaxprocs); i++ {
            _p_ := allp[i]
            if _p_ != nil && !runqempty(_p_) {
                // 绑定一个空闲 P，回到头部尝试偷取任务
                _p_ = pidleget()
                if _p_ != nil {
                    acquirep(_p_)
                    goto top
                }
                break
            }
        }

        // 再次检查 netpoll
        if netpollinited() && xchg64(&sched.lastpoll, 0) != 0 {
            gp := netpoll(true) // block until new work is available
            atomicstore64(&sched.lastpoll, uint64(nanotime()))
            if gp != nil {
                _p_ = pidleget()
                if _p_ != nil {
                    acquirep(_p_)
                    injectglist(gp.schedlink.ptr())
                    casgstatus(gp, _Gwaiting, _Grunnable)
                    return gp, false
                }
                injectglist(gp)
            }
        }

        // 一无所得，休眠
        stopm()
        goto top
    }
```

每次看到这里，我都想吐槽一句：这段代码就不能改改？

按照查找流程，我们依次查看不同优先级的获取方式。首先是本地队列，其中 P.runnext 优先级最高。

proc1.go

```
func runqget(_p_ *p) (gp *g, inheritTime bool) {
	// 优先从 runnext 获取
	// 循环尝试 cas。为什么用同步操作? 因为可能有其他 P 从本地队列偷任务
	for {
		next := _p_.runnext
		if next == 0 {
			break
		}
		if _p_.runnext.cas(next, 0) {
			return next.ptr(), true
		}
	}

	// 本地队列
	for {
		h := atomicload(&_p_.runqhead)
		t := _p_.runqtail
		if t == h {
			return nil, false
		}

		// 从头部提取
		gp := _p_.runq[h%uint32(len(_p_.runq))]
		if cas(&_p_.runqhead, h, h+1) { // cas-release, commits consume
			return gp, false
		}
	}
}
```

runnext 不会影响 schedtick 计数，也就是说让 schedule 执行更多的任务才会去检查全局队列，所以才会有 inheritTime = true 的说法。

在检查全局队列时，除返回一个可用 G 外，还会批量转移一批到 P 本地队列，毕竟不能每次加锁去操作全局队列。

proc1.go

```
func globrunqget(_p_ *p, max int32) *g {
	if sched.runqsize == 0 {
		return nil
	}
```

```
        // 将全局队列任务等分，计算最多能批量获取的任务数量
        n := sched.runqsize/gomaxprocs + 1
        if n > sched.runqsize {
                n = sched.runqsize
        }
        if max > 0 && n > max {
                n = max
        }

        // 不能超过 runq 数组长度的一半(128)
        if n > int32(len(_p_.runq))/2 {
                n = int32(len(_p_.runq)) / 2
        }

        // 调整计数
        sched.runqsize -= n
        if sched.runqsize == 0 {
                sched.runqtail = 0
        }

        // 返回第一个 G 任务，随后的才是要批量转移到本地的任务
        gp := sched.runqhead.ptr()
        sched.runqhead = gp.schedlink
        n--
        for ; n > 0; n-- {
                gp1 := sched.runqhead.ptr()
                sched.runqhead = gp1.schedlink
                runqput(_p_, gp1, false)
        }

        return gp
}
```

只有当本地和全局队列都为空时，才会考虑去检查其他 P 任务队列。这个优先级最低，因为会影响目标 P 的执行（必须使用原子操作）。

proc1.go

```
func runqsteal(_p_, p2 *p, stealRunNextG bool) *g {
        t := _p_.runqtail

        // 尝试从 p2 偷取一半任务存入 p 本地队列
```

```
        n := runqgrab(p2, &_p_.runq, t, stealRunNextG)
        if n == 0 {
                return nil
        }

        // 返回尾部的 G 任务
        n--
        gp := _p_.runq[(t+n)%uint32(len(_p_.runq))]
        if n == 0 {
                return gp
        }

        // 调整目标队列尾部状态
        atomicstore(&_p_.runqtail, t+n)

        return gp
}

func runqgrab(_p_ *p, batch *[256]*g, batchHead uint32, stealRunNextG bool) uint32 {
        for {
                // 计算批量转移任务数量
                h := atomicload(&_p_.runqhead)
                t := atomicload(&_p_.runqtail)
                n := t - h
                n = n - n/2

                // 如果没有，那就尝试偷 runnext 吧
                if n == 0 {
                        if stealRunNextG {
                                if next := _p_.runnext; next != 0 {
                                        usleep(100)
                                        if !_p_.runnext.cas(next, 0) {
                                                continue
                                        }
                                        batch[batchHead%uint32(len(batch))] = next.ptr()
                                        return 1
                                }
                        }
                        return 0
                }

                // 数据异常，不可能超过一半值重试
                if n > uint32(len(_p_.runq)/2) { // read inconsistent h and t
```

```
                continue
            }

            // 转移任务
            for i := uint32(0); i < n; i++ {
                g := _p_.runq[(h+i)%uint32(len(_p_.runq))]
                batch[(batchHead+i)%uint32(len(batch))] = g
            }

            // 修改源 P 队列状态
            // 失败重试。因为没有修改源和目标队列位置状态，所以没有影响
            if cas(&_p_.runqhead, h, h+n) { // cas-release, commits consume
                return n
            }
        }
}
```

这就是某份官方文档里提及的 Work-Stealing 算法。

lockedg

在执行 cgo 调用时，会用 lockOSThread 将 G 锁定在当前线程。

cgocall.go

```go
func cgocall(fn, arg unsafe.Pointer) int32 {
    /*
     * Lock g to m to ensure we stay on the same stack if we do a
     * cgo callback. Add entry to defer stack in case of panic.
     */
    lockOSThread()
    mp := getg().m
    mp.ncgocall++
    mp.ncgo++
    defer endcgo(mp)
}

func endcgo(mp *m) {
    mp.ncgo--
    unlockOSThread() // invalidates mp
}
```

锁定操作很简单，只须设置 G.lockedm 和 M.lockedg 即可。

proc.go

```
func lockOSThread() {
	getg().m.locked += _LockInternal
	dolockOSThread()
}

func dolockOSThread() {
	_g_ := getg()
	_g_.m.lockedg = _g_
	_g_.lockedm = _g_.m
}
```

当调度函数 schedule 检查到 locked 属性时，会适时移交，让正确的 M 去完成任务。

简单点说，就是 lockedm 会休眠，直到某人将 lockedg 交给它。而不幸拿到 lockedg 的 M，则要将 lockedg 连同 P 一起传递给 lockedm，还负责将其唤醒。至于它自己，则因失去 P 而被迫休眠，直到 wakep 带着新的 P 唤醒它。

proc1.go

```
func schedule() {
	_g_ := getg()

	// 如果当前 M 是 lockedm，那么休眠
	// 没有立即 execute(lockedg)，是因为该 lockedg 此时可能被其他 M 获取
	// 兴许是中途用 gosched 暂时让出 P，进入待运行队列
	if _g_.m.lockedg != nil {
		stoplockedm()
		execute(_g_.m.lockedg, false) // Never returns.
	}

top:
	...

	// 如果获取到的 G 是 lockedg，那么将其连同 P 交给 lockedm 去执行
	// 休眠，等待唤醒后重新获取可用 G
	if gp.lockedm != nil {
		startlockedm(gp)
		goto top
	}

	// 执行 goroutine 任务函数
```

```
        execute(gp, inheritTime)
    }

    func startlockedm(gp *g) {
        _g_ := getg()
        mp := gp.lockedm

        // 移交 P，并唤醒 lockedm
        _p_ := releasep()
        mp.nextp.set(_p_)
        notewakeup(&mp.park)

        // 当前 M 休眠
        stopm()
    }
```

从中可以看出，除 lockedg 只能由 lockedm 执行外，lockedm 在完成任务或主动解除锁定前也不会执行其他任务。这也是在前面章节我们用 cgo 生成大量 M 实例的原因。

proc1.go

```
    func goexit0(gp *g) {
        _g_ := getg()

        // 解除锁定设置
        gp.m = nil
        gp.lockedm = nil
        _g_.m.lockedg = nil
    }
```

可调用 UnlockOSThread 主动解除锁定，以便允许其他 M 完成当前任务。

proc1.go

```
    func unlockOSThread() {
        _g_ := getg()
        if _g_.m.locked < _LockInternal {
                systemstack(badunlockosthread)
        }
        _g_.m.locked -= _LockInternal
        dounlockOSThread()
    }

    func dounlockOSThread() {
```

```
        _g_ := getg()
        if _g_.m.locked != 0 {
                return
        }
        _g_.m.lockedg = nil
        _g_.lockedm = nil
}
```

18.6 连续栈

历经 Go 1.3、1.4 两个版本的过渡，连续栈（Contiguous Stack）的地位已经稳固。而且 Go 1.5 和 1.4 比起来，似乎也没太多的变化，这是个好现象。

连续栈将调用堆栈（call stack）所有栈帧分配在一个连续内存空间。当空间不足时，另分配 2x 内存块，并拷贝当前栈全部数据，以避免分段栈（Segmented Stack）链表结构在函数调用频繁时可能引发的切分热点（hot split）问题。

结构示意图：

```
lo                stackguard0                                                hi
+----------------+-----------------------------------------------------------------+
| StackGuard     |                                                                 |
+----------------+-----------------------------------------------------------------+
                                                                          <-- SP
```

runtime2.go

```
type stack struct {
        lo uintptr
        hi uintptr
}

type g struct {
        // Stack parameters.
        // stack describes the actual stack memory: [stack.lo, stack.hi).
        // stackguard0 is the stack pointer compared in the Go stack growth prologue.
        // It is stack.lo+StackGuard normally, but can be StackPreempt to trigger a preemption.
        stack       stack
        stackguard0 uintptr
}
```

其中 stackguard0 是个非常重要的指针。在函数头部，编译器会插入一段指令，用它和 SP 寄存器进行比较，从而决定是否需要对栈空间扩容。另外，它还被用作抢占调度的标志。

栈空间的初始分配发生在 newproc1 创建新 G 对象时。

stack2.go

```
// 操作系统需要保留的区域，比如用来处理信号等等
_StackSystem = goos_windows*512*ptrSize + goos_plan9*512 + goos_darwin*goarch_arm*1024

// 默认栈大小
_StackMin = 2048

// StackGuard 是一个警戒指针，用来判断栈容量是否需要扩张
_StackGuard = 640*stackGuardMultiplier + _StackSystem
```

有几个相关常量值，以 Linux 系统为例，_StackSystem = 0，_StackGuard = 640。

proc1.go

```
func newproc1(fn *funcval, argp *uint8, narg int32, nret int32, callerpc uintptr) *g {
	newg := gfget(_p_)
	if newg == nil {
		newg = malg(_StackMin)
	}
}

func malg(stacksize int32) *g {
	newg := new(g)
	if stacksize >= 0 {
		stacksize = round2(_StackSystem + stacksize)
		systemstack(func() {
			newg.stack, newg.stkbar = stackalloc(uint32(stacksize))
		})
		newg.stackguard0 = newg.stack.lo + _StackGuard
		newg.stackguard1 = ^uintptr(0)
		newg.stackAlloc = uintptr(stacksize)
	}
	return newg
}
```

在获取栈空间后，会立即设置 stackguard0 指针。

stackcache

因栈空间使用频繁，所以采取了和 cache/object 类似的做法，就是按大小分成几个等级进行缓存复用，当然也包括回收过多的闲置块。

以 Linux 为例，_FixedStack 大小和 _StackMin 相同，_NumStackOrders 等于 4。

stack2.go

```
// The minimum stack size to allocate.
// The hackery here rounds FixedStack0 up to a power of 2.
_FixedStack0 = _StackMin + _StackSystem
_FixedStack1 = _FixedStack0 - 1
_FixedStack2 = _FixedStack1 | (_FixedStack1 >> 1)
_FixedStack3 = _FixedStack2 | (_FixedStack2 >> 2)
_FixedStack4 = _FixedStack3 | (_FixedStack3 >> 4)
_FixedStack5 = _FixedStack4 | (_FixedStack4 >> 8)
_FixedStack6 = _FixedStack5 | (_FixedStack5 >> 16)
_FixedStack  = _FixedStack6 + 1
```

malloc.go

```
// Number of orders that get caching.  Order 0 is FixedStack
// and each successive order is twice as large.
// We want to cache 2KB, 4KB, 8KB, and 16KB stacks.  Larger stacks
// will be allocated directly.
// Since FixedStack is different on different systems, we
// must vary NumStackOrders to keep the same maximum cached size.
//   OS               | FixedStack | NumStackOrders
//   -----------------+------------+---------------
//   linux/darwin/bsd | 2KB        | 4
//   windows/32       | 4KB        | 3
//   windows/64       | 8KB        | 2
//   plan9            | 4KB        | 3
_NumStackOrders = 4 - ptrSize/4*goos_windows - 1*goos_plan9
```

基于同样的性能考虑（无锁分配），栈空间被缓存在 Cache.stackcache 数组，且使用方法和 object 基本相同。

mcache.go

```
type mcache struct {
     stackcache [_NumStackOrders]stackfreelist
}
```

```
type stackfreelist struct {
	list gclinkptr   // linked list of free stacks
	size uintptr     // total size of stacks in list
}
```

在获取栈空间时，优先检查缓存链表。大空间直接从 heap 分配。

malloc.go

```
// Per-P, per order stack segment cache size.
_StackCacheSize = 32 * 1024
```

stack1.go

```
func stackalloc(n uint32) (stack, []stkbar) {
	var v unsafe.Pointer

	// 检查是否从缓存分配
	if stackCache != 0 && n < _FixedStack<<_NumStackOrders && n < _StackCacheSize {
		// 计算 order 等级
		order := uint8(0)
		n2 := n
		for n2 > _FixedStack {
			order++
			n2 >>= 1
		}

		var x gclinkptr
		c := thisg.m.mcache

		// 从对应链表提取复用空间
		x = c.stackcache[order].list

		// 提取失败，扩容后重试
		if x.ptr() == nil {
			stackcacherefill(c, order)
			x = c.stackcache[order].list
		}

		// 调整缓存链表
		c.stackcache[order].list = x.ptr().next
		c.stackcache[order].size -= uintptr(n)
```

```
            v = (unsafe.Pointer)(x)
    } else {
            // 大空间直接从 heap 分配
            s := mHeap_AllocStack(&mheap_, round(uintptr(n), _PageSize)>>_PageShift)
            v = (unsafe.Pointer)(s.start << _PageShift)
    }

    top := uintptr(n) - nstkbar
    stkbarSlice := slice{add(v, top), 0, maxstkbar}
    return stack{uintptr(v), uintptr(v) + top}, *(*[]stkbar)(unsafe.Pointer(&stkbarSlice))
}
```

这个函数代码删除较多，主要是为了不影响阅读。对 stackpoolalloc 在下面也会介绍。

和前文内存分配器的做法很像，不是吗？我们继续看看如何扩容。

stack1.go

```
func stackcacherefill(c *mcache, order uint8) {
    var list gclinkptr
    var size uintptr

    // 提取一批复用空间
    for size < _StackCacheSize/2 {
            // 每次提取一个
            x := stackpoolalloc(order)
            x.ptr().next = list
            list = x
            size += _FixedStack << order
    }

    // 保存到 cache.stackcache 数组
    c.stackcache[order].list = list
    c.stackcache[order].size = size
}
```

有个全局缓存 stackpool 似乎在充当 central 的角色。

stack1.go

```
var stackpool [_NumStackOrders]mspan

func stackpoolalloc(order uint8) gclinkptr {
    // 尝试从全局缓存获取
```

```
	list := &stackpool[order]
	s := list.next

	// 重新从 heap 获取 span 切分
	if s == list {
		s = mHeap_AllocStack(&mheap_, _StackCacheSize>>_PageShift)
		for i := uintptr(0); i < _StackCacheSize; i += _FixedStack << order {
			x := gclinkptr(uintptr(s.start)<<_PageShift + i)
			x.ptr().next = s.freelist
			s.freelist = x
		}
		mSpanList_Insert(list, s)
	}

	// 从链表返回一个空间
	x := s.freelist
	s.freelist = x.ptr().next
	s.ref++

	// 如果当前链表已空，则移除 span
	if s.freelist.ptr() == nil {
		// all stacks in s are allocated.
		mSpanList_Remove(s)
	}

	return x
}
```

从 heap 获取 span 的过程没有任何惊喜。

mheap.go

```
func mHeap_AllocStack(h *mheap, npage uintptr) *mspan {
	s := mHeap_AllocSpanLocked(h, npage)
	if s != nil {
		s.state = _MSpanStack
		s.freelist = 0
		s.ref = 0
	}
	return s
}
```

简单总结一下：栈内存也从 arena 区域分配，使用和对象分配相同的策略和算法。只是我有些不明白，这东西是不是可以做到内存分配器里面？还是说为了以后修改方便才独立出来的？

morestack

执行函数前，需要为其准备好所需栈帧空间，此时是检查连续栈是否需要扩容的最佳时机。为此，编译器会在函数头部插入几条特殊指令，通过比较 stackguard0 和 SP 来决定是否进行扩容操作。

test.go

```
package main

func test() {
    println("hello")
}

func main() {
    test()
}
```

编译（禁用内联），反汇编。

```
$ go build -gcflags "-l" -o test test.go

$ go tool objdump -s "main\.test" test

TEXT main.test(SB) test.go
    test.go:3    0x2040  GS MOVQ GS:0x8a0, CX            // 当前 G
    test.go:3    0x2049  CMPQ 0x10(CX), SP               // G+0x10 指向 g.stackguard0，和 SP 比较
    test.go:3    0x204d  JBE 0x2080                      // 如果 SP <= stackguard0，则跳转到 0x2080
    test.go:3    0x204f  SUBQ $0x10, SP                  // 预留当前栈帧空间
    test.go:4    0x2053  CALL runtime.printlock(SB)
    test.go:4    0x2058  LEAQ 0x6b4f9(IP), BX
    test.go:4    0x205f  MOVQ BX, 0(SP)
    test.go:4    0x2063  MOVQ $0x5, 0x8(SP)
    test.go:4    0x206c  CALL runtime.printstring(SB)
    test.go:4    0x2071  CALL runtime.printnl(SB)
    test.go:4    0x2076  CALL runtime.printunlock(SB)
    test.go:5    0x207b  ADDQ $0x10, SP
    test.go:5    0x207f  RET
    test.go:3    0x2080  CALL runtime.morestack_noctxt(SB)    // 执行 morestack 扩容
```

```
    test.go:3    0x2085   JMP main.test(SB)                    // 扩容结束后，重新执行当前函数
```

这几条指令很简单。如果 SP 指针地址小于 stackguard0（栈从高位地址向低位地址分配），那么显然已经溢出，这就需要扩容，否则当前和后续函数就无从分配栈帧内存。

细心一点，你会发现 CMP 指令并没将当前栈帧所需空间算上。假如 SP 大于 stackguard0，但与其差值又小于当前栈帧大小呢？这显然不会跳转执行扩容操作，但又不能满足当前函数需求，难道只能眼看着堆栈溢出？

我们知道在 stack.lo 和 stackguard0 之间尚有部分保留空间，所以适当“溢出”是允许的。

stack2.go

```
// After a stack split check the SP is allowed to be this many bytes below the stack guard.
// This saves an instruction in the checking sequence for tiny frames.
_StackSmall = 128
```

修改一下测试代码，看看效果。

test.go

```
package main

func test1() {
    var x [128]byte
    x[1] = 1
}

func test2() {
    var x [129]byte
    x[1] = 1
}

func main() {
    test1()
    test2()
}
```

```
$ go build -gcflags "-l" -o test test.go

$ go tool objdump -s "main\.test" test
```

```
TEXT main.test1(SB) test.go
    test.go:3   0x2040  GS MOVQ GS:0x8a0, CX
    test.go:3   0x2049  CMPQ 0x10(CX), SP     // 当前栈帧 0x80 正好是 128
    test.go:3   0x204d  JBE 0x206e
    test.go:3   0x204f  SUBQ $0x80, SP

TEXT main.test2(SB) test.go
    test.go:8   0x2080  GS MOVQ GS:0x8a0, CX
    test.go:8   0x2089  LEAQ -0x8(SP), AX     // 当前栈帧 0x88 - 128 = 0x8, 适当调整 SP 后再比较
    test.go:8   0x208e  CMPQ 0x10(CX), AX
    test.go:8   0x2092  JBE 0x20b5
    test.go:8   0x2094  SUBQ $0x88, SP
```

很显然，如果当前栈帧是 SmallStack（0x80），那么就允许在 [lo, stackguard0] 之间分配。

对栈进行扩容并不是件容易的事情，其中涉及很多内容。不过，在这里我们只须了解其基本过程和算法意图，无须深入到所有细节。

asm_amd64.s

```
TEXT runtime·morestack_noctxt(SB),NOSPLIT,$0
    MOVL    $0, DX
    JMP     runtime·morestack(SB)

TEXT runtime·morestack(SB),NOSPLIT,$0-0
    // Call newstack on m->g0's stack.
    MOVQ    m_g0(BX), BX
    MOVQ    BX, g(CX)
    MOVQ    (g_sched+gobuf_sp)(BX), SP
    CALL    runtime·newstack(SB)
    MOVQ    $0, 0x1003          // crash if newstack returns
    RET
```

基本过程就是分配一个 2x 大小的新栈，然后将数据拷贝过去，替换掉旧栈。当然，这期间需要对指针等内容做些调整。

stack1.go

```
func newstack() {
    thisg := getg()
    gp := thisg.m.curg
```

```
	// 调整执行现场记录
	rewindmorestack(&gp.sched)

	casgstatus(gp, _Grunning, _Gwaiting)
	gp.waitreason = "stack growth"

	sp := gp.sched.sp

	// 扩张 2 倍
	oldsize := int(gp.stackAlloc)
	newsize := oldsize * 2

	casgstatus(gp, _Gwaiting, _Gcopystack)

	// 拷贝栈数据后切换到新栈
	copystack(gp, uintptr(newsize))

	// 恢复执行
	casgstatus(gp, _Gcopystack, _Grunning)
	gogo(&gp.sched)
}

func copystack(gp *g, newsize uintptr) {
	old := gp.stack
	used := old.hi - gp.sched.sp

	// 从缓存或堆分配新栈空间
	new, newstkbar := stackalloc(uint32(newsize))

	// 清零
	if stackPoisonCopy != 0 {
		fillstack(new, 0xfd)
	}

	// 调整指针等操作 ...

	// 拷贝数据到新栈空间
	memmove(unsafe.Pointer(new.hi-used), unsafe.Pointer(old.hi-used), used)

	// 切换到新栈
	gp.stack = new
	gp.stackguard0 = new.lo + _StackGuard
```

```
	gp.sched.sp = new.hi - used
	oldsize := gp.stackAlloc
	gp.stackAlloc = newsize
	gp.stkbar = newstkbar

	// 将旧栈清零后释放
	if stackPoisonCopy != 0 {
		fillstack(old, 0xfc)
	}
	stackfree(old, oldsize)
}
```

stackfree

释放栈空间的操作，依旧与回收 object 类似。

stack1.go

```
func stackfree(stk stack, n uintptr) {
	gp := getg()
	v := (unsafe.Pointer)(stk.lo)

	// 放回缓存链表
	if stackCache != 0 && n < _FixedStack<<_NumStackOrders && n < _StackCacheSize {
		// 计算 order 等级
		order := uint8(0)
		n2 := n
		for n2 > _FixedStack {
			order++
			n2 >>= 1
		}
		x := gclinkptr(v)
		c := gp.m.mcache

		// 如果缓存大小超出限制，则释放一些
		if c.stackcache[order].size >= _StackCacheSize {
			stackcacherelease(c, order)
		}

		// 放回缓存链表
		x.ptr().next = c.stackcache[order].list
		c.stackcache[order].list = x
		c.stackcache[order].size += n
```

```
	} else {
		s := mHeap_Lookup(&mheap_, v)
		if gcphase == _GCoff {
			// 归还给 heap
			mHeap_FreeStack(&mheap_, s)
		} else {
			// 如果正在垃圾回收期间，那么放到一个待处理队列，由垃圾回收器处理
			mSpanList_Insert(&stackFreeQueue, s)
		}
	}
}
```

回收的栈空间被放回对应复用链表。如缓存过多，则转移一批到全局链表，或直接将自由的 span 归还给 heap。

```
func stackcacherelease(c *mcache, order uint8) {
	x := c.stackcache[order].list
	size := c.stackcache[order].size

	// 如果当前链表过大，则释放一半
	for size > _StackCacheSize/2 {
		y := x.ptr().next

		// 每次释放一个，它们可能属于不同的 span
		stackpoolfree(x, order)

		x = y
		size -= _FixedStack << order
	}

	c.stackcache[order].list = x
	c.stackcache[order].size = size
}

func stackpoolfree(x gclinkptr, order uint8) {
	// 找到所属 span
	s := mHeap_Lookup(&mheap_, (unsafe.Pointer)(x))
	if s.freelist.ptr() == nil {
		mSpanList_Insert(&stackpool[order], s)
	}

	// 添加到 span.freelist
	x.ptr().next = s.freelist
```

```
        s.freelist = x
        s.ref--

        // 如果该 span 已收回全部空间，那么将其归还给 heap
        if gcphase == _GCoff && s.ref == 0 {
                mSpanList_Remove(s)
                s.freelist = 0
                mHeap_FreeStack(&mheap_, s)
        }
}
```

除了 morestack 调用导致 stackfree 操作外，垃圾回收对栈空间的处理也会发生此操作。

mgcmark.go

```
func markroot(desc *parfor, i uint32) {
        switch i {
        case _RootFlushCaches:
                if gcphase != _GCscan {
                        flushallmcaches()
                }
        default:
                if gcphase == _GCmarktermination {
                        shrinkstack(gp)
                }
        }
}
```

mstats.go

```
func flushallmcaches() {
        for i := 0; ; i++ {
                p := allp[i]
                c := p.mcache
                mCache_ReleaseAll(c)
                stackcache_clear(c)
        }
}
```

mgc.go

```
func gcMark(start_time int64) {
        freeStackSpans()
}
```

因垃圾回收需要，stackcache_clear 会将所有 cache 缓存的栈空间归还给全局或 heap。

stack1.go

```
func stackcache_clear(c *mcache) {
	for order := uint8(0); order < _NumStackOrders; order++ {
		x := c.stackcache[order].list
		for x.ptr() != nil {
			y := x.ptr().next
			stackpoolfree(x, order)
			x = y
		}
		c.stackcache[order].list = 0
		c.stackcache[order].size = 0
	}
}
```

而 shrinkstack 除收回闲置栈空间外，还会收缩正在使用但被扩容过的栈以节约内存。

```
func shrinkstack(gp *g) {
	if readgstatus(gp) == _Gdead {
		if gp.stack.lo != 0 {
			// 回收闲置 G 的栈空间，重新使用前会为其补上
			stackfree(gp.stack, gp.stackAlloc)
			gp.stack.lo = 0
			gp.stack.hi = 0
			gp.stkbar = nil
			gp.stkbarPos = 0
		}
		return
	}

	// 收缩目标是一半大小
	oldsize := gp.stackAlloc
	newsize := oldsize / 2
	if newsize < _FixedStack {
		return
	}

	// 如果使用的空间超过 1/4，则不收缩
	avail := gp.stack.hi - gp.stack.lo
	if used := gp.stack.hi - gp.sched.sp + _StackLimit; used >= avail/4 {
		return
	}
```

```
        // 用较小的栈替换
        oldstatus := casgcopystack(gp)
        copystack(gp, newsize)
        casgstatus(gp, _Gcopystack, oldstatus)
}
```

最后就是 freeStackSpans，它扫描全局队列 stackpool 和暂存队列 stackFreeQueue，将那些空间已完全收回的 span 交还给 heap。

stack1.go

```
func freeStackSpans() {
        for order := range stackpool {
                list := &stackpool[order]
                for s := list.next; s != list; {
                        next := s.next
                        if s.ref == 0 {
                                mSpanList_Remove(s)
                                s.freelist = 0
                                mHeap_FreeStack(&mheap_, s)
                        }
                        s = next
                }
        }

        for stackFreeQueue.next != &stackFreeQueue {
                s := stackFreeQueue.next
                mSpanList_Remove(s)
                mHeap_FreeStack(&mheap_, s)
        }
}
```

另外，调整 P 数量的 procresize，将任务完成的 G 对象放回复用链表的 gfput，同样会引发栈空间释放操作。只是流程和上述基本类似，不再赘述。

运行时三大核心组件之间，相互纠缠得太多太细，已无从划分边界，我个人觉得这并不是什么好主意。诚然，为了性能，很多地方直接植入代码，而非通过消息或接口隔离等方式封装，但随着各部件复杂度和规模的提升，其可维护性必然也会降低。不知道开发团队对此有什么具体的想法。

18.7 系统调用

为支持并发调度，Go 专门对 syscall、cgo 进行了包装，以便在长时间阻塞时能切换执行其他任务。在标准库 syscall 包里，将系统调用函数分为 Syscall 和 RawSyscall 两类。

src/syscall/zsyscall_linux_amd64.s

```
func Getcwd(buf []byte) (n int, err error) {
    r0, _, e1 := Syscall(SYS_GETCWD, uintptr(_p0), uintptr(len(buf)), 0)
}

func EpollCreate(size int) (fd int, err error) {
    r0, _, e1 := RawSyscall(SYS_EPOLL_CREATE, uintptr(size), 0, 0)
}
```

让我们看看这两者有什么区别。

src/syscall/asm_linux_amd64.s

```
TEXT ·Syscall(SB),NOSPLIT,$0-56
    CALL    runtime·entersyscall(SB)
    MOVQ    trap+0(FP), AX                // syscall entry
    SYSCALL
    JLS     ok
    CALL    runtime·exitsyscall(SB)
    RET
ok:
    CALL    runtime·exitsyscall(SB)
    RET

TEXT ·RawSyscall(SB),NOSPLIT,$0-56
    MOVQ    trap+0(FP), AX                // syscall entry
    SYSCALL
    JLS     ok1
    RET
ok1:
    RET
```

最大的不同在于 Syscall 增加了 entrysyscall/exitsyscall，这就是允许调度的关键所在。

proc1.go

```
func entersyscall(dummy int32) {
	reentersyscall(getcallerpc(unsafe.Pointer(&dummy)), getcallersp(unsafe.Pointer(&dummy)))
}

func reentersyscall(pc, sp uintptr) {
	_g_ := getg()

	// 保存执行现场
	save(pc, sp)

	_g_.syscallsp = sp
	_g_.syscallpc = pc
	casgstatus(_g_, _Grunning, _Gsyscall)

	// 确保 sysmon 运行
	if atomicload(&sched.sysmonwait) != 0 {
		systemstack(entersyscall_sysmon)
		save(pc, sp)
	}

	// 设置相关状态
	_g_.m.syscalltick = _g_.m.p.ptr().syscalltick
	_g_.sysblocktraced = true
	_g_.m.mcache = nil
	_g_.m.p.ptr().m = 0
	atomicstore(&_g_.m.p.ptr().status, _Psyscall)
}
```

监控线程 sysmon 对 syscall 非常重要，因为它负责将因系统调用而长时间阻塞的 P 抢回，用于执行其他任务。否则，整体性能会严重下降，甚至整个进程都会被冻结。

proc1.go

```
func entersyscall_sysmon() {
	if atomicload(&sched.sysmonwait) != 0 {
		atomicstore(&sched.sysmonwait, 0)
		notewakeup(&sched.sysmonnote)
	}
}
```

某些系统调用本身就可以确定长时间阻塞（比如锁），那么它会选择执行

entersyscallblock 主动交出所关联的 P。

proc1.go

```
func entersyscallblock(dummy int32) {
	casgstatus(_g_, _Grunning, _Gsyscall)
	systemstack(entersyscallblock_handoff)
}

func entersyscallblock_handoff() {
	// 释放 P，让它去执行其他任务
	handoffp(releasep())
}

func handoffp(_p_ *p) {
	// 如果 P 本地或全局有任务，直接唤醒某个 M 开始工作
	if !runqempty(_p_) || sched.runqsize != 0 {
		startm(_p_, false)
		return
	}

	...

	// 没有任务就放回空闲队列
	pidleput(_p_)
}
```

从系统调用返回时，必须检查 P 是否依然可用，因为可能已被 sysmon 抢走。

proc1.go

```
func exitsyscall(dummy int32) {
	_g_ := getg()
	oldp := _g_.m.p.ptr()

	if exitsyscallfast() {
		casgstatus(_g_, _Gsyscall, _Grunning)
		return
	}

	mcall(exitsyscall0)
}
```

快速退出 exitsyscallfast 是指能重新绑定原有或空闲的 P，以继续当前 G 任务的执行。

proc1.go

```
func exitsyscallfast() bool {
	_g_ := getg()

	// STW 状态，就不要继续了
	if sched.stopwait == freezeStopWait {
		_g_.m.mcache = nil
		_g_.m.p = 0
		return false
	}

	// 尝试关联原本的 P
	if _g_.m.p != 0 && _g_.m.p.ptr().status == _Psyscall &&
	   cas(&_g_.m.p.ptr().status, _Psyscall, _Prunning) {
		_g_.m.mcache = _g_.m.p.ptr().mcache
		_g_.m.p.ptr().m.set(_g_.m)
		return true
	}

	// 获取其他空闲 P
	oldp := _g_.m.p.ptr()
	_g_.m.mcache = nil
	_g_.m.p = 0
	if sched.pidle != 0 {
		var ok bool
		systemstack(func() {
			ok = exitsyscallfast_pidle()
		})
		if ok {
			return true
		}
	}
	return false
}

func exitsyscallfast_pidle() bool {
	_p_ := pidleget()

	// 唤醒 sysmon
	if _p_ != nil && atomicload(&sched.sysmonwait) != 0 {
		atomicstore(&sched.sysmonwait, 0)
		notewakeup(&sched.sysmonnote)
```

```
    }

    // 重新关联
    if _p_ != nil {
        acquirep(_p_)
        return true
    }
    return false
}
```

如果多次尝试绑定 P 却失败，那么只能将当前任务放入待运行队列。

proc1.go

```
func exitsyscall0(gp *g) {
    _g_ := getg()

    // 修改状态，解除和 M 的关联
    casgstatus(gp, _Gsyscall, _Grunnable)
    dropg()

    // 再次获取空闲 P
    _p_ := pidleget()
    if _p_ == nil {
        // 获取失败，放回全局任务队列
        globrunqput(gp)
    } else if atomicload(&sched.sysmonwait) != 0 {
        atomicstore(&sched.sysmonwait, 0)
        notewakeup(&sched.sysmonnote)
    }

    // 再次检查 P，以便执行当前任务
    if _p_ != nil {
        acquirep(_p_)
        execute(gp, false) // Never returns.
    }

    // 关联 P 失败，休眠当前 M
    stopm()
    schedule() // Never returns.
}
```

需要注意，cgo 使用了相同的封装方式，因为它同样不受调度器管理。

cgocall.go

```
func cgocall(fn, arg unsafe.Pointer) int32 {
	/*
	 * Announce we are entering a system call
	 * so that the scheduler knows to create another M to run goroutines while we are in
	 * the foreign code.
	 *
	 * The call to asmcgocall is guaranteed not to split the stack and does not allocate
	 * memory, so it is safe to call while "in a system call", outside the $GOMAXPROCS
	 * accounting.
	 */
	entersyscall(0)
	errno := asmcgocall(fn, arg)
	exitsyscall(0)
}
```

18.8 监控

我们在前面已经介绍过好几回系统监控线程了，现在对它做个总结。

- 释放闲置超过 5 分钟的 span 物理内存。
- 如果超过 2 分钟没有垃圾回收，则强制执行。
- 将长时间未处理的 netpoll 结果添加到任务队列。
- 向长时间运行的 G 任务发出抢占调度。
- 收回因 syscall 而长时间阻塞的 P。

在进入垃圾回收状态时，sysmon 会自动进入休眠，所以我们才会在 syscall 里看到很多唤醒指令。另外，startTheWorld 也会做唤醒处理。保证监控线程正常运行，对内存分配、垃圾回收和并发调度都非常重要。

proc1.go

```
func startTheWorldWithSema() {
	sched.gcwaiting = 0
	if sched.sysmonwait != 0 {
		sched.sysmonwait = 0
		notewakeup(&sched.sysmonnote)
	}
```

```
}
```

现在，让我们忽略其他任务，看看对 syscall 和 preempt 的处理。

proc1.go

```
func sysmon() {
	for {
		usleep(delay)

		// STW 时休眠 sysmon
		if debug.schedtrace <= 0 &&
		  (sched.gcwaiting != 0 || atomicload(&sched.npidle) == uint32(gomaxprocs)) {
			if atomicload(&sched.gcwaiting) != 0 ||
			   atomicload(&sched.npidle) == uint32(gomaxprocs) {
				// 设置休眠标志，休眠（有个超时，苏醒保障）
				atomicstore(&sched.sysmonwait, 1)
				notetsleep(&sched.sysmonnote, maxsleep)

				// 唤醒后重置状态标志，继续执行
				atomicstore(&sched.sysmonwait, 0)
				noteclear(&sched.sysmonnote)
			}
		}

		lastpoll := int64(atomicload64(&sched.lastpoll))
		now := nanotime()
		unixnow := unixnanotime()

		// 获取超过 10ms 的 netpoll 结果
		if lastpoll != 0 && lastpoll+10*1000*1000 < now {
			cas64(&sched.lastpoll, uint64(lastpoll), uint64(now))
			gp := netpoll(false) // non-blocking - returns list of goroutines
			if gp != nil {
				injectglist(gp)
			}
		}

		// 抢夺 syscall 长时间阻塞的 P
		// 向长时间运行的 G 发出抢占调度
		if retake(now) != 0 {
			idle = 0
		} else {
			idle++
```

```
            }
        }
    }
```

专门有个 pdesc 的全局变量用于保存 sysmon 运行统计信息，据此来判断 syscall 和 G 是否超时。

proc1.go

```
var pdesc [_MaxGomaxprocs]struct {
    schedtick   uint32
    schedwhen   int64
    syscalltick uint32
    syscallwhen int64
}

const forcePreemptNS = 10 * 1000 * 1000   // 10ms

func retake(now int64) uint32 {
    // 遍历 P
    for i := int32(0); i < gomaxprocs; i++ {
        _p_ := allp[i]
        pd := &pdesc[i]
        s := _p_.status

        // P 处于 syscall 模式
        if s == _Psyscall {
            // 更新 syscall 统计信息
            t := int64(_p_.syscalltick)
            if int64(pd.syscalltick) != t {
                pd.syscalltick = uint32(t)
                pd.syscallwhen = now
                continue
            }

            // 检查是否有其他任务需要 P，是否超出时间限制，是否有必要抢夺 P
            if runqempty(_p_) &&
              atomicload(&sched.nmspinning)+atomicload(&sched.npidle) > 0 &&
              pd.syscallwhen+10*1000*1000 > now {
                continue
            }

            // 抢夺 P
```

```
                if cas(&_p_.status, s, _Pidle) {
                        _p_.syscalltick++
                        handoffp(_p_)
                }
        } else if s == _Prunning {
                // 更新 G 运行统计信息
                t := int64(_p_.schedtick)
                if int64(pd.schedtick) != t {
                        pd.schedtick = uint32(t)
                        pd.schedwhen = now
                        continue
                }

                // 如果没超过 10ms，则忽略
                if pd.schedwhen+forcePreemptNS > now {
                        continue
                }

                // 发出抢占调度
                preemptone(_p_)
        }
    }
}
```

抢占调度

所谓抢占调度要比你想象的简单许多，远不是你以为的“抢占式多任务操作系统”那种样子。因为 Go 调度器并没有真正意义上的时间片概念，只是在目标 G 上设置一个抢占标志，当该任务调用某个函数时，被编译器安插的指令就会检查这个标志，从而决定是否暂停当前任务。

proc1.go

```
// Tell the goroutine running on processor P to stop.
// This function is purely best-effort.  It can incorrectly fail to inform the
// goroutine.  It can send inform the wrong goroutine.  Even if it informs the
// correct goroutine, that goroutine might ignore the request if it is
// simultaneously executing newstack.
// No lock needs to be held.
// Returns true if preemption request was issued.
// The actual preemption will happen at some point in the future
// and will be indicated by the gp->status no longer being
```

```
// Grunning
func preemptone(_p_ *p) bool {
	mp := _p_.m.ptr()
	gp := mp.curg
	gp.preempt = true

	// Every call in a go routine checks for stack overflow by
	// comparing the current stack pointer to gp->stackguard0.
	// Setting gp->stackguard0 to StackPreempt folds
	// preemption into the normal stack overflow check.
	gp.stackguard0 = stackPreempt
	return true
}
```

保留这段代码里的注释，是想告诉你，preempt 真的有些不靠谱。

有两个标志，实际起作用的是 G.stackguard0。G.preempt 只是后备，以便在 stackguard0 做回溢出检查标志时，依然可用 preempt 恢复抢占状态。

编译器插入的指令？没错，就是那个 morestack。当它调用 newstack 扩容时会检查抢占标志，并决定是否暂停当前任务，当然这发生在实际扩容之前。

stack1.go

```
func newstack() {
	preempt := atomicloaduintptr(&gp.stackguard0) == stackPreempt

	if preempt {
		// 如果 M 持有锁，或者正在进行内存分配、垃圾回收等操作，不抢占，留待下次
		if thisg.m.locks != 0 || thisg.m.mallocing != 0 ||
		   thisg.m.preemptoff != "" || thisg.m.p.ptr().status != _Prunning {
			// stackguard0 恢复溢出检查用途，下次用 G.preempt 恢复
			gp.stackguard0 = gp.stack.lo + _StackGuard
			gogo(&gp.sched) // never return
		}
	}

	if preempt {
		// 垃圾回收本身也算一次抢占，忽略本次抢占调度
		if gp.preemptscan {
			for !castogscanstatus(gp, _Gwaiting, _Gscanwaiting) {
				// Likely to be racing with the GC as
				// it sees a _Gwaiting and does the
```

```
                    // stack scan. If so, gcworkdone will
                    // be set and gcphasework will simply
                    // return.
                }
                if !gp.gcscandone {
                    scanstack(gp)
                    gp.gcscandone = true
                }
                gp.preemptscan = false
                gp.preempt = false
                casfrom_Gscanstatus(gp, _Gscanwaiting, _Gwaiting)
                casgstatus(gp, _Gwaiting, _Grunning)
                gp.stackguard0 = gp.stack.lo + _StackGuard
                gogo(&gp.sched) // never return
            }

            // 开始抢占调度，将当前 G 放回队列，让 M 执行其他任务
            casgstatus(gp, _Gwaiting, _Grunning)
            gopreempt_m(gp) // never return
        }

        // Allocate a bigger segment and move the stack.
        copystack(gp, uintptr(newsize))
        gogo(&gp.sched)
    }
```

proc1.go

```
    func gopreempt_m(gp *g) {
        goschedImpl(gp)
    }

    func goschedImpl(gp *g) {
        status := readgstatus(gp)
        casgstatus(gp, _Grunning, _Grunnable)
        dropg()
        globrunqput(gp)

        schedule()
    }
```

这个抢占调度机制给我的感觉是越来越弱，毕竟垃圾回收和栈扩容这个时机都不是很“确定”和“实时”，更何况还有函数内联和纯算法循环等造成 morestack 不会执行等因素。不知道对此 Go 的后续版本会有何改进。

18.9 其他

本节介绍与任务执行有关的几种暂停操作。

Gosched

可被用户调用的 runtime.Gosched 将当前 G 任务暂停，重新放回全局队列，让出当前 M 去执行其他任务。我们无须对 G 做唤醒操作，因为它总归会被某个 M 重新拿到，并从“断点”恢复。

proc.go

```
func Gosched() {
	mcall(gosched_m)
}
```

proc1.go

```
func gosched_m(gp *g) {
	goschedImpl(gp)
}

func goschedImpl(gp *g) {
	// 重置属性
	casgstatus(gp, _Grunning, _Grunnable)
	dropg()

	// 将当前 G 放回全局队列
	globrunqput(gp)

	// 重新调度执行其他任务
	schedule()
}

func dropg() {
```

```
	_g_ := getg()

	if _g_.m.lockedg == nil {
		_g_.m.curg.m = nil
		_g_.m.curg = nil
	}
}
```

实现"断点恢复"的关键由 mcall 实现，它将当前执行状态，包括 SP、PC 寄存器等值保存到 G.sched 区域。

asm_amd64.s

```
TEXT runtime·mcall(SB), NOSPLIT, $0-8
	MOVQ	fn+0(FP), DI

	get_tls(CX)
	MOVQ	g(CX), AX		// save state in g->sched
	MOVQ	0(SP), BX		// caller's PC
	MOVQ	BX, (g_sched+gobuf_pc)(AX)
	LEAQ	fn+0(FP), BX		// caller's SP
	MOVQ	BX, (g_sched+gobuf_sp)(AX)
	MOVQ	AX, (g_sched+gobuf_g)(AX)
	MOVQ	BP, (g_sched+gobuf_bp)(AX)

	// switch to m->g0 & its stack, call fn
	...
```

当 execute/gogo 再次执行该任务时，自然可从中恢复状态。反正执行栈是 G 自带的，不用担心执行数据丢失。

gopark

与 Gosched 最大的区别在于，gopark 并没将 G 放回待运行队列。也就是说，必须主动恢复，否则该任务会遗失。

proc.go

```
func gopark(unlockf func(*g, unsafe.Pointer) bool, lock unsafe.Pointer, reason string, ...) {
	mp := acquirem()
	gp := mp.curg
```

```
        mp.waitlock = lock
        mp.waitunlockf = *(*unsafe.Pointer)(unsafe.Pointer(&unlockf))
        gp.waitreason = reason
        mp.waittraceev = traceEv
        mp.waittraceskip = traceskip
        releasem(mp)

        mcall(park_m)
}
```

可看到 gopark 同样是由 mcall 保存执行状态，还有个 unlockf 作为暂停判断条件。

proc1.go

```
func park_m(gp *g) {
        _g_ := getg()

        // 重置属性
        casgstatus(gp, _Grunning, _Gwaiting)
        dropg()

        // 执行解锁函数。如果返回 false，则恢复执行
        if _g_.m.waitunlockf != nil {
                fn := *(*func(*g, unsafe.Pointer) bool)(unsafe.Pointer(&_g_.m.waitunlockf))
                ok := fn(gp, _g_.m.waitlock)
                _g_.m.waitunlockf = nil
                _g_.m.waitlock = nil
                if !ok {
                        casgstatus(gp, _Gwaiting, _Grunnable)
                        execute(gp, true) // Schedule it back, never returns
                }
        }

        // 调度执行其他任务
        schedule()
}
```

与之配套，goready 用于恢复执行，G 被放回优先级最高的 P.runnext。

proc.go

```
func goready(gp *g, traceskip int) {
        systemstack(func() {
                ready(gp, traceskip)
```

```
    })
}
```

proc1.go

```
func ready(gp *g, traceskip int) {
    // 修正状态，重新放回本地 runnext
    casgstatus(gp, _Gwaiting, _Grunnable)
    runqput(_g_.m.p.ptr(), gp, true)
}
```

notesleep

相比 gosched、gopark，反应更敏捷的 notesleep 既不让出 M，也就不会让 G 重回任务队列。它直接让线程休眠直到被唤醒，更适合 stopm、gcMark 这类近似自旋的场景。

在 Linux、DragonFly、FreeBSD 平台，notesleep 是基于 Futex 的高性能实现。

Futex 通常称作“快速用户区互斥”，是一种在用户空间实现的锁（互斥）机制。多执行单位（进程或线程）通过共享同一块内存（整数）来实现等待和唤醒操作。因为 Futex 只在操作结果不一致时才进入内核仲裁，所以有非常高的执行效率。

更多内容请参考 man 2 futex。

runtime2.go

```
type m struct {
    park note
}

type note struct {
    // Futex-based impl treats it as uint32 key, while sema-based impl as M* waitm
    key uintptr
}
```

围绕 note.key 值来处理休眠和唤醒操作。

lock_futex.go

```
func notesleep(n *note) {
    gp := getg()

    for atomicload(key32(&n.key)) == 0 {
```

```
            gp.m.blocked = true
            futexsleep(key32(&n.key), 0, -1)     // 检查 n.key == 0，休眠
            gp.m.blocked = false                 // 唤醒后 n.key == 1
        }
}

func notewakeup(n *note) {
    // 如果 old != 0，表示已经执行过唤醒操作
    old := xchg(key32(&n.key), 1)
    if old != 0 {
            throw("notewakeup - double wakeup")
    }

    // 唤醒后 n.key == 1
    futexwakeup(key32(&n.key), 1)
}

// 重置休眠条件
func noteclear(n *note) {
    n.key = 0
}
```

os1_linux.go

```
func futexsleep(addr *uint32, val uint32, ns int64) {
    var ts timespec

    // 不超时
    if ns < 0 {
            futex(unsafe.Pointer(addr), _FUTEX_WAIT, val, nil, nil, 0)
            return
    }

    ts.set_sec(ns / 1000000000)
    ts.set_nsec(int32(ns % 1000000000))

    // 如果 futex_value == val，则进入休眠等待状态，直到 FUTEX_WAKE 或超时
    futex(unsafe.Pointer(addr), _FUTEX_WAIT, val, unsafe.Pointer(&ts), nil, 0)
}

func futexwakeup(addr *uint32, cnt uint32) {
    // 唤醒 cnt 个等待单位，这会设置 futex_value = 1
    ret := futex(unsafe.Pointer(addr), _FUTEX_WAKE, cnt, nil, nil, 0)
}
```

其他不支持 Futex 的 Darwin、Windows 等平台，可参阅 lock_sema.go 基于 semaphore 的实现。

Goexit

用户可调用 runtime.Goexit 立即终止 G 任务，不管当前处于调用堆栈的哪个层次。在终止前，它确保所有 G.defer 被执行。

panic.go

```
func Goexit() {
	gp := getg()
	for {
		d := gp._defer
		...
		freedefer(d)
	}
	goexit1()
}
```

比较有趣的是在 main goroutine 里执行 Goexit，它会等待其他 goroutine 结束后才会崩溃。

test.go

```
package main

import (
    "fmt"
    "runtime"
    "time"
)

func main() {
    for i := 0; i < 3; i++ {
        go func(n int) {
            time.Sleep(time.Second * time.Duration(n+1))
            fmt.Printf("G%d end.\n", n)
        }(i)
    }

    println("Goexit.")
    runtime.Goexit()
```

```
    println("never execute.")
}
```

```
$ go build -o test test.go && ./test

Goexit.
G0 end.
G1 end.
G2 end.

fatal error: no goroutines (main called runtime.Goexit) - deadlock!

runtime stack:
runtime.throw(0x52cdc0, 0x36)
    /usr/local/go/src/runtime/panic.go:527 +0x90
runtime.checkdead()
    /usr/local/go/src/runtime/proc1.go:2933 +0x1fb
runtime.mput(0xc82002a900)
    /usr/local/go/src/runtime/proc1.go:3268 +0x46
runtime.stopm()
    /usr/local/go/src/runtime/proc1.go:1126 +0xdd
runtime.findrunnable(0xc82001c000, 0x0)
    /usr/local/go/src/runtime/proc1.go:1530 +0x69e
runtime.schedule()
    /usr/local/go/src/runtime/proc1.go:1639 +0x267
runtime.goexit0(0xc820001380)
    /usr/local/go/src/runtime/proc1.go:1765 +0x1a2
runtime.mcall(0x0)
    /usr/local/go/src/runtime/asm_amd64.s:204 +0x5b
```

stopTheWorld

本章的最后，我们看看导致整个进程用户逻辑停止的 STW 是如何实现的。

用户逻辑必须暂停在一个安全点上，否则会引发很多意外问题。因此，stopTheWorld 同样是通过“通知”机制，让 G 主动停止。比如，设置“gcwaiting = 1”让调度函数 schedule 主动休眠 M；向所有正在运行的 G 任务发出抢占调度，使其暂停。

proc1.go

```
func stopTheWorld(reason string) {
```

```
	semacquire(&worldsema, false)
	getg().m.preemptoff = reason
	systemstack(stopTheWorldWithSema)
}

func stopTheWorldWithSema() {
	_g_ := getg()
	sched.stopwait = gomaxprocs

	// 设置停止标志，让 schedule 之类的调用主动休眠 M
	atomicstore(&sched.gcwaiting, 1)

	// 向所有正在运行的 G 发出抢占调度
	preemptall()

	// 暂停当前 P
	_g_.m.p.ptr().status = _Pgcstop
	sched.stopwait--

	// 尝试暂停所有 syscall 状态的 P
	for i := 0; i < int(gomaxprocs); i++ {
		p := allp[i]
		s := p.status
		if s == _Psyscall && cas(&p.status, s, _Pgcstop) {
			p.syscalltick++
			sched.stopwait--
		}
	}

	// 处理空闲 P
	for {
		p := pidleget()
		if p == nil {
			break
		}
		p.status = _Pgcstop
		sched.stopwait--
	}

	wait := sched.stopwait > 0

	// 等待
	if wait {
```

```
            for {
                // 暂停 100us 后，重新发出抢占调度
                // handoffp、gcstopm、entersyscall_gcwait 等操作都会 sched.stopwait--,
                // 如果 stopwait == 0 则尝试唤醒 stopnote
                // 若唤醒成功，跳出循环；失败，则重新发出抢占调度，再次等待
                if notetsleep(&sched.stopnote, 100*1000) {
                    noteclear(&sched.stopnote)
                    break
                }
                preemptall()
            }
        }

        // 检查所有 P 状态
        for i := 0; i < int(gomaxprocs); i++ {
            p := allp[i]
            if p.status != _Pgcstop {
                throw("stopTheWorld: not stopped")
            }
        }
}

// 向所有 P 发出抢占调度
func preemptall() bool {
    res := false
    for i := int32(0); i < gomaxprocs; i++ {
        _p_ := allp[i]
        if _p_ == nil || _p_.status != _Prunning {
            continue
        }
        if preemptone(_p_) {
            res = true
        }
    }
    return res
}
```

总体上看，stopTheWorld 还是很平和的一种手段，会循环等待目标任务进入一个安全点后主动暂停。而 startTheWorld 就更简单，毕竟是从冻结状态开始，无非是唤醒相关 P/M 继续执行任务。

proc1.go

```
func startTheWorld() {
	systemstack(startTheWorldWithSema)
	semrelease(&worldsema)
	getg().m.preemptoff = ""
}

func startTheWorldWithSema() {
	_g_ := getg()

	// 检查是否需要 procresize
	p1 := procresize(procs)

	// 解除停止状态
	sched.gcwaiting = 0

	// 唤醒 sysmon
	if sched.sysmonwait != 0 {
		sched.sysmonwait = 0
		notewakeup(&sched.sysmonnote)
	}

	// 循环有任务的 P 链表，让它们继续工作
	for p1 != nil {
		p := p1
		p1 = p1.link.ptr()
		if p.m != 0 {
			mp := p.m.ptr()
			p.m = 0
			mp.nextp.set(p)
			notewakeup(&mp.park)
		} else {
			// Start M to run P.  Do not start another M below.
			newm(nil, p)
			add = false
		}
	}

	// 让闲置的家伙都起来工作!
	if atomicload(&sched.npidle) != 0 && atomicload(&sched.nmspinning) == 0 {
		wakep()
	}
```

```
        // 重置抢占标志
        if _g_.m.locks == 0 && _g_.preempt {
                _g_.stackguard0 = stackPreempt
        }
}
```

第 19 章 通道

通道（channel）是 Go 实现 CSP 并发模型的关键，鼓励用通信来实现数据共享。可以说，缺了 channel，goroutine 会黯然失色。

> Don't communicate by sharing memory, share memory by communicating.
> CSP: Communicating Sequential Process.

19.1 创建

同步和异步的区别，在于是否有缓冲槽。

chan.go

```
type hchan struct {
    dataqsiz uint                // 缓冲槽大小（可存储数据项数量）
    buf      unsafe.Pointer      // 缓冲槽指针
    elemsize uint16              // 数据项大小
    elemtype *_type              // 数据项类型
}
```

chan.go

```
func makechan(t *chantype, size int64) *hchan {
    elem := t.elem

    // 数据项不能超过 64KB（这时候用指针更合适一些）
    if elem.size >= 1<<16 {
        throw("makechan: invalid channel element type")
    }
```

```
    // 缓冲槽大小检查
    if size < 0 || int64(uintptr(size)) != size ||
      (elem.size > 0 && uintptr(size) > (_MaxMem-hchanSize)/uintptr(elem.size)) {
            panic("makechan: size out of range")
    }

    var c *hchan

    // 受垃圾回收器限制，指针类型缓冲槽须单独分配内存
    if elem.kind&kindNoPointers != 0 || size == 0 {
            // 因为缓冲槽大小固定，所以可一次性分配内存
            c = (*hchan)(mallocgc(hchanSize+uintptr(size)*uintptr(elem.size), nil, flagNoScan))
            if size > 0 && elem.size != 0 {
                    // 调整缓冲槽起始指针
                    c.buf = add(unsafe.Pointer(c), hchanSize)
            } else {
                    c.buf = unsafe.Pointer(c)
            }
    } else {
            c = new(hchan)
            c.buf = newarray(elem, uintptr(size))
    }

    // 设置属性
    c.elemsize = uint16(elem.size)
    c.elemtype = elem
    c.dataqsiz = uint(size)

    return c
}
```

19.2 收发

必须对 channel 收发双方（G）进行包装，因为它们要携带数据项，并存储相关状态。

runtime2.go

```
type g struct {
    param unsafe.Pointer        // 传递唤醒参数
}
```

```
type sudog struct {
    g       *g
    elem    unsafe.Pointer        // 数据存储空间指针
}
```

另外，channel 还得维护发送和接收者等待队列，以及异步缓冲槽环状队列索引位置。

chan.go

```
type hchan struct {
    qcount    uint              // 缓冲槽有效数据项数量
    closed    uint32            // 是否关闭
    sendx     uint              // 缓冲槽发送位置索引
    recvx     uint              // 缓冲槽接收位置索引
    recvq     waitq             // 接收者等待队列
    sendq     waitq             // 发送者等待队列
}

type waitq struct {
    first *sudog
    last  *sudog
}
```

和以往一样，sudog 也实现了二级缓存复用体系。

runtime2.go

```
type p struct {
    sudogcache []*sudog           // 在 procresize new(p) 时指向 sudogbuf
    sudogbuf   [128]*sudog
}

type schedt struct {
    sudogcache *sudog
}
```

proc.go

```
func acquireSudog() *sudog {
    pp := mp.p.ptr()

    // 如果本地缓存为空
    if len(pp.sudogcache) == 0 {
        // 从全局缓存转移一批到本地
```

```
        for len(pp.sudogcache) < cap(pp.sudogcache)/2 && sched.sudogcache != nil {
            s := sched.sudogcache
            sched.sudogcache = s.next
            s.next = nil
            pp.sudogcache = append(pp.sudogcache, s)
        }

        // 如果失败，则新建
        if len(pp.sudogcache) == 0 {
            pp.sudogcache = append(pp.sudogcache, new(sudog))
        }
    }

    // 从尾部提取，并调整本地缓存
    n := len(pp.sudogcache)
    s := pp.sudogcache[n-1]
    pp.sudogcache[n-1] = nil
    pp.sudogcache = pp.sudogcache[:n-1]

    return s
}

func releaseSudog(s *sudog) {
    pp := mp.p.ptr()

    // 如果本地缓存已满
    if len(pp.sudogcache) == cap(pp.sudogcache) {
        // 转移一半到全局
        var first, last *sudog
        for len(pp.sudogcache) > cap(pp.sudogcache)/2 {
            n := len(pp.sudogcache)
            p := pp.sudogcache[n-1]
            pp.sudogcache[n-1] = nil
            pp.sudogcache = pp.sudogcache[:n-1]
            if first == nil {
                first = p
            } else {
                last.next = p
            }
            last = p
        }

        // 将提取的链表挂到全局
```

```
			last.next = sched.sudogcache
			sched.sudogcache = first
	}

	pp.sudogcache = append(pp.sudogcache, s)
}
```

sched.sudogcache 缓存会在垃圾回收执行 clearpools 时被清理，但 P 本地缓存会被保留。

同步和异步收发算法有很大差异，但不知作者为什么非要将它们塞到一起。这些看起来有些巨大的函数，让人看着很不舒服。为便于分析，我们将其拆解开来。

同步

同步模式的关键是找到匹配的接收或发送方，找到则直接拷贝数据；找不到就将自身打包后放入等待队列，由另一方复制数据并唤醒。

在同步模式下，channel 的作用仅是维护发送和接收者队列，数据复制与 channel 无关。另外在唤醒后，需要验证唤醒者身份，以此决定是否有实际的数据传递。

chan.go

```
func chansend1(t *chantype, c *hchan, elem unsafe.Pointer) {
	chansend(t, c, elem, true, getcallerpc(unsafe.Pointer(&t)))
}

// 参数 eq 是数据项指针
func chansend(t *chantype, c *hchan, ep unsafe.Pointer, block bool, callerpc uintptr) bool {
	// 同步模式
	if c.dataqsiz == 0 {
		// 从等待队列获取接收者
		sg := c.recvq.dequeue()
		if sg != nil {
			recvg := sg.g

			// 直接用 memmove 将数据项复制给接收者
			if sg.elem != nil {
				syncsend(c, sg, ep)
			}

			// 唤醒检查标志，表明是由发送者唤醒
			// closechan 一样会唤醒接收者，但 param = nil
```

```
                recvg.param = unsafe.Pointer(sg)

                // 唤醒接收者
                goready(recvg, 3)
                return true
            }

            // 如果没有接收者，则打包成 sudog
            gp := getg()
            mysg := acquireSudog()  // 新建，或从缓存获取复用 sudog 对象
            mysg.elem = ep
            mysg.g = gp
            gp.param = nil

            // 将发送 sudog 放入等待队列，休眠，等待被接收者唤醒
            c.sendq.enqueue(mysg)
            goparkunlock(&c.lock, "chan send", traceEvGoBlockSend, 3)

            // 被唤醒，检查是否被 closechan 唤醒
            // 此时数据已被接收者复制，无须再做处理
            gp.waiting = nil
            if gp.param == nil {
                if c.closed == 0 {
                    throw("chansend: spurious wakeup")
                }
                panic("send on closed channel")
            }
            gp.param = nil

            // 将 sudog 放回复用缓存
            releaseSudog(mysg)
            return true
        }
}
```

接收代码和发送的几乎一致，差别在于谁先进入等待队列，谁负责唤醒。编译器会将不同语法翻译成不同的函数调用。

chan.go

```
// <- chan
func chanrecv1(t *chantype, c *hchan, elem unsafe.Pointer) {
    chanrecv(t, c, elem, true)
```

```
}

// x, ok := <- chan
// for x := range chan
func chanrecv2(t *chantype, c *hchan, elem unsafe.Pointer) (received bool) {
	_, received = chanrecv(t, c, elem, true)
	return
}
```

chan.go

```
func chanrecv(t *chantype, c *hchan, ep unsafe.Pointer, block bool) (selected, received bool) {
	// 同步模式
	if c.dataqsiz == 0 {
		// 从等待队列获取发送者
		sg := c.sendq.dequeue()
		if sg != nil {
			// 从发送者复制数据
			if ep != nil {
				typedmemmove(c.elemtype, ep, sg.elem)
			}
			sg.elem = nil
			gp := sg.g

			// 设置唤醒检查标志
			gp.param = unsafe.Pointer(sg)

			// 唤醒发送者，解除其阻塞
			goready(gp, 3)

			selected = true
			received = true
			return
		}

		// 如果没有发送者，打包成 sudog
		gp := getg()
		mysg := acquireSudog()
		mysg.elem = ep
		mysg.g = gp
		gp.param = nil

		// 放入等待队列，休眠，等待被发送者唤醒
		c.recvq.enqueue(mysg)
```

```
            goparkunlock(&c.lock, "chan receive", traceEvGoBlockRecv, 3)

            // 被唤醒
            // 数据已被发送者复制过来
            gp.waiting = nil

            // 通过检查唤醒标志来决定是否有数据被复制
            haveData := gp.param != nil
            gp.param = nil

            // 将 sudog 放回复用缓存
            releaseSudog(mysg)

            if haveData {
                    selected = true
                    received = true
                    return
            }

            return recvclosed(c, ep)
      }
}
```

异步

异步模式围绕缓冲槽进行。当有空位时，发送者向槽中复制数据；有数据后，接收者从槽中获取数据。双方都有唤醒排队的另一方继续工作的责任。

chan.go

```
func chansend(t *chantype, c *hchan, ep unsafe.Pointer, block bool, callerpc uintptr) bool {
      // 异步模式

      // 如果缓冲槽没有空位
      for futile := byte(0); c.qcount >= c.dataqsiz; futile = traceFutileWakeup {
            // 打包成 sudog
            gp := getg()
            mysg := acquireSudog()
            mysg.g = gp
            mysg.elem = nil

            // 放入发送者等待队列，休眠。等待有空位时被唤醒
```

```
            c.sendq.enqueue(mysg)
            goparkunlock(&c.lock, "chan send", traceEvGoBlockSend|futile, 3)

            // 唤醒后，如果 qcount < dataqsiz 表示有空位，跳出循环

            // 将 sudog 放回复用缓存
            releaseSudog(mysg)
      }

      // 将数据复制到缓冲槽
      typedmemmove(c.elemtype, chanbuf(c, c.sendx), ep)

      // 调整缓冲槽队列索引和数据项计数
      c.sendx++
      if c.sendx == c.dataqsiz {
            c.sendx = 0
      }
      c.qcount++

      // 现在缓冲槽不为空，唤醒某个排队的接收者从槽中获取数据
      sg := c.recvq.dequeue()
      if sg != nil {
            recvg := sg.g
            goready(recvg, 3)
      }

      return true
}
```

发送须有缓冲槽空位，而接收则须槽中有可用数据项。

chan.go

```
func chanrecv(t *chantype, c *hchan, ep unsafe.Pointer, block bool) (selected, received bool) {
      // 异步模式

      // 如果缓冲槽中没有数据项
      for futile := byte(0); c.qcount <= 0; futile = traceFutileWakeup {
            // 打包成 sudog
            gp := getg()
            mysg := acquireSudog()
            mysg.elem = nil
            mysg.g = gp
```

```
            // 放入接收等待队列，休眠。等待有数据项时被唤醒
            c.recvq.enqueue(mysg)
            goparkunlock(&c.lock, "chan receive", traceEvGoBlockRecv|futile, 3)

            // 唤醒后，qcount > 0，跳出循环

            // 将 sudog 返回复用缓存
            releaseSudog(mysg)
        }

        // 从缓冲槽复制数据项
        if ep != nil {
            typedmemmove(c.elemtype, ep, chanbuf(c, c.recvx))
        }

        // 清零。调整缓冲槽队列索引及计数
        memclr(chanbuf(c, c.recvx), uintptr(c.elemsize))
        c.recvx++
        if c.recvx == c.dataqsiz {
            c.recvx = 0
        }
        c.qcount--

        // 现在有空位了，唤醒某个排队的发送者向槽中发送数据
        sg := c.sendq.dequeue()
        if sg != nil {
            gp := sg.g
            goready(gp, 3)
        }

        selected = true
        received = true
        return
    }
```

关闭

关闭操作将所有排队者唤醒，并通过 chan.closed、g.param 参数告知由 close 发出。

- 向 closed channel 发送数据，触发 panic。
- 从 closed channel 读取数据，返回零值。
- 无论收发，nil channel 都会阻塞。

chan.go

```
func closechan(c *hchan) {
	// 不能重复关闭
	if c.closed != 0 {
		panic("close of closed channel")
	}

	// 设置关闭标志
	c.closed = 1

	// 释放所有接收者
	for {
		sg := c.recvq.dequeue()
		if sg == nil {
			break
		}
		gp := sg.g
		sg.elem = nil

		// 这个参数表明唤醒者是 closechan
		gp.param = nil

		// 唤醒接收者
		goready(gp, 3)
	}

	// 释放所有发送者
	for {
		sg := c.sendq.dequeue()
		if sg == nil {
			break
		}
		gp := sg.g
		sg.elem = nil

		// closechan 唤醒
		gp.param = nil
		goready(gp, 3)
	}
}
```

19.3 选择

选择模式（select）是从多个 channel 里随机选出可用的那个，编译器会将相关语句翻译成具体的函数调用。

test.go

```
package main

import ()

func main() {
    c1, c2 := make(chan int), make(chan int, 2)

    select {
    case c1 <- 1:
        println(0x11)
    case <-c2:
        println(0x22)
    default:
        println(0xff)
    }
}
```

反汇编：

```
$ go build -o test test.go

$ go tool objdump -s "main\.main" test

TEXT main.main(SB) test.go
    test.go:6    0x2073  CALL runtime.makechan(SB)         // make(c1)
    test.go:6    0x2096  CALL runtime.makechan(SB)         // make(c2)
    test.go:8    0x20e2  CALL runtime.newselect(SB)        // newselect
    test.go:9    0x2104  CALL runtime.selectsend(SB)       // case c1
    test.go:11   0x2153  CALL runtime.selectrecv(SB)       // case c2
    test.go:13   0x2189  CALL runtime.selectdefault(SB)    // case default
    test.go:8    0x21c2  CALL runtime.selectgo(SB)         // selectgo
```

完整的 select 对象由“header + [n]scase”组成，完全是 C 不定长结构体的风格。

select.go

```
type hselect struct {
	tcase     uint16          // ncase 总数
	ncase     uint16          // ncase 初始化顺序
	pollorder *uint16         // 乱序后的 scase 序号
	lockorder **hchan         // 按 scase channel 地址排序
	scase     [1]scase        // scase 数组
}

type scase struct {
	elem        unsafe.Pointer     // data element
	c           *hchan             // chan
	pc          uintptr            // return pc
	kind        uint16
	so          uint16             // vararg of selected bool
	receivedp   *bool              // pointer to received bool (recv2)
	releasetime int64
}
```

初始化函数 newselect 除设置相关初始属性外，还将一次性分配的内存切分给相关字段。

select.go

```
func newselect(sel *hselect, selsize int64, size int32) {
	if selsize != int64(selectsize(uintptr(size))) {
		throw("bad select size")
	}
	sel.tcase = uint16(size)
	sel.ncase = 0
	sel.lockorder = (**hchan)(add(unsafe.Pointer(&sel.scase),
				uintptr(size)*unsafe.Sizeof(hselect{}.scase[0])))
	sel.pollorder = (*uint16)(add(unsafe.Pointer(sel.lockorder),
				uintptr(size)*unsafe.Sizeof(*hselect{}.lockorder)))
}

func selectsize(size uintptr) uintptr {
	selsize := unsafe.Sizeof(hselect{}) +
		(size-1)*unsafe.Sizeof(hselect{}.scase[0]) +
		size*unsafe.Sizeof(*hselect{}.lockorder) +
		size*unsafe.Sizeof(*hselect{}.pollorder)
	return round(selsize, _Int64Align)
```

```
}
```

在处理好 select 对象后，还须初始化 scase。过程并不复杂，依 ncase 确定位置，设置相关参数。依照 case channel 操作方式，可分为 send、recv、default 三种。

select.go

```
func selectsendImpl(sel *hselect, c *hchan, pc uintptr, elem unsafe.Pointer, so uintptr) {
    // 确定位置
    i := sel.ncase
    sel.ncase = i + 1

    // 获取 scase，初始化
    cas := (*scase)(add(unsafe.Pointer(&sel.scase), uintptr(i)*unsafe.Sizeof(sel.scase[0])))

    cas.pc = pc
    cas.c = c
    cas.so = uint16(so)
    cas.kind = caseSend
    cas.elem = elem
}

func selectrecvImpl(sel *hselect, c *hchan, pc uintptr, elem unsafe.Pointer, ...) {
    i := sel.ncase
    sel.ncase = i + 1
    cas := (*scase)(add(unsafe.Pointer(&sel.scase), uintptr(i)*unsafe.Sizeof(sel.scase[0])))
    cas.pc = pc
    cas.c = c
    cas.so = uint16(so)
    cas.kind = caseRecv
    cas.elem = elem
    cas.receivedp = received
}

func selectdefaultImpl(sel *hselect, callerpc uintptr, so uintptr) {
    i := sel.ncase
    sel.ncase = i + 1
    cas := (*scase)(add(unsafe.Pointer(&sel.scase), uintptr(i)*unsafe.Sizeof(sel.scase[0])))
    cas.pc = callerpc
    cas.c = nil                // 注意，这个会影响后面 lockorder 排序
    cas.so = uint16(so)
    cas.kind = caseDefault
}
```

选择算法又是一个充斥 goto 跳转的超长大杂烩，精简掉无关代码后，耐心点慢慢看。

select.go

```
func selectgo(sel *hselect) {
	pc, offset := selectgoImpl(sel)
	*(*bool)(add(unsafe.Pointer(&sel), uintptr(offset))) = true
	setcallerpc(unsafe.Pointer(&sel), pc)
}

func selectgoImpl(sel *hselect) (uintptr, uint16) {
	// 为访问方便，将 scase 封装成 slice
	scaseslice := slice{unsafe.Pointer(&sel.scase), int(sel.ncase), int(sel.ncase)}
	scases := *(*[]scase)(unsafe.Pointer(&scaseslice))

	// pollorder: 对 scases 序号洗牌，乱序
	// lockorder: 按 channel 地址顺序排序

	// 锁定全部 channel
	sellock(sel)

loop:

	// ------------------------
	// 1: 查找已准备好的 case
	// ------------------------

	for i := 0; i < int(sel.ncase); i++ {
		// 从乱序的 pollorder 中获取，这就是 select 随机选择的关键
		cas = &scases[pollorder[i]]
		c = cas.c

		switch cas.kind {
		case caseRecv:
			if c.dataqsiz > 0 {			// 异步
				if c.qcount > 0 {		// 缓冲槽有数据
					goto asyncrecv
				}
			} else {				// 同步
				sg = c.sendq.dequeue()
				if sg != nil {			// 有发送者
					goto syncrecv
				}
```

```
                        }
                        if c.closed != 0 {                              // 关闭
                                goto rclose
                        }

                case caseSend:
                        if c.closed != 0 {
                                goto sclose
                        }
                        if c.dataqsiz > 0 {
                                if c.qcount < c.dataqsiz {
                                        goto asyncsend
                                }
                        } else {
                                sg = c.recvq.dequeue()
                                if sg != nil {
                                        goto syncsend
                                }
                        }

                case caseDefault:
                        dfl = cas
                }
        }

        // 如果没有准备好的 case，尝试执行 default
        if dfl != nil {
                selunlock(sel)
                cas = dfl
                goto retc
        }

        // ------------------------------------------------------
        // 2: 如果没有任何准备好的 case，将当前 select G 打包成 sudog，
        //     放到所有 channel 排队列表，等待唤醒
        // ------------------------------------------------------

        gp = getg()
        done = 0
        for i := 0; i < int(sel.ncase); i++ {
                cas = &scases[pollorder[i]]
                c = cas.c
```

```
        // 打包成 sudog
        // 每个 case 的 sudog 都不同
        sg := acquireSudog()
        sg.g = gp
        sg.selectdone = (*uint32)(noescape(unsafe.Pointer(&done)))
        sg.elem = cas.elem

        // 全部 sudog 被放入 gp.waiting 链表
        // 此链表顺序同 pollorder，后面以此识别是哪个 case 唤醒的
        sg.waitlink = gp.waiting
        gp.waiting = sg

        // 根据 case 类型，决定放入发送或接收者排队列表
        switch cas.kind {
        case caseRecv:
                c.recvq.enqueue(sg)
        case caseSend:
                c.sendq.enqueue(sg)
        }
}

// 休眠 select G，直到某个 case channel 活动后，从排队列表将其提取并唤醒
gp.param = nil
gopark(selparkcommit, unsafe.Pointer(sel), "select", traceEvGoBlockSelect|futile, 2)

// 被唤醒
sellock(sel)
sg = (*sudog)(gp.param)  // 注意唤醒参数，就是待查 sudog
gp.param = nil

// --------------------------------
// 3: 找出是哪个 case 唤醒 select G 的
// --------------------------------

// 使用第二步准备好的 gp.waiting 链表
sglist = gp.waiting
gp.waiting = nil

for i := int(sel.ncase) - 1; i >= 0; i-- {
        // 同样使用 pollorder，所以和 gp.waiting 顺序一致
        k = &scases[pollorder[i]]

        if sg == sglist {
```

```
                // 匹配
                cas = k
            } else {
                // 不匹配，将 sudog 从 channel 排队列表移除
                c = k.c
                if k.kind == caseSend {
                    c.sendq.dequeueSudoG(sglist)
                } else {
                    c.recvq.dequeueSudoG(sglist)
                }
            }

            // 利用循环清理掉所有排队 sudog
            sgnext = sglist.waitlink
            sglist.waitlink = nil
            releaseSudog(sglist)
            sglist = sgnext
        }

        // 没找到匹配，可能被意外唤醒，重新开始
        if cas == nil {
            goto loop
        }

        // 找到目标，解锁，退出
        selunlock(sel)
        goto retc

    // 这些前面已分析过，略过
    asyncrecv:
    asyncsend:
    syncrecv:
    rclose:
    syncsend:

    retc:
        return cas.pc, cas.so

    sclose:
        selunlock(sel)
        panic("send on closed channel")
    }
```

对这种代码风格，真是无语了。就算原本是 C 也没必要写成这样吧，什么时候才能整理干净？

简化后的流程看上去就清爽多了。

1. 用 pollorder“随机”遍历，找出准备好的 case。
2. 如没有可用 case，则尝试 default case。
3. 如都不可用，则将 selectG 打包放入所有 channel 的排队列表。
4. 直到 select G 被某个 channel 唤醒，遍历 ncase 查找目标 case。

每次操作，都需要对全部 channel 加锁，这种粒度似乎太大了些。

select.go

```
func sellock(sel *hselect) {
    lockslice := slice{unsafe.Pointer(sel.lockorder), int(sel.ncase), int(sel.ncase)}
    lockorder := *(*[]*hchan)(unsafe.Pointer(&lockslice))

    var c *hchan
    for _, c0 := range lockorder {
        // 如果和前一 channel 地址不同，则加锁
        // lockorder 的作用就是避免对同一 channel 重复加锁
        if c0 != nil && c0 != c {
            c = c0
            lock(&c.lock)
        }
    }
}

func selunlock(sel *hselect) {
    n := int(sel.ncase)
    r := 0
    lockslice := slice{unsafe.Pointer(sel.lockorder), n, n}
    lockorder := *(*[]*hchan)(unsafe.Pointer(&lockslice))

    // 因为 default case 的 channel = nil，所以总是排在 lockorder[0]，跳过
    if n > 0 && lockorder[0] == nil {
        r = 1
    }

    for i := n - 1; i >= r; i-- {
        c := lockorder[i]
```

```
            // 避免重复解锁
            if i > 0 && c == lockorder[i-1] {
                continue
            }
            unlock(&c.lock)
        }
}
```

官方已确定要改进 select lock，只是 release 时间未定。

第 20 章 延迟

延迟调用（defer）的最大优势是，即便函数执行出错，依然能保证回收资源等操作得以执行。但如果对性能有要求，且错误能被控制，那么还是直接执行比较好。

20.1 定义

我们用一个简单的示例来揭开 defer 的秘密。

test.go

```
package main

import ()

func main() {
    defer println(0x11)
}
```

反编译：

```
$ go build -o test test.go

$ go tool objdump -s "main\.main" test

TEXT main.main(SB) test.go
    test.go:5   0x204f  SUBQ $0x18, SP
    test.go:6   0x2053  MOVQ $0x11, 0x10(SP)      // arg 0x11
    test.go:6   0x205c  MOVL $0x8, 0(SP)          // arg size
    test.go:6   0x2063  LEAQ 0x8379e(IP), AX      // 0x8379e(0x206a) = 0x85808 print function
```

```
    test.go:6   0x206a  MOVQ AX, 0x8(SP)          // +--- IP 指向下一条指令
    test.go:6   0x206f  CALL runtime.deferproc(SB)
    test.go:6   0x2074  CMPL $0x0, AX
    test.go:6   0x2077  JNE 0x2084
    test.go:7   0x2079  NOPL
    test.go:7   0x207a  CALL runtime.deferreturn(SB)
    test.go:7   0x207f  ADDQ $0x18, SP
    test.go:7   0x2083  RET

$ nm test | grep "85808"

0000000000085808 s main.print.1.f
```

编译器将 defer 处理成两个函数调用，deferproc 定义一个延迟调用对象，然后在函数结束前通过 deferreturn 完成最终调用。

和前面一样，对于这类参数不确定的都是用 funcval 处理，siz 是目标函数参数长度。

runtime2.go

```
type _defer struct {
    siz     int32
    started bool
    sp      uintptr   // 调用 deferproc 时的 SP
    pc      uintptr   // 调用 deferproc 时的 IP
    fn      *funcval
    _panic  *_panic   // panic that is running defer
    link    *_defer
}
```

panic.go

```
func deferproc(siz int32, fn *funcval) { // arguments of fn follow fn
    sp := getcallersp(unsafe.Pointer(&siz))
    argp := uintptr(unsafe.Pointer(&fn)) + unsafe.Sizeof(fn)
    callerpc := getcallerpc(unsafe.Pointer(&siz))

    systemstack(func() {
            d := newdefer(siz)
            d.fn = fn
            d.pc = callerpc
            d.sp = sp
            memmove(add(unsafe.Pointer(d), unsafe.Sizeof(*d)),
                    unsafe.Pointer(argp), uintptr(siz))
```

```
	})

	// deferproc returns 0 normally
	// a deferred func that stops a panic makes the deferproc return 1
	// the code the compiler generates always checks the return value and jumps to the
	// end of the function if deferproc returns != 0
	return0()
}
```

这个函数粗看没什么复杂的地方，但有两个问题：第一，参数被复制到了 defer 对象后面的内存空间；第二，匿名函数中创建的 d 不知保存在哪里。

panic.go

```
func newdefer(siz int32) *_defer {
	var d *_defer

	// 参数长度对齐后，获取缓存等级
	sc := deferclass(uintptr(siz))

	mp := acquirem()

	// 未超出缓存大小
	if sc < uintptr(len(p{}.deferpool)) {
		pp := mp.p.ptr()

		// 如果 P 本地缓存已空，从全局提取一批到本地
		if len(pp.deferpool[sc]) == 0 && sched.deferpool[sc] != nil {
			for len(pp.deferpool[sc]) < cap(pp.deferpool[sc])/2 &&
				sched.deferpool[sc] != nil {
					d := sched.deferpool[sc]
					sched.deferpool[sc] = d.link
					d.link = nil
					pp.deferpool[sc] = append(pp.deferpool[sc], d)
			}
		}

		// 从本地缓存尾部提取
		if n := len(pp.deferpool[sc]); n > 0 {
			d = pp.deferpool[sc][n-1]
			pp.deferpool[sc][n-1] = nil
			pp.deferpool[sc] = pp.deferpool[sc][:n-1]
		}
```

```
    }

    // 新建。很显然分配的空间大小除 _defer 外，还有参数
    if d == nil {
        // Allocate new defer+args.
        total := roundupsize(totaldefersize(uintptr(siz)))
        d = (*_defer)(mallocgc(total, deferType, 0))
    }

    d.siz = siz

    // 将 d 保存到 G._defer 链表
    gp := mp.curg
    d.link = gp._defer
    gp._defer = d

    releasem(mp)
    return d
}
```

runtime2.go

```
type p struct {
    deferpool [5][]*_defer
}

type g struct {
    _defer *_defer
}
```

defer 同样使用了二级缓存，这个没兴趣深究。newdefer 函数解释了前面的两个问题：一次性为 defer 和参数分配空间；d 被挂到 G._defer 链表。

那么，退出前 deferreturn 自然是从 G._defer 获取并执行延迟函数了。

panic.go

```
func deferreturn(arg0 uintptr) {
    gp := getg()

    // 提取 defer 延迟对象
    d := gp._defer
    if d == nil {
        return
```

```
        }

        // 对比 SP，避免调用其他栈帧的延迟函数。(arg0 也就是 deferproc siz 参数)
        sp := getcallersp(unsafe.Pointer(&arg0))
        if d.sp != sp {
                return
        }

        mp := acquirem()

        // 将延迟函数的参数复制到堆栈（这会覆盖掉 siz、fn，不过没有影响）
        memmove(unsafe.Pointer(&arg0), deferArgs(d), uintptr(d.siz))
        fn := d.fn
        d.fn = nil

        // 调整 G._defer 链表
        gp._defer = d.link

        // 释放 _defer 对象，放回缓存
        systemstack(func() {
                freedefer(d)
        })

        releasem(mp)

        // 执行延迟函数
        jmpdefer(fn, uintptr(unsafe.Pointer(&arg0)))
}
```

freedefer 将 _defer 放回 P.deferpool 缓存，当数量超出时会转移部分到 sched.deferpool。垃圾回收时，clearpools 会清理掉 sched.deferpool 缓存。

汇编实现的 jmpdefer 函数很有意思。

首先通过 arg0 参数，也就是调用 deferproc 时压入的第一参数 siz 获取 main.main SP。当 main 调用 deferreturn 时，用 SP-8 就可以获取当时保存的 main IP 值。因为 IP 保存了下一条指令地址，那么用该地址减去 CALL 指令长度，自然又回到了 main 调用 deferreturn 函数的位置。将这个计算得来的地址入栈，加上 jmpdefer 没有保存现场，那么延迟函数 fn RET 自然回到 CALL deferreturn，如此就实现了多个 defer 延迟调用循环。

asm_amd64.s

```
TEXT runtime·jmpdefer(SB), NOSPLIT, $0-16
	MOVQ	fv+0(FP), DX		// 延迟函数 fn 地址
	MOVQ	argp+8(FP), BX		// argp+8 是 arg0 地址，也就是 main 的 SP
	LEAQ	-8(BX), SP		// 将 SP-8 获取的其实是 call deferreturn 是压入的 main IP
	SUBQ	$5, (SP)		// CALL 指令长度 5，-5 返回的就是 call deferreturn 指令地址
	MOVQ	0(DX), BX		// 执行 fn 函数
	JMP	BX
```

费好大力气，真有必要这么做吗？

虽然整个调用堆栈的 defer 都挂在 G._defer 链表，但在 deferreturn 里面通过 sp 值的比对，可避免调用其他栈帧的延迟函数。

如中途用 Goexit 终止，它会负责处理整个调用堆栈的延迟函数。

panic.go

```
func Goexit() {
	gp := getg()
	for {
		d := gp._defer
		if d == nil {
			break
		}
		if d.started {
			if d._panic != nil {
				d._panic.aborted = true
				d._panic = nil
			}
			d.fn = nil
			gp._defer = d.link
			freedefer(d)
			continue
		}
		d.started = true
		reflectcall(nil, unsafe.Pointer(d.fn), deferArgs(d), uint32(d.siz), uint32(d.siz))
		if gp._defer != d {
			throw("bad defer entry in Goexit")
		}
		d._panic = nil
		d.fn = nil
```

```
            gp._defer = d.link
            freedefer(d)
        }
        goexit1()
}
```

20.2 性能

正如你所见，延迟调用远不是一个 CALL 指令那么简单，会涉及很多内容。诸如对象分配、缓存，以及多次函数调用。在某些性能要求比较高的场合，应该避免使用 defer。

test_test.go

```
package main

import (
    "sync"
    "testing"
)

var lock sync.Mutex

func test() {
    lock.Lock()
    lock.Unlock()
}

func testdefer() {
    lock.Lock()
    defer lock.Unlock()
}

func BenchmarkTest(b *testing.B) {
    for i := 0; i < b.N; i++ {
        test()
    }
}

func BenchmarkTest2(b *testing.B) {
    for i := 0; i < b.N; i++ {
```

```
        testdefer()
    }
}
```

性能测试：

```
$ go test -v -test.bench .

BenchmarkTest-4      100000000          22.0 ns/op
BenchmarkTest2-4     20000000           93.4 ns/op
```

相较以前版本，defer 性能有所改进，但还是有 4x 以上的差异。该结果仅供参考！

20.3 错误

不知从何时起，panic 就成了一个禁忌话题，诸多教程里都有“Don't Panic!”这样的条例。这让我想起 Python __del__ 的话题，两者颇为类似。其实，对于不可恢复性的错误用 panic 并无不妥，见仁见智吧。

从源码看，panic/recover 的实现和 defer 息息相关，且过程算不上复杂。

runtime2.go

```
type _panic struct {
    argp      unsafe.Pointer   // pointer to arguments of deferred call run during panic
    arg       interface{}      // argument to panic
    link      *_panic          // link to earlier panic
    recovered bool             // whether this panic is over
    aborted   bool             // the panic was aborted
}

type _defer struct {
    _panic  *_panic
}

type g struct {
    _panic *_panic
}
```

编译器将 panic 翻译成 gopainc 函数调用。它会将错误信息打包成 _panic 对象，并挂到

G._panic 链表的头部，然后遍历执行 G._defer 链表，检查是否 recover。如被 recover，则终止遍历执行，跳转到正常的 deferreturn 环节。否则执行整个调用堆栈的延迟函数后，显示异常信息，终止进程。

panic.go

```
func gopanic(e interface{}) {
	gp := getg()

	// 新建 _painc，挂到 G._panic 链表头部
	var p _panic
	p.arg = e
	p.link = gp._panic
	gp._panic = (*_panic)(noescape(unsafe.Pointer(&p)))

	// 遍历执行 G._defer (整个调用堆栈)，直到某个 recover
	for {
		d := gp._defer
		if d == nil {
			break
		}

		// 如果 defer 已经执行，继续下一个
		if d.started {
			if d._panic != nil {
				d._panic.aborted = true
			}
			d._panic = nil
			d.fn = nil
			gp._defer = d.link
			freedefer(d)
			continue
		}

		// 不移除 defer，便于 traceback 输出所有调用堆栈信息
		d.started = true

		// 将 _panic 保存到 defer._panic
		d._panic = (*_panic)(noescape((unsafe.Pointer)(&p)))

		// 执行 defer 函数
		// p.argp 地址很重要，defer 里的 recover 以此来判断是否直接在 defer 内执行
		// reflectcall 会修改 p.argp
```

```
			p.argp = unsafe.Pointer(getargp(0))
			reflectcall(nil, unsafe.Pointer(d.fn), deferArgs(d), uint32(d.siz), uint32(d.siz))
			p.argp = nil

			// 将已经执行的 defer 从 G._defer 链表移除
			d._panic = nil
			d.fn = nil
			gp._defer = d.link

			pc := d.pc
			sp := unsafe.Pointer(d.sp)
			freedefer(d)

			// 如果该 defer 内执行了 recover，那么 recovered = true
			if p.recovered {
				// 移除当前 recovered panic
				gp._panic = p.link

				// 移除 aborted panic
				for gp._panic != nil && gp._panic.aborted {
					gp._panic = gp._panic.link
				}

				// recovery 会跳转会 defer.pc，也就是调用 deferproc 后
				// 编译器会调用 deferproc 后插入比较指令，通过标志判断，跳转
				// 到 deferreturn 执行剩余的 defer 函数
				gp.sigcode0 = uintptr(sp)
				gp.sigcode1 = pc
				mcall(recovery)
				throw("recovery failed") // mcall should not return
			}

			// 如果没有 recovered，那么循环执行整个调用堆栈的延迟函数，
			// 要么被后续 recover，要么崩溃
		}

		// 如果没有捕获，显示错误信息后终止（exit）进程
		startpanic()
		printpanics(gp._panic)
		dopanic(0)			// should not return
		*(*int)(nil) = 0		// not reached
}
```

和 panic 相比，recover 函数除返回最后一个错误信息外，主要是设置 recovered 标志。注意，它会通过参数堆栈地址确认是否在延迟函数内被直接调用。

panic.go

```
func gorecover(argp uintptr) interface{} {
	gp := getg()
	p := gp._panic
	if p != nil && !p.recovered && argp == uintptr(p.argp) {
		p.recovered = true
		return p.arg
	}
	return nil
}
```

第 21 章 析构

我也不确定怎样用中文表达 Finalizer 最合适。其主要用途是在对象被垃圾回收时执行一个关联函数，效果如同 OOP 里的析构方法（Destructor Method）。

来看一个使用示例。

test.go

```
package main

import (
    "runtime"
    "time"
)

func main() {
    x := 123
    runtime.SetFinalizer(&x, func(x *int) {
        println(x, *x, "finalizer.")
    })

    runtime.GC()
    time.Sleep(time.Minute)
}
```

21.1 设置

首先得为目标对象关联一个析构函数。SetFinalizer 会通过接口内部的类型信息对目标对象和 finalizer 函数（参数数量、类型等）做出检查，确保它们符合要求。

mfinal.go

```
func SetFinalizer(obj interface{}, finalizer interface{}) {
	// 从接口获取类型和对象指针
	e := (*eface)(unsafe.Pointer(&obj))
	etyp := e._type
	ot := (*ptrtype)(unsafe.Pointer(etyp))

	// 忽略 nil 对象
	_, base, _ := findObject(e.data)
	if base == nil {
		// 0-length objects are okay.
		if e.data == unsafe.Pointer(&zerobase) {
			return
		}
	}

	// 获取 finalizer 函数信息
	f := (*eface)(unsafe.Pointer(&finalizer))
	ftyp := f._type

	// 如果 finalizer = nil，则移除析构函数
	if ftyp == nil {
		systemstack(func() {
			removefinalizer(e.data)
		})
		return
	}

	// 确保 finalizer 是函数
	if ftyp.kind&kindMask != kindFunc {
		throw("runtime.SetFinalizer: second argument is " + *ftyp._string +
			", not a function")
	}

	// 检查 finalizer 参数数量及其类型
	ft := (*functype)(unsafe.Pointer(ftyp))
	ins := *(*[]*_type)(unsafe.Pointer(&ft.in))
	if ft.dotdotdot || len(ins) != 1 {
		throw("runtime.SetFinalizer: cannot pass " + *etyp._string +
			" to finalizer " + *ftyp._string)
```

```
	}
	fint := ins[0]
	switch {
	case fint == etyp:
		// ok - 相同类型
		goto okarg
	case fint.kind&kindMask == kindPtr:
		goto okarg
	case fint.kind&kindMask == kindInterface:
		goto okarg
	}

	// 检查结果错误，抛出异常
	throw("runtime.SetFinalizer: cannot pass " + *etyp._string +
	      " to finalizer " + *ftyp._string)

okarg:
	// 计算返回参数大小
	nret := uintptr(0)
	for _, t := range *(*[]*_type)(unsafe.Pointer(&ft.out)) {
		nret = round(nret, uintptr(t.align)) + uintptr(t.size)
	}
	nret = round(nret, ptrSize)

	// 确保 finalizer goroutine 运行
	createfing()

	// 不能重复设置 finalizer 函数
	systemstack(func() {
		if !addfinalizer(e.data, (*funcval)(f.data), nret, fint, ot) {
			throw("runtime.SetFinalizer: finalizer already set")
		}
	})
}
```

析构函数会被打包成 specialfinalizer 对象。

mheap.go

```
type special struct {
	next   *special   // 链表
	offset uint16     // 目标对象地址偏移量
	kind   byte       // 类型
}
```

```
type specialfinalizer struct {
	special special   // 匿名嵌入
	fn      *funcval
	nret    uintptr
	fint    *_type
	ot      *ptrtype
}

func addfinalizer(p unsafe.Pointer, f *funcval, nret uintptr, fint *_type, ot *ptrtype) bool {
	// 从固定分配器创建 specialfinalizer
	s := (*specialfinalizer)(fixAlloc_Alloc(&mheap_.specialfinalizeralloc))
	s.special.kind = _KindSpecialFinalizer
	s.fn = f
	s.nret = nret
	s.fint = fint
	s.ot = ot

	// 添加（注意，使用了匿名嵌入字段）
	if addspecial(p, &s.special) {
		return true
	}

	// 已经有 finalizer，释放当前 specialfinalizer
	fixAlloc_Free(&mheap_.specialfinalizeralloc, (unsafe.Pointer)(s))
	return false
}
```

最终 specialfinalizer 被保存到 span.specials 链表。这里的算法很有意思，利用目标对象在 span 的地址偏移量作为去重和排序条件。如此，单个循环就可以完成去重判断和有序添加操作。

mheap.go

```
type mspan struct {
	specials *special   // 按偏移量对链表排序
}

func addspecial(p unsafe.Pointer, s *special) bool {
	// 找到目标对象所属 span，计算地址偏移量
	span := mHeap_LookupMaybe(&mheap_, p)
	offset := uintptr(p) - uintptr(span.start<<_PageShift)
	kind := s.kind
```

```
        // 遍历 span.specials 链表，
        // 通过偏移量和 _KindSpecialFinalizer 检查是否已设置 finalizer
        t := &span.specials
        for {
                x := *t
                if x == nil {
                        break
                }

                // 已设置
                if offset == uintptr(x.offset) && kind == x.kind {
                        return false // already exists
                }

                // 因为 span.specials 按 offset 排序，所以没必要超出范围检查
                if offset < uintptr(x.offset) || (offset == uintptr(x.offset) && kind < x.kind) {
                        break
                }

                t = &x.next
        }

        // 利用上面的循环中断，将 special 插入到链表合适的地方，保持有序
        s.offset = uint16(offset)
        s.next = *t
        *t = s

        return true
}
```

移除操作也只须用偏移量遍历 span.specials 链表即可完成。

mheap.go

```
func removespecial(p unsafe.Pointer, kind uint8) *special {
        // 查找所属 span，计算地址偏移量
        span := mHeap_LookupMaybe(&mheap_, p)
        offset := uintptr(p) - uintptr(span.start<<_PageShift)

        // 遍历链表，移除 special
        t := &span.specials
        for {
                s := *t
```

```
            if s == nil {
                    break
            }
            if offset == uintptr(s.offset) && kind == s.kind {
                    *t = s.next
                    return s
            }
            t = &s.next
    }
    return nil
}
```

21.2 清理

垃圾清理操作在处理 span 时会检查 specials 链表，将不可达对象的 finalizer 函数添加到一个特定待执行队列。

mgcsweep.go

```
func mSpan_Sweep(s *mspan, preserve bool) bool {
    specialp := &s.specials
    special := *specialp
    for special != nil {
        // 利用偏移量计算出目标对象地址
        p := uintptr(s.start<<_PageShift) + uintptr(special.offset)/size*size

        // 检查回收标记
        // 如果没有标记，那么属于可回收对象，准备执行 finalizer
        hbits := heapBitsForAddr(p)
        if !hbits.isMarked() {
            p := uintptr(s.start<<_PageShift) + uintptr(special.offset)
            y := special

            // 调整 span.specials 链表
            special = special.next
            *specialp = special

            // 释放 special，将 finalizer 放入待执行队列
            // 下次回收该对象时，已经没有 finalizer 需要处理了
            if !freespecial(y, unsafe.Pointer(p), size, false) {
```

```
                        // 重新将目标对象标记，避免被清理
                        // 为了让 finalizer 正确执行，必须延长目标对象生命周期
                        hbits.setMarkedNonAtomic()
                    }
                } else {
                    // object is still live: keep special record
                    specialp = &special.next
                    special = *specialp
                }
        }
}
```

mheap.go

```
func freespecial(s *special, p unsafe.Pointer, size uintptr, freed bool) bool {
    switch s.kind {
    case _KindSpecialFinalizer:
        // addfinalizer 创建的原本就是 specialfinalizer，它匿名嵌入 special，
        // 此处不过是转换回原本样子而已
        sf := (*specialfinalizer)(unsafe.Pointer(s))

        // 将函数放入待执行队列
        queuefinalizer(p, sf.fn, sf.nret, sf.fint, sf.ot)

        // 释放 specialfinalizer 对象
        fixAlloc_Free(&mheap_.specialfinalizeralloc, (unsafe.Pointer)(sf))
        return false // don't free p until finalizer is done
    case _KindSpecialProfile:
        ...
    default:
        throw("bad special kind")
        panic("not reached")
    }
}
```

从清理操作对持有 finalizer 不可达对象的态度可以看出，析构函数会延长对象的生命周期，直到下一次垃圾回收才会真正被清理。其根本理由就是，finalizer 函数执行时可能会访问目标对象，比如释放目标对象持有的相关资源等等。

另外，finalizer 的执行依赖于垃圾清理操作，我们无法确定其准确执行时间。且不保证在进程退出前，一定会得到执行。因此，不能用 finalizer 去执行类似 flush cache 操作。

21.3 执行

在探究执行方式之前，先得搞清楚这个执行队列是怎么回事。

析构函数相关信息从 special 解包后，被重新打包成 finalizer，然后被存储到一个由数组封装而成的 finblock 容器（块）里。多个 finblock 串成链表，形成队列。看上去很像前文垃圾回收器里的 gcWork 高性能缓存队列的做法。

mfinal.go

```
type finalizer struct {
	fn   *funcval        // function to call
	arg  unsafe.Pointer  // ptr to object
	nret uintptr         // bytes of return values from fn
	fint *_type          // type of first argument of fn
	ot   *ptrtype        // type of ptr to object
}

type finblock struct {
	alllink *finblock
	next    *finblock
	cnt     int32
	_       int32
	fin     [(_FinBlockSize - 2*ptrSize - 2*4) / unsafe.Sizeof(finalizer{})]finalizer
}
```

另有几个全局变量用来管理 finblock。

mfinal.go

```
var finq *finblock      // 待执行 finalizer 队列（链表）
var finc *finblock      // 提供 finblock 缓存复用对象
var allfin *finblock    // 所有 finblock 列表
```

向队列添加析构函数的过程，基本上就是对 finblock 的操作。每次都向待执行队列的第一个容器 finq 添加，直到装满后将 finq 换成新的 finblock 块。

mfinal.go

```
func queuefinalizer(p unsafe.Pointer, fn *funcval, nret uintptr, fint *_type, ot *ptrtype) {
	// finq 是链表的第一个 finblock，也是当前操作的目标
	// 如果为空，或者内部数组已满，则重新获取 finblock 替换 finq
	if finq == nil || finq.cnt == int32(len(finq.fin)) {
```

```
            // 如果复用缓存已空，申请新内存
            if finc == nil {
                    // 有关 persistent，请参考内存分配相关章节
                    finc = (*finblock)(persistentalloc(_FinBlockSize, 0, &memstats.gc_sys))

                    // 添加到 allfin 链表
                    finc.alllink = allfin
                    allfin = finc
            }

            // 从复用缓存头部提取 finblock，并调整 finc 链表
            block := finc
            finc = block.next

            // 将新 finblock 挂到 finq 待执行队列头部
            block.next = finq
            finq = block
    }

    // finq.cnt 记录了 finblock 内部数组使用位置索引
    f := &finq.fin[finq.cnt]
    finq.cnt++

    // 设置相关属性
    f.fn = fn
    f.nret = nret
    f.fint = fint
    f.ot = ot
    f.arg = p

    // 设置 fing 唤醒标志
    fingwake = true
}
```

执行队列准备好以后，须由专门的 fing goroutine 负责执行。在 SetFinalizer 里我们就看到过 createfing 函数调用。

mfinal.go

```
func createfing() {
    // 确保仅执行一次
    if fingCreate == 0 && cas(&fingCreate, 0, 1) {
            go runfinq()
```

```
    }
}
```

mfinal.go

```
var fing *g          // goroutine that runs finalizers
var fingwait bool      // 休眠标记
var fingwake bool      // 唤醒标记

func runfinq() {
    for {
        // 置换运行队列
        // 因为是并发，所以在执行 runfinq 时不能影响新的添加操作
        fb := finq
        finq = nil

        // 如果队列为空，则进入休眠
        if fb == nil {
            // 设置全局变量 fing
            gp := getg()
            fing = gp

            // 设置休眠标志，休眠
            fingwait = true
            goparkunlock(&finlock, "finalizer wait", traceEvGoBlock, 1)

            // 唤醒后重新检查队列
            continue
        }

        // 遍历 finq 链表
        for fb != nil {
            // 遍历 finblock 内部数组
            for i := fb.cnt; i > 0; i-- {
                // 获取并执行 finalizer
                f := (*finalizer)(add(unsafe.Pointer(&fb.fin), ...))
                reflectcall(nil, unsafe.Pointer(f.fn), frame, ...)

                f.fn = nil
                f.arg = nil
                f.ot = nil
                fb.cnt = i - 1
            }
```

```
                next := fb.next

                // 将当前已完成任务的 finalizer 对象放回 finc 复用缓存
                fb.next = finc
                finc = fb

                fb = next
            }
        }
}
```

一路走来，已记不清 runtime 创建了多少类似 fing 这样的以死循环方式工作的 goroutine 了。好在像 fing 这样的都是按需创建的。

循环遍历所有 finblock，执行其中的析构函数。要说有所不同，就是它们会在同一个 G 栈串行执行。剩余问题是，当 fing 执行完毕进入休眠后，由谁来唤醒？要知道 queuefinalizer 仅仅设置了 fingwake 标志。

还记得调度循环里四处查找可用任务的 findrunnable 函数吗？没错，fing 也是它要寻找的目标之一。

proc1.go

```
func findrunnable() (gp *g, inheritTime bool) {
    // 如果 fing 正在休眠，且被设置了唤醒标志
    if fingwait && fingwake {
        // 唤醒
        if gp := wakefing(); gp != nil {
            ready(gp, 0)
        }
    }
}
```

mfinal.go

```
func wakefing() *g {
    var res *g

    // 再次检查唤醒条件
    if fingwait && fingwake {
        fingwait = false
        fingwake = false
        res = fing
```

```
    }

    return res
}
```

不管是 panic，还是 finalizer，都有特定的使用场景，因为它们有相应的设计制约。这种制约不应被看作是缺陷，毕竟我们本就不该让它们去做无法保证的事情。保持有限度的谨慎和悲观不是坏事，但不能因此就无理由地去抵制和忽视。了解其原理，永远不要停留在文档的字里行间。

第 22 章 缓存池

设计对象缓存池，除避免内存分配操作开销外，更多的是为了避免分配大量临时对象对垃圾回收器造成负面影响。只是有一个问题需要解决，就是如何在多线程共享的情况下，解决同步锁带来的性能弊端，尤其是在高并发情形下。

因 Go goroutine 机制对线程的抽象，我们以往基于 LTS 的方案统统无法实施。就算 runtime 对我们开放线程访问接口也未必有用。因为 G 可能在中途被调度给其他线程，甚至你设置了 LTS 的线程会滚回闲置队列休眠。

为此，官方提供了一个深入 runtime 内核运作机制的 sync.Pool。其算法已被内存分配、垃圾回收和调度器所使用，算是得到验证的成熟高效体系。

22.1 初始化

用于提供本地缓存对象分配的 poolLocal 类似内存分配器里的 cache，总是和 P 绑定，为当前工作线程提供快速无锁分配。而 Pool 则管理多个 P/poolLocal。

pool.go

```
type Pool struct {
    local      unsafe.Pointer           // [P]poolLocal 数组指针
    localSize  uintptr                  // 数组内 poolLocal 的数量
    New func() interface{}              // 新建对象函数
}

type poolLocal struct {
    private interface{}                 // 私有缓存区
```

```
	shared   []interface{}              // 可共享缓存区
	Mutex
	pad      [128]byte
}
```

Pool 用 local 和 localSize 维护一个动态 poolLocal 数组。无论是 Get，还是 Put 操作都会通过 pin 来返回与当前 P 绑定的 poolLocal 对象，这里面就有初始化的关键。

pool.go

```
func (p *Pool) pin() *poolLocal {
	// 返回当前 P.id
	pid := runtime_procPin()

	s := atomic.LoadUintptr(&p.localSize)
	l := p.local

	// 如果 P.id 没有超出数组索引限制，则直接返回
	// 这是考虑到 procresize/GOMAXPROCS 的影响
	if uintptr(pid) < s {
		return indexLocal(l, pid)
	}

	// 没有结果时，会涉及全局加锁操作
	// 比如重新分配数组内存，添加到全局列表
	return p.pinSlow()
}
```

pool.go

```
var (
	allPoolsMu Mutex
	allPools   []*Pool
)

func (p *Pool) pinSlow() *poolLocal {
	// M.lock--
	runtime_procUnpin()

	// 加锁
	allPoolsMu.Lock()
	defer allPoolsMu.Unlock()

	pid := runtime_procPin()
```

```
        // 再次检查是否符合条件，可能中途已被其他线程调用
        s := p.localSize
        l := p.local
        if uintptr(pid) < s {
            return indexLocal(l, pid)
        }

        // 如果数组为空，新建
        // 将其添加到 allPools，垃圾回收器以此获取所有 Pool 实例
        if p.local == nil {
            allPools = append(allPools, p)
        }

        // 根据 P 数量创建 slice
        size := runtime.GOMAXPROCS(0)
        local := make([]poolLocal, size)

        // 将底层数组起始指针保存到 Pool.local，并设置 P.localSize
        atomic.StorePointer((*unsafe.Pointer)(&p.local), unsafe.Pointer(&local[0]))
        atomic.StoreUintptr(&p.localSize, uintptr(size))

        // 返回本次所需的 poolLocal
        return &local[pid]
}
```

至于 indexLocal 操作，完全是“聪明且偷懒”的做法。

pool.go

```
func indexLocal(l unsafe.Pointer, i int) *poolLocal {
    // 不去考虑 Pool.local，也就是 l 参数实际数组的长度，反正也不会超过 1000000
    // 直接将其转换成大数组，然后按索引号返回 poolLocal 即可
    return &(*[1000000]poolLocal)(l)[i]
}
```

不要觉得无厘头，这种做法在 C 里很常见，甚至你在某些操作系统的源码里也会看到类似的东西。这么做不用去考虑 P 数量的变化，或者对 _MaxGomaxprocs 的修改，直接以性能优先。

22.2 操作

和调度器对 P.runq 队列的处理方式类似。每个 poolLocal 有两个缓存区域：其中区域 private 完全私有，无须任何锁操作，优先级最高；另一区域 share，允许被其他 poolLocal 访问，用来平衡调度缓存对象，需要加锁处理。不过调度并非时刻发生，这个锁多数时候仅面对当前线程，所以对性能影响并不大。

pool.go

```
func (p *Pool) Get() interface{} {
	// 返回 poolLocal
	l := p.pin()

	// 优先从 private 选择
	x := l.private
	l.private = nil
	if x != nil {
		return x
	}

	// 加锁，从 share 区域获取
	l.Lock()

	// 从 shared 尾部提取缓存对象
	last := len(l.shared) - 1
	if last >= 0 {
		x = l.shared[last]
		l.shared = l.shared[:last]
	}

	l.Unlock()
	if x != nil {
		return x
	}

	// 如果提取失败，则需要获取新的缓存对象
	return p.getSlow()
}
```

如果从本地获取缓存失败，则考虑从其他 poolLocal 借调（就是惯偷）一个过来。如果实在不行，则调用 New 函数新建（最终手段）。

pool.go

```
func (p *Pool) getSlow() (x interface{}) {
    size := atomic.LoadUintptr(&p.localSize)
    local := p.local

    // 当前 P.id
    pid := runtime_procPin()

    // 从其他 poolLocal 偷取一个缓存对象
    for i := 0; i < int(size); i++ {
            // 获取目标 poolLocal，且保证不是自身
            l := indexLocal(local, (pid+i+1)%int(size))

            // 对目标 poolLocal 加锁，以便访问其 share 区域
            l.Lock()

            // 偷取一个缓存对象
            last := len(l.shared) - 1
            if last >= 0 {
                    x = l.shared[last]
                    l.shared = l.shared[:last]

                    l.Unlock()
                    break
            }
            l.Unlock()
    }

    // 偷取失败，使用 New 函数新建
    if x == nil && p.New != nil {
            x = p.New()
    }

    return x
}
```

注意：Get 操作后，缓存对象彻底与 Pool 失去引用关联，需要自行 Put 放回。

至于 Put 操作，就更简单了，无须考虑不同 poolLocal 之间的平衡调度。

pool.go

```
func (p *Pool) Put(x interface{}) {
```

```
	if x == nil {
		return
	}

	// 获取 poolLocal
	l := p.pin()

	// 优先放入 private
	if l.private == nil {
		l.private = x
		x = nil
	}
	if x == nil {
		return
	}

	// 放入 share
	l.Lock()
	l.shared = append(l.shared, x)
	l.Unlock()
}
```

22.3 清理

借助垃圾回收机制，我们无须考虑 Pool 收缩问题，只是官方的设计似乎有些粗暴。

mgc.go

```
func gc(mode int) {
	systemstack(stopTheWorldWithSema)
	clearpools()
}

var poolcleanup func()

func clearpools() {
	// clear sync.Pools
	if poolcleanup != nil {
		poolcleanup()
	}
}
```

这个 poolcleanup 函数需要额外注册。

mgc.go

```
//go:linkname sync_runtime_registerPoolCleanup sync.runtime_registerPoolCleanup
func sync_runtime_registerPoolCleanup(f func()) {
	poolcleanup = f
}
```

pool.go

```
func init() {
	runtime_registerPoolCleanup(poolCleanup)
}
```

真正的目标是 poolCleanup。此时正处于 STW 状态，所以无须加锁操作。

pool.go

```
func poolCleanup() {
	// 遍历所有 Pool 实例
	for i, p := range allPools {
		// 解除引用
		allPools[i] = nil

		// 遍历 Pool.poolLocal 数组
		for i := 0; i < int(p.localSize); i++ {
			// 获取 poolLocal
			l := indexLocal(p.local, i)

			// 清理 private 和 share 区域
			l.private = nil
			for j := range l.shared {
				l.shared[j] = nil
			}
			l.shared = nil
		}

		// 设置 Pool.local  = nil，除了解除所引用的数组空间外，
		// 还让 Pool.pinSlow 方法将其重新添加到 allPools
		p.local = nil
		p.localSize = 0
	}
```

```
        // 重置 allPools，需要重新添加所有 Pool.pinSlow
        allPools = []*Pool{}
}
```

清理操作对已被 Get 的可达对象没有任何影响，因为两者之间并没有引用关联，留下的缓存对象都属于仅被 Pool 引用的可移除“白色对象”。

或许我们希望设置一个阈值，仅清理超出数量限制的缓存对象。如此，可避免在垃圾回收后频繁执行 New 操作。但考虑到此时可能还有一批黑色缓存对象的存在，所以需求也不是那么急切，只是这个 Pool 的设计显然有进一步改进的余地。